煤炭迹地近自然生态修复技术

张成梁　杨　刚　姚晶晶　等著

中国林业出版社

图书在版编目(CIP)数据

煤炭迹地近自然生态修复技术 / 张成梁等著. —北京：中国林业出版社，2021.12
ISBN 978-7-5219-1484-9

Ⅰ.①煤… Ⅱ.①张… Ⅲ.①煤矸石山-生态恢复-研究 Ⅳ.①TD824.8②X322

中国版本图书馆 CIP 数据核字(2022)第 003500 号

出版	中国林业出版社(100009 北京西城区刘海胡同7号)
电话	010－83143564
发行	中国林业出版社
印刷	中林科印文化发展有限公司
版次	2022 年 1 月第 1 版
印次	2022 年 1 月第 1 次
开本	787mm×1092mm，1/16
印张	13.75
字数	450 千字
定价	80.00 元

本书主要著者

张成梁　北京市科学技术研究院资源环境研究所

杨　刚　北京林业大学

姚晶晶　北京市科学技术研究院资源环境研究所

耿玉清　北京林业大学

盛　敏　西北农林科技大学

李学丰　宁夏大学

前　言

　　由北京市科学技术研究院资源环境研究所(原轻工业环境保护研究所)承担的国家重点研发计划项目"西北干旱荒漠区煤炭基地生态安全保障技术"、"采煤迹地地形与新土体近自然构建技术研究(2017YFC0504404)"课题,历经近4年的潜心研究,圆满完成各项任务考核指标,于2021年9月18日顺利通过绩效评价。在此期间课题组克服了场地危险、风沙袭扰、新冠肺炎突发等多种困难,取得了来之不易的成果。为了将课题取得的成果服务社会、使新产品新技术得到及时推广应用,课题组及时将研究成果总结、汇集,编撰成文付梓。

　　本书是对该项国家重点研发计划研究成果的总结。书中内容涵盖煤炭迹地特别是自燃煤矸石山的地形近自然构建技术,以自燃防控、废弃物利用为目的的人工土体构建技术,天然降水高效利用技术,人工土体自然培肥技术,以煤矸石自燃防控为目的、构建稳定植被为目标的煤矸石山土水肥一体化生态修复技术。成果包括研制了煤矿区的近自然地形设计与构建方法,开发出了用于高危作业场所的挖掘机无人驾驶操控系统,设计了研究煤矸石自燃监测预警的方法,发现了煤矸石发生自燃的特点,提出了"积木式"煤矸石堆储技术,集成了煤矸石山灭火、土体、节水、培肥等系列技术。

　　参与研究的单位有北京市科学技术研究院资源环境研究所(原轻工业环境保护研究所)、北京林业大学、西北农林科技大学、宁夏大学等。北京林业大学杨刚老师主要负责地形方面的工作,耿玉清老师负责节水方面的工作。西北农林科技大学盛敏老师负责微生物培肥的研究,宁夏大学李学丰老师开展了土体构建的研究。课题总体工作以及煤矸石山自燃防控灭等工作由张成梁、姚晶晶承担。对大家的辛勤工作深表谢意!在课题实施过程中,得到了项目负责人赵廷宁教授的关心和帮助,也得到了跟踪专家的悉心指导,更得到了北京市科学技术研究院资源环境研究所(原轻工业环境保护研究所)有关领导以及财务管理、科技管理部门的关心和支持,对此表示衷心的感谢!

　　限于研究能力、学术水平,书中疏漏之处在所难免,既有文字语言方面的表述不准,也有研究方法的不足,还有研究结论的偏颇,对此请读者予以谅解。也欢迎更多同仁、学者深入交流,互勉共鉴,为我国的矿山生态修复和青山绿水矿区建设出力!

著者

2021 年秋

目 录

本书部分图片链接

第1章
引 言

1.1 研究背景

采煤迹地是指采煤、选煤和炼焦过程中遗留的地表工业迹地，如露天采煤矿坑、排土场、煤矸石堆、采煤塌陷区等。采煤迹地对当地的原有地貌形态、径流、土壤、植被造成显著扰动，往往会破坏当地的自然生态系统，使其景观稳定性遭到严重破坏，并失去自我调节和自我恢复能力。西北干旱荒漠区干旱风大、植被退化，属于典型的脆弱生态区域；而西北地区是我国重要的能源生产基地，矿业活动频繁，故其生态系统受采矿影响尤其严重。因此对采煤迹地进行土地复垦和生态重建，使之恢复自然、稳定的景观结构已成为目前西北干旱荒漠区生态修复面临的重点问题之一。

稳定的地形地貌既是煤矿区安全建设之需要，也是矿区植被生态系统健康发展之基础。地形地貌好比动物的"皮"，植被好比动物的"毛"，"皮之不存，毛将焉附"。因此解决煤矿区采煤迹地的地形重塑问题是矿区生态安全建设的必要条件和基本保障。同时，土、水、肥是植被建设的3个必要条件，解决固持植物的土体结构、维持植物生命的水分和哺育植物生长的营养三大问题，就解决了植被建设的基本问题。另外，解决煤矿区特有的煤矸石自燃问题，是煤矿区生态恢复的重要组成部分，也是解决制约煤矿区环境治理的瓶颈问题。在此问题背景之下，分别从地形设计、土体重构、水分保蓄、培肥增效和煤矸石自燃五个方面对我国西北干旱荒漠区煤炭迹地生态安全保障技术进行研究，提出可行的技术方案。

采煤迹地的剥离土（石）、煤矸石、采空塌陷区一直是矿区治理的重点。目前排土场/排矸场大多自下而上呈台阶状堆放，改变原有地形，扰乱排水系统，易引发沟道堵塞、滑坡、坍塌，甚至在极端气象条件下发生泥石流等地质灾害。堆体坡面多采用直渠排水，径流不能有效集蓄，雨水得不到充分利用，植被建设与养护依赖人工灌溉，成本较高。煤矸石自燃导致大气、土壤、水体污染，严重影响矿区环境质量。针对以上问题，本项目借助计算机技术，参考原自然地貌，模拟构建排土场/排矸场的近自然人工地形，并研发地形构建装备的智能化控制系统；研究以雨水高效利用、人工土快速培肥、防止煤矸石自燃为一体的近自然土体构建技术，形成煤矿迹地生态安全保障技术。

1.2　研究目的与意义

针对西北干旱荒漠区采煤迹地生态恢复过程中亟须解决的地形失稳、污染严重、土壤肥力低下、生态用水短缺、植被恢复困难、建设养护成本高等问题，遵循师法自然的理念，研究模拟自然地貌的地形设计方法，构建稳定的近自然地形；研发地形整理装备智能化系统；以固废消纳、污染防治、雨水高效利用、微生物培肥为目标，研究土体的近自然构建技术，实现采煤迹地地貌与周边地貌和谐一致，解决矿区植被恢复过度依赖人工灌溉、施肥的问题，恢复采煤迹地生态的自我演替功能，减少人为干预的时间和强度。

在近自然地形重塑方面，相比于长期自然形成的地形，采煤迹地的矸石山、露天矿排土场以及井工矿采空区等人工地形往往存在稳定性差、维护成本高的问题。为解决此问题，拟研究提出一种应用于矿区的近自然地形设计技术。该技术以矿区周围未扰动的自然地形为参照，结合西北干旱荒漠区的地质、地貌、水文等多种景观要素，运用三维模型合成技术，实现近自然地形的自动化设计，构建出满足自然排水、动植物栖息、景观和谐的稳定化免养护地形。在矿区废弃地的土地复垦和生态重建中，地形重塑是第一步，也是最核心的部分，直接关系到降水再分配、再利用，以及地质安全。与土体构建直接关联，共同成为植被恢复的前提和基础。地形构建不合理将导致矿区严重的水土流失，也使后期的植被重建受阻，从而导致极大的维持成本。地形重塑是矿区恢复中费用最大的部分，占到整个矿区修复费用的60%。持续不断的后期养护更是沉重的负担。因此，矿区地形重塑的合理性和适宜性既是土地复垦和生态重建的技术问题，也是经济问题，乃至事关人居和谐的社会问题。近自然地形重塑技术采取了依据自然地貌形态设计坡面和地形、依据自然河道来构建水系的技术，可取得良好的稳定性、生态效益和视觉效果，并可节省后期维护成本，对矿区土地复垦和生态重建意义重大。

在新土体水分特征及保蓄技术研究方面，针对西北干旱荒漠区煤炭迹地水资源匮乏以及土地沙化、保水性能低等生态问题，围绕减小地表径流和蒸发、提高土壤有效水分，实施高效集雨技术等方面开展研究。通过优化保水性能材料，研发土壤水分调控方式，初步形成新土体坡面水分集蓄工程技术，提高新土体水分的保蓄性能，解决矿区植被恢复过度依赖人工灌溉的问题，为保障西北干旱荒漠区煤炭基地植被恢复提供科技支撑。

在综合培肥增效技术研究方面，拟探明采煤迹地 AM 真菌的群落组成及其分布规律，建立采煤迹地新土体中 AM 真菌的种质资源库；利用 AM 真菌提高矿区土壤肥力，促进植被恢复。

在煤矸石自燃防控灭研究方面，针对矿区煤矸石自燃导致资源浪费，大气、土壤、水体污染，严重影响矿区环境质量问题，开展煤矸石自燃的防控灭一体化技术研究。对于土源不足的矿区，研究煤矸石格室存储、分层碾压等堆储技术，防止煤矸石自燃。应用卫星或无人机红外遥感探测技术，检测、评价煤矸石山潜在自燃隐患风险。对于存在矸石自燃风险的区域，研究火源隔离、压实阻气、充注浆液等技术与方法控制煤矸石自燃。对于自燃严重的煤矸石山，研究挖除火源（自燃初期）、晾晒降温（自燃后期）、多层覆盖，以及结合新排土的异位堆放技术。最终使新排煤矸石不发生自燃,已经自燃的煤矸石山得到降温与灭火。

在新土体构建方面,以煤矸石自燃防控以及构建稳定植被为目标,开展新土体构建的研究。针对不同环境的煤矸石自燃防、控、灭需求,提出多种新土体构建技术,并研究以煤矸石植被恢复、生态修复为目的的分层级配式土体构建技术,最终为西北干旱荒漠区煤炭迹地生态安全保障技术提供参考。

本项目从地形、土、水、肥及煤矸石自燃防控灭等角度对采煤迹地生态修复进行综合性、一体化研究,对提升我国西北干旱荒漠区矿区生态修复技术水平具有重要意义。

1.3 国内外研究现状

1.3.1 近自然地形设计

在采煤迹地的土地复垦和生态重建中,地形重塑是第一步,也是最核心的部分。地形重塑直接关系到降水再分配、再利用,以及地质安全,与土体构建直接关联,共同成为植被恢复的前提和基础。地形构建不合理将导致矿区严重的水土流失,也使后期的植被重建受阻,从而导致极大的维护成本。地形重塑是矿区恢复中费用最大的部分,占到整个矿区修复费用的 60%。持续不断的后期养护更是沉重的负担。因此,矿区地形重塑的合理性和适宜性既是土地复垦和生态重建的技术问题,也是经济问题,乃至事关人居和谐的社会问题。

目前国内对采煤迹地的地形重塑设计一般缺乏对当地流域水文、地表形态、水蚀风蚀等因素的定量评估和针对性考虑,缺少流域的全局观念,规划设计方案深度不够。在排土场等区域的地形设计中,多采用台阶状人工堆垫地形的方式,辅以人工构建的直渠进行排水。这种地形的边坡往往相当陡峭(边坡角度可达 35%~45%),降水不能入渗而快速流失,使降水无法被有效利用,且边坡容易发生侵蚀现象;在极端气象条件下,易发生山体滑坡、塌方,甚至发生泥石流等地质灾害;景观与周边环境不协调、不和谐;生境单一,不利于生物多样性重建与演替。

近年来,近自然地形重塑的理念和方法逐渐被提出并应用。大自然本身具有自我更新和再生能力,其自身原始的生态系统特征给矿区废弃地的生态重建提供了最重要的参考依据。近自然地形重塑就是在保护自然、顺应自然的思想指导下,参照邻近未扰动的自然、稳定区域的地形、水文特征等来进行地形重塑,使采煤迹地地形达到或接近自然的状态。从而使得可以利用自然本身的自我更新、自我调节能力达到稳定、再生的目的(杨翠霞,2014b)。

(1)国外相关研究

自然地貌形态的形成一般都经过了长期演化,在自然界外营力和内应力的长期作用下,形成了一种稳定平衡的状态。这种稳定的自然地貌形态为采煤迹地的地貌重塑提供了参照目标。仿照这种自然地貌中的稳定水系分布及地形特征来构建地形,有利于稳定地形、降低地表侵蚀速率、并推进地貌修复进程,国外许多研究者在此方面已有大量研究

（Holl，2002；Merino，2012，2015；Emmerton，2018）。

Hossner（1998）在其著作《煤炭迹地的复垦》（*Reclamation of Surface Mined Lands*）中指出：矿区复垦的最终目标是建立一个稳定的地貌系统，重塑地貌要实现自然与人工地貌的融合与衔接，加强区域水土协调性，这对于采后复垦土地生产力的提高有很大促进作用。Toy 等（1998；2005）则在矿区土地复垦和生态重建方面进行了大量研究工作，为地貌重塑奠定了理论基础，在其著作《受干扰土地地貌学》（*Geomorphology of Disturbed Lands*）中，Toy 等阐述了地貌过程与地貌稳定之间的动态平衡关系，定义了地貌稳定性指标，提出了构建待治理区域水系网和流域地貌的地貌学方法，对于地貌重塑理论与技术的发展做出了非常重要的贡献。

Nicholau 与 Carlson 公司基于流域地貌理论及水文分析技术合作开发了一种地貌重塑模型—GeoFluv。该模型在美国墨西哥州的大型露天矿区地貌重建实践中得到应用，并取得了良好效果（Bugosh，2004；2009a；2009b；2019）。在此之后，GeoFluv 模型获得了更为广泛的应用。De Priest（2015）应用 GeoFluv 模型对阿拉巴契亚地区的山谷滑坡地貌进行了地貌设计。他从坡度、沟道密度和土方量等方面分析了地貌重塑结果的可实施性及近自然地貌设计方法对该地区的适用性。Hancock 等（2006；2008；2015；2016）人提出重塑后的地貌不仅要使生态、水文与周围自然地貌景观相协调，还要确保自身长期的稳定性。他们通过 RUSLE 和 SIBERIA 景观地貌演化模型对坡面地形进行了侵蚀预测模拟分析，发现凹形坡面相较于线形坡面有更好的抗侵蚀性，由此为景观地貌设计，尤其是边坡设计提供指导。

（2）国内相关研究

国内对于采煤迹地地貌改造的研究起步较晚，其研究也主要集中在开采后地貌的土壤重构、植被重建，以及对土地利用和景观格局变化等方面。而对于生态重建中的流域水文及地貌形态方面研究较少（王洁等，2005；张琪，2015）。

赵明富、王莉等对国内外土地复垦的典型技术进行了特征总结和发展阶段划分，将目前我国在土地复垦理论、技术和实践方面取得的成果与国外研究进行了对比，探讨了我国在矿山土地复垦方面的不足和未来发展方向（赵明富等，2008；王莉等，2013）。胡振琪在对中国土地复垦 20 年历程展望中强调，地貌重塑是土地复垦与生态重建的未来发展重点之一，而我国在这一方面的发展落后于国外，我国在矿山土地复垦研究及实践方面还有很长的路要走（胡振琪，2009）。白中科等在对大型露天煤矿土地扰动特征和复垦技术进行总结的基础上，构建了矿区土地复垦与生态重建的 3 大技术体系：地貌重塑、土壤重构与植被重建（白中科，1998）。张成梁等实地考察了美国矿区土地复垦项目，并系统介绍了"师法自然生态修复法"的理念，展示了应用该理论进行的生态修复的工程案例，该方法对我国的土地复垦具有重要借鉴意义（张成梁等，2011）。在此基础上，国内一些研究者采用近自然理念进行矿区废弃地的地貌重塑设计工作。杨翠霞等对周口店废弃采石场进行了近自然生态修复设计（杨翠霞，2017）。陈航等则利用 GeoFluv 模型工具，以"胜利一号"露天矿为例，探讨了草原露天煤矿内排土场的近自然地貌重塑方法（陈航，2019）。

（3）构建矿区废弃地地形重塑指标体系的相关研究工作

许多研究者针对矿区生态修复中涉及的特征因子和评价指标展开过相关研究。白中科等(1998)以平朔安太堡露天煤矿为例，通过边坡角、水蚀/风蚀模数、土体容重、地表物质组成等指标因子对露天排土场的土地扰动特征和生态重建适用技术体系进行了研究，为矿区地貌重塑、土壤重构和植被重建等提供了理论依据和技术方法。杨伦等(2005)针对矿区废弃土地资源的评价，选择了地貌、坡度、有效土层厚度、质地状况、土壤类型等指标作为评价因子。毕如田等(2007)利用3S技术对平朔安太堡露天煤矿复垦区的5个排土场进行景观分析，发现斑块数目、平均斑块面积、分维数、多样性、优势度等景观指数能较好地反映出复垦地景观结构及其变化。王军等(2011)系统分析了土地整理对土壤、水环境、植被和景观格局等生态环境因素的影响，并总结了土地整理对环境影响的评价指标和方法。但上述工作中提出的指标主要偏重在矿区土壤、地质、景观多样性等方面的测量和评价，并不满足近自然地形重塑的指标需求。

Toy等(2005)针对矿区废弃地的坡面和沟道治理，以集水区为单元，重点选用了沟道密度、平均坡度、高程差、流域面积等指标来阐述其地形重塑方法。杨翠霞等(2014a)系统探讨了露天开采矿区废弃地近自然地形重塑的理论体系和技术方法。其基于流域地貌和河流地貌理论、恢复生态学和景观生态学理论，从地质、空间地理、流域水文等诸多指标参数中抽取了2级共7个指标构建了近自然地形重塑的指标体系。这7个指标为：流域面积、沟道级别、沟道主长度、沟道密度、高程差、平均坡度和流域圆度。Toy等和杨翠霞等重点考虑的是流域水力侵蚀对地貌的塑造作用，其选用的指标都集中在对流域地貌形态的刻画上，而对于地形其他方面的特征，如地表局部形态、地质、风蚀等考虑不足；此外，对于具体的沟道设计、坡面设计而言，这些指标尚显不足。

Bugosh等(2004；2009a)基于流域地貌学理论提出了地形重塑模型GeoFluv。该模型以流域为单元，通过计算相对稳定的坡面和沟道来满足产流汇流间动态平衡。GeoFluv要求这些参数的值应当取自矿区邻近的未扰动区域，以此作为参照来进行重塑区沟道形态及地形骨架的计算。但GeoFluv模型主要关注具体沟道及地形骨架的计算，其指标参数中缺乏对重塑地区整体地形特征的描述。另外，与杨翠霞等工作类似，该模型完全以水蚀作为地形塑造的计算依据，其参数指标对于风水复合侵蚀的西北干旱荒漠区而言并不全面。

西北干旱荒漠区属干旱大陆性气候区，年降水量仅200mm左右或更低，但蒸发量却可达2000mm，甚至更高。该区域内矿区废弃地生态修复面临其特殊的问题：①年平均降雨量低，但降雨非常集中，偶发性的暴雨对地面冲蚀作用强烈。②植被稀少，部分地区有明显的土壤砂质化现象(如宁夏灵武区域的矿区属于"河东沙地")，地表的抗侵蚀能力弱。③常年大风，地表受到风蚀的作用显著，属于风力、水力复合侵蚀区域；部分砂质化地区会形成流动或半流动沙丘，风力对地表土壤的搬运作用和塑形作用明显。这些特点是在该地区进行地形重塑时需要重点考虑的，也是制定指标体系时必须加以关注的。

1.3.2 采煤迹地新土体构建技术

土体是继地形之后又一重要的生态构建内容。直接关系到堆体的稳定性、水分再分配，植物获得营养的潜力等等。在煤矿迹地煤矸石排放又要与煤矸石自燃防控灭结合，形成了一类具有特别功能的土体。已有的研究从土体结构和土体功能方面的研究较少，多关注土体表层种植层的改良，认为土体基质改良是矿区土地复垦与生态重建的核心内容，把如何充分利用矿区本地自然资源进行土体基质改良作为热点问题。新土体的应用具有一定的地域性，不同土壤之间在性质上的交互作用是新土体构建前提和关键（吴淑莹等，2020）。对于西北采煤迹地，利用排土场的砂土、黄土、灰钙土、砒砂岩和分化煤等岩土材料，结合周围环境等因素，如何分层构建新土体是主要研究内容之一（荣颖等，2018）。在砒砂岩的利用方面，杨宇春等（2019）以 ASTER GDEM 数据为基础，研究了砒砂岩区地貌特征及其组合类型的空间分布特征。刑启鑫等（2019）研究发现，气候条件与成土母质条件决定了砒砂岩地区土壤条件较差，植被覆盖率低，有机质含量低，覆土区土壤有机质含量与速效钾含量受坡位单独作用和坡位与坡向的交互作用影响极大，坡向的单独作用对其无明显影响。在新构土体覆土层研究方面，邵芳等（2016）利用当地表土、心土和黄河泥沙组配作为覆土材料研究，以达到增加覆盖土壤厚度和改良当地土壤质地的目的，研究结果表明组配为 $1:1:0.86\sim1:1:2$ 的覆土材料质地为壤土，是较为理想的土壤类型；组配为 $1:1:0.86\sim1:1:2$ 的覆土材料容重为 $1.38\sim1.41 g/cm^3$，密度为 $2.64\sim2.68 g/cm^3$，较为适宜农作物生长。任齐胜等（2015）以晋陕蒙接壤区矿区排土场沙黄土及砒砂岩掺混沙黄土等新构土体土壤呼吸特征的影响为研究对象，设置沙黄土、沙黄土+风化煤、沙黄土+风化煤+砒砂岩掺混、沙黄土+砒砂岩掺混的 4 种新构土体，综合研究结果表明风化煤促进了新构土体土壤呼吸，提高了碳释放速率，同时也改变了土壤呼吸日变化格局。为了提高砒砂岩为主的地质土场的利用效率，许多学者基于砒砂岩的改性土进行了大量的研究。王丽丽等（2018）选取砒砂岩沙黄土混掺（FS）、风化煤沙黄土混掺（WC）、沙黄土（SL）三种人工熟化的新构土体，采用加权综合法对几种土壤类型的养分质量进行综合评价，结果表明不同改良模式土壤养分质量以风化煤掺混土体最高，其次是砒砂岩掺混土体，沙黄土高于原地貌土壤，对照质量最差。

为了验证砒砂岩改性土的植物生长特性及适用性。马文梅（2016）系统地研究了晋陕蒙矿区砒砂岩风化物改良土壤水分入渗过程及对黑麦草生长特征和养分变化的影响，揭示砒砂岩风化物添加改良新构土体的土壤水分入渗过程机理，砒砂岩风化物、煤矸石和料礓石可作为新构土体土层的添加材料，可有效阻碍新构土体表层土壤水分向下层入渗。贾俊超（2016）将砒砂岩作为改良剂，以风沙土为主要土壤，采用室内外模拟试验，研究不同砒砂岩改良模式对风沙土土壤水力学参数、土壤水分入渗、土壤蒸发性能以及苜蓿生长适宜性的影响。研究结果发现，风沙土中砒砂岩比例增加，土壤田间持水量和饱和含水量逐渐增加，饱和导水率和入渗速率逐渐降低，同一基质吸力下土壤含水量逐渐增加。以上结果表明砒砂岩具有提高风沙土持水能力和阻碍水分运动的作用，可以将其作为一种物理改良剂改善风沙土的吸水和持水性能。结合水力学参数随砒砂岩含量的变化，并与黄绵土土壤水力学参数指标做对比，发现风沙土中添加 40%砒砂岩（S4）的水力学特性与黄绵土最为接近，可以作为该研究区改良风沙土的最优混合比例。均质土入渗能力由大到小依次为风沙土、混合土、砒砂岩。砒砂岩以层状形式对风沙土进行改良时，砒砂岩层位置越靠上，厚度越大，对土体水分入渗阻碍作用越明显。综合考虑生物量、根系生长状况、可操作性以及经济投入等，土体深度 20~40cm 处存在 20cm 厚的砒砂岩层处理可以作为矿区表层土复垦的最优选择。

此外，还有部分学者综合煤矸石和其他土进行了新建土体的研究。徐良骥等（2018）研究煤矸石基质风化过程中温度场变化引起的充填复垦重构土壤水分时空响应特征；王芳丽(2017)研究了重庆本地区紫色土、冷砂黄泥土、黄壤等三种土壤，结合煤矸石进行土体重构，揭示了最佳配方海绵营养土促进植物生长的作用机制。

1.3.3 采煤迹地新土体水分特征及保蓄技术

在干旱和半干旱地区，针对降雨少且蒸发量巨大的气候问题，围绕降水时间集中的特点，就如何集有限降水、减少蒸发，提高有效水的利用，开展了大量的研究。总的来看，主要的途径有3个：一是通过改土，增加土体的比表面积；二是覆盖，通过物理作用，增加水分蒸发的空气阻力；三是围绕微地形的塑造来提高有限雨水的有效性。

1.3.3.1 外源物质的添加对土壤保水性能的影响

在干旱和半干旱地区，难以改变降雨稀少的气候条件。要提高土壤的保蓄水性能，土壤自身的保水性能是影响保水能力变化的首要因素。土壤颗粒分布作为重要的土壤物理性质之一，对土壤水力特性、土壤肥力及土壤侵蚀等均具有重要影响。在蒸发量长期大于降水量的干旱半干旱地区，土壤含水率的高低受土壤颗粒组成影响更加显著。在土壤中添加外源物质就是通过改善土壤颗粒、孔隙以及表面积来调节土壤的持水性能。依据土壤水分研究的形态和能量观点，影响土体水分特征的要素主要包括土壤质地、土壤有机质以及土壤胶体的特征等。这些特征可通过影响土体的比表面而影响土体的持水性能，因此，向土壤中添加外源有机质或土壤改良剂，改善土壤结构和孔隙状况，进而可提高土壤水分持水性能，达到增加土壤水分有效库容的目的。

(1)保水剂的添加

保水剂作为一种新型高分子化学节水材料，其保水的原理是其内部交联亲水聚合物的网状结构，具有迅速吸收大量水分、反复失水吸水的功能。在农业生产中，使用保水剂是继化肥、农药、地膜之后，被农民接受的新型农业化学制品。随着材料技术的发展，各种保水材料应运而生，在科学研究和生产实践中得到了应用。研究表明，不同类型的保水剂，能快速吸收水分达到自身重量几倍甚至几百倍以上。保水剂在增加土壤保水性能的同时还可影响到土壤的物理性质。如施用保水剂可降低土壤密度，提高土壤的孔隙度，提高土壤的水稳性团聚体含量。但对土壤性质的影响，受保水剂的施用量、颗粒大小、施用方法，以及土壤性质的影响。保水剂种类繁多，不同保水剂的适用环境、持水性、稳定性及凝胶强度的水平不同。

目前不少文献从原料上将保水剂分为淀粉类、纤维素类和聚合物类。其中淀粉类保水剂的主要成分为淀粉/聚丙烯酸盐接枝聚合体，纤维素类保水剂主要成分为羧甲基纤维素交联体，而聚合物类保水剂主要成分为交联聚丙烯酸盐。根据保水剂的制作过程可将保水剂分为合成聚合类、天然高分子改性类和有机-无机复合类。常见的合成聚合类保水剂，主要有聚丙烯酰胺类、丙烯酰胺丙烯盐复合类和聚丙烯酸盐类，它们是通过水溶液聚合和反相悬浮聚合的方法制备的。该类型保水剂具有生产效率高、成本低、工艺简单、吸水性能好和凝胶强度高等优点，但耐盐性不好、且不易降解、对环境有一定的污染；天然高分子改性类保水剂，主要包括淀粉类、腐殖酸类和纤维素类保水剂等。该类保水剂将本就具有一定吸水能力的高分子材料，通过改性枝接丙烯酸、丙烯酰胺等材料的方法制成。此类保水剂原料来源广、重复吸水性能好、耐盐性好、较为环保，但吸水倍率低、制备成本高。有机–无机复合类保水剂，一般通过高分子树脂与矿物接枝交联制成。其可利用不同矿物质的特性，获得许多优良的属性，具有价廉、耐盐性好、吸水性能好、稳定性强、复合效果好等优点，但吸水速率较慢。

保水剂的吸持水性能受土壤特性的影响较大。砂土中施用保水剂，能显著增加土壤含水量；而黏土由于其黏性较大，吸水后易产生裂缝和结块。保水剂在壤土中的保水性能比砂土中的保水性能较好。将保水剂添加到土壤中，土壤保水率随保水剂用量增加而增大，不同质地土壤类型施用比例为 0.1%~1.00% 的保水剂时，经过恒温蒸发后土壤平均保水率较对照提高 103%~187%。在黏粒含量较低的砂土和砂壤土中的应用效果要好于黏粒含量较高的砂黏壤土和壤土。盐分含量是影响保水剂性能的一个重要因素。例如沃特保水剂（简称 WT），其主要成分为聚丙烯酰胺共聚体和凹凸棒的混合体，吸水倍率（去离子水）为 483 g/g，对于 0.9%NaCl 溶液的吸水倍率为 42 g/g。研究表明，保水剂吸水倍率随着盐浓度的增加而下降；同时偏酸或偏碱的环境都会使保水剂的吸水倍率呈下降趋势，但在碱性条件下的变化趋势小于酸性条件；无论干燥冷冻或者凝胶冷冻，保水剂吸水性能均受到显著影响。

在保水剂中，聚丙烯酰胺（PAM）为高分子聚合物，具有较好的水溶性和很强的黏聚作用。作为土壤结构改良剂，可以增加土壤表层颗粒间的凝聚力，减少水土流失。关于 PAM 对水分入渗的影响，与发现施用的类型和浓度有关。施用少量的 PAM 可有效降低土壤容重，增加土壤饱和含水量和田间持水量，但 PAM 施用量过大时会降低土壤的渗透性。但其施用效果与土壤性质有很大的关系。施用 PAM 时必须考虑土壤性质，考虑 PAM 对土壤的保水、持水、导水及抗蒸发性质的改善作用等。如轻度盐渍化土持水力最佳的 PAM 施用量为 0.25 g/kg，而对于中度、重度盐渍化土，PAM 施用量 0.5 g/kg 时其持水能力最佳。

保水剂是否能够增强土壤的入渗性能的观点并不一致。针对保水剂的成本比较高、稳定性较差以及在土壤中残存的问题，不少学者正在积极研制具有成本低廉、环保可降解、制备工艺简单、高吸水性、适合农业生产的土壤保水剂。从发展方向来看，主要是朝着减少土壤环境污染的高分子保水剂，生物碳基保水剂、膨润土基保水剂等环境友好型的保水材料。矿区煤矸石以及矿区新土体，与自然土壤特征的差异显著，添加保水剂的技术以及效果需要深入研究。

（2）有机物料的添加

通过添加有机物料如腐殖质、草炭、生物炭以及污泥等有机物质含量高的材料，增加土壤的表面积，提高土壤的保水性能。在有机物料中，草炭或称有机腐殖质，是有机植物残体经过作为一种高吸附性能的改良，在早期土壤改良中得到了广泛的应用，且证明改良效果优良。但由于开发草炭资源的限制，且应用受经济因素的影响，目前大面积的应用，有一定的局限性。腐殖质可以来源于有机物经过微生物的发酵和腐熟过程。此外，风化煤或褐煤中含有丰富的腐殖质。因此，可充分考虑矿区风化煤资源丰富的特点，挖掘腐殖质资源。

生物炭是生物有机材料(生物质)在缺氧或无氧环境中经热裂解后产生的固体产物,是目前农林废弃物处理的一种方式,且在生产实践中得到推广与应用。因具有高度发达的孔隙结构和巨大的比表面积,且其表面含有(或可吸附)多种有机官能团。添加到土壤中,有利于形成较大的孔隙度和提高比表面积和持水性,还可与土壤颗粒形成团聚体,改善土壤理化特性。随着对农业废弃物处理的重视,把一些植物的秸秆、林木抚育或加工剩余物、污泥等有机物质较高的固体废物,加工成生物炭已成为一种趋势。其中以秸秆、稻壳、园林废弃物为原料生产生物炭已成为生物炭发展的主流。土壤密度和孔隙度是反映土壤紧实度以及土壤的水、气、热等物理性状的重要指标。生物炭富含微孔结构,施入土壤中能够间接增大土壤颗粒的比表面积及吸附性能,进而影响土壤的孔隙度和入渗性能,显著提高土壤保水性能。有研究发现,土壤中施加生物炭后,田间持水量提高了20%。

近年来将生物炭作为土壤改良剂、肥料缓释载体以及碳封存剂备受关注。从应用来看,施用生物炭能增加土壤的持水性能。有研究表明,与无生物炭的对照组相比,生物炭的施用将填料土的饱和导水率增大了1.5倍。在提高土壤保水效果研究中,生物炭颗粒的粗细、土壤质地类型以及生物炭的加工方式,对土壤保水性能的提高有密切联系。生物炭对土壤水分入渗特征的影响,取决于土壤的质地类型,且其影响程度与添加量呈正相关关系。但也有研究认为,添加少量的生物炭对土壤水分特征的改善效果不明显。

在矿区的矸石山土体中,由于煤矸石中含有不同程度的重金属,而生物炭具有丰富含氧官能团、多孔结构、芳香性结构以及较高的阳离子交换量等,使其对重金属具有良好的固持作用,在重金属污染土壤修复中具有好的应用前景。因此,在矿区植被修复中,通过应用生物炭改良土壤性质,不仅能提高土体的持水性能,还可减少土壤污染。

1.3.3.2 覆盖技术对土壤水分的影响

覆盖土表形成一个隔离层,可阻断土壤水气与大气的交换通道,减少土壤水的蒸发损失,从而达到把土壤水保蓄在土壤中以满足植物生长需求的目的。大量研究已证明,通过就地取材,利用秸秆、碎石覆盖地表,铺设地膜等措施,对抑制土壤水分的蒸发,提高土壤水分含量有比较明显的效果。大量研究表明,风沙以及强光照引起的水分蒸发,在一定程度上是可以减缓或控制的。因地制宜的地表覆盖措施,也是广泛采用的提高土壤保水技术措施。

(1)石砾覆盖

土壤表层砂砾覆盖作为一种古老的覆盖方式,在我国已有300多年的历史。砂砾可切断土壤毛管水的上升,大幅削弱土壤水分的蒸发。砂石属于天然覆盖材料,它在自然界中来源广泛。经过长期实践,在西北旱区已总结出以砂石覆盖免耕为核心的保护性耕作模式。此外,土壤表层压砂可以提高土壤贮水能力,是我国西北干旱地区常采用土壤覆盖砂石的做法。覆砂可以显著抑制土壤蒸发,且随着覆砂厚度的增加抑制效果日趋增大。宋日权等(2012)研究认为,覆砂厚1.7cm上可达显著效果;且覆砂可以改变土壤盐分在剖面中的运移,尤其减弱盐分的表聚。但覆砂对土壤的净入渗能力具有抑制作用。也有学者认为覆砂可提高水分进入土壤的能力。

砂石覆盖也常常应用到城市绿地中,不仅可以提高土壤的保水性能,还具有良好的抑尘和装饰效果。在山地以及城市绿地中，选取直径在 5~15cm 的石块，直接覆盖在地表，既能承渗雨水，又能有效地抑制土壤水分蒸发。

（2）有机物料覆盖

有机物覆盖材料主要有生草、秸秆和草帘等有机的植物性材料，也是果园和农业生产上一项重要的保水保墒措施。有机物覆盖在改善土壤水分条件的同时，也为土壤微生物创造了适宜的生活环境，还能够起到改善土壤结构、提高土壤肥力的作用。近年来，有机物覆盖在国内外城市绿化建设中也得到了广泛的推广应用。它可以调节土壤生态环境和促进植物生长；同时，利用有机物覆盖还能够实现废弃物资源再利用，美化城市绿化景观。在起到覆盖作用的同时，还可以增加土壤有机质含量，减少水分蒸发与径流。王兴文等（2018）在宁夏南部旱作区进行的研究认为，秸秆、地膜和液态膜覆盖处理较对照分别提高 4.7%、3.4% 和 3.0%，以秸秆覆盖处理的纯收益最高。

植物纤维毯是一类经化工网固定天然植物纤维而成的土工织物的总称。常用的植物纤维包括稻草、椰丝和棕榈纤维等。在植被恢复中，植物纤维毯可起到保护种子免于被径流冲走、提高土壤含水率和降低土壤温度日间波动以及改善土壤微环境等作用。在坡面使用，可有效降低地表径流和土壤侵蚀。有研究表明，在 47mm/h 及以上雨强条件下，椰丝毯、椰丝稻草混合毯和稻草毯均能有效降低侵蚀和减少产流，平均减蚀效益分别为 94.92%，86.062% 和 83.42%，平均减流效益分别为 31.59%，45.02% 和 52.44%（刘宏远等，2019）。

（3）地膜覆盖

地膜覆盖就是将适宜厚度的薄膜，覆盖在以植物为中心的穴面上，是干旱半干旱地区最简便、成熟和有效的主要节水措施。当前常见的地膜主要有无色透明塑料地膜、黑色地膜、银色反光地膜和银灰双色地膜等。研究表明，覆膜可以提高地温，保持土壤水分，还可以抑制杂草的滋生。在传统地膜施用过程中，所导致的白色污染问题日益突出。许多发达国家一直在使用地膜，农业白色污染却较少，这可能与国际农用地膜厚度较大有关。如欧美国家生产的地膜厚度一般要求为 0.02mm，日本为 0.015mm，并且使用后实行强制回收。因此，农田的残膜污染风险可得到有效的控制。而我国目前薄膜的标准控制在 0.001mm。

随着对生态环境问题的重视，生物降解地膜的研究在我国得到了较快的发展。在干旱地区，常常把滴灌与地膜覆盖相结合，对提高土壤水分，促进农作物的生产有积极作用。薛俊武等（2014）在黄土高原旱地采用覆膜垄作方式种植马铃薯可显著增加产量，并提高水分利用效率。

（4）化学覆盖

在地表喷施淀粉聚合物、沥青、有机硅、塑料纤维等化学物质，在地表形成一层膜，可以有效地抑制土壤水分的蒸发。这对新土体的构建也具有实践意义。

1.3.3.3 工程集水技术措施

地形是影响土壤水分分布的重要因素之一。坡向、坡度、坡位等地形因子通过影响土壤水分分布，进而影响人工植被种植的成活率。在各种地形环境中的水分地表径流以及深层入渗，都是减少有限水资源的途径。雨水集蓄利用是雨水利用的一种形式，也是水资源开发的有效形式。雨水集蓄利用工程是指采取人工措施，高效收集雨水，加以蓄存和调节利用的微型水利工程。也就是说可采用工程措施，通过地形集水技术，实现土壤水分的再分配。从水保生产实践来看，在雨水集蓄利用工程中，为避免水土流失，大规模的整地应是受限制的。因此，目前主要是在局部进行整地。根据立地尺度上微地貌特征和土壤粗糙度变异程度，微地形改造措施的空间尺度一般小于 1 m，但是考虑到于微地形改造的实际需要并兼顾其多样性，小至水平沟槽、鱼鳞坑，大至各类梯田、淤地坝等工程都属于微地形改造措施，其空间尺度变化范围也较大。微地形改造可调控地表径流，有效控制水土流失，改善地表微生境。梯田、水平阶、水平沟、鱼鳞坑、挡水埂等微地形改造方法，可拦蓄地表径流，有效控制水蚀，促进降雨向入渗转化。微地形改造技术在国内外水土保持工程中已经得到广泛应用。此外，植被措施和工程措施可有效控制边坡土壤流失。通过植被和工程措施，可以改变降水过程中雨水转化为土壤水的再分配，而植被对降水的截留及其根系对土壤结构的改善，可提高土壤调节水分的能力。

（1）坡面工程措施

降雨及其产生的径流所引发的坡面土壤侵蚀，是全球性的环境难题之一。可以改善立地的微环境生态条件，提高土体保水性能，达到保持水土的目的。这一技术在我国北方的山区造林过程中得到了广泛的应用。从实质上来看，集水措施就是如何最大限度地收集有限降水，进一步调节降水的入渗过程。这一点对矸石山的坡面水分整治有重要的参考价值。随着我国水土保持事业的发展，对坡面的治理已经形成了比较完整的治理体系。通过微地形的改变，提高土壤水分的有效利用。坡面局部整地的措施主要是鱼鳞坑、水平阶、水平沟，以及单坡、双坡、V 字形的整地。这些措施在城市绿地、公路边坡以及山地绿化中，得到广泛的应用。

鱼鳞坑是拦蓄逸流泥沙为造林创造有利的土壤和水分条件的水土保持工程，是地形破碎条件下造林整地的重要方式，它可使降水资源呈块状分布，更有利于植物用水。在黄土丘陵沟壑区，沿着等高线开挖布设鱼鳞坑，运用鱼鳞坑土壤含水量/对照坡面土壤含水量的比值，衡量鱼鳞坑的集水效果。研究发现：集水效果与鱼鳞坑规格呈正相关关系，即鱼鳞坑规格越大，集水效果越好。并针对不同坡面提出了鱼鳞坑的规格，在半阳向缓坡上，120cm×80cm×60cm 或者 80cm×80cm×60cm 规格较适宜；半阳向陡坡和极陡坡上，80cm×80cm×60cm 规格较适宜；而在半阴向缓坡和阴向缓坡上，80cm×80cm×60cm 或者 60cm×40cm×60cm 规格较适宜。此外，在宁夏鱼鳞坑可引起植被生长环境的变化，可使一年生植物、多年生杂类草及半灌木比例以及物种的多样性增加。

水平沟是干旱、半干旱地区经长期探索实践在坡地设置的水保工程措施之一，目的在于拦蓄坡地雨水径流、增加沟内土壤水分。水平沟工程措施是具有针对性和目的性的下垫面形态改造，目的是拦蓄坡地径流利于植被更好生长。宿婷婷等（2019）在宁夏黄土丘陵典型草原坡地通过人工模拟降雨实验证明，水平沟可拦蓄坡地径流，改变土壤水分平衡。此外，在黄土高原沟壑区条件比较好、比较完整的坡面采用水平阶整地，在条件一般的坡面及陡坡地可采用鱼鳞坑整地，也可有效发挥水土保持作用。

（2）沙障

在干旱沙区，植物固沙和机械沙障固沙是防风固沙的两大基本措施。布设沙障对降低风速和提高土壤水分有重要作用。传统沙障利用的材料主要是麦草，柔韧性好，天然无污染，可以在涵养土壤水分的同时供给土壤养分。但是近年来，机械化收割影响了麦草的长度。随着新型材料的发展，高密度聚乙烯（HDPE）蜂巢式沙障，引起了人们的重视。它具有耐腐蚀、抗老化、机械强度高、质量均一、施工快速等优点。实验表明，铺设机械沙障不仅具有固沙作用，还具有一定涵养土壤水分的功能。李敏岚等（2020）用中子水分仪分别测定流沙、高密度聚乙烯（HDPE）蜂巢式沙障和半隐蔽草方格沙障内的土壤含水量，数据显示 HDPE 蜂巢式沙障和草方格沙障都有较好的保水效果，但 HDPE 蜂巢式沙障因高度持久的优势，保水效果更高。

随着时间的推移，在设置沙障中后期土壤水分有减少的趋势。对布置 12 年的塑料网格沙障、麦草沙障和黏土沙障进行长期定位观测的结果表明，机械沙障内的植被盖度显著增加，多样性指数麦草沙障和黏土沙障显著增加、塑料网格沙障减小。不同机械沙障的建立，均使土壤的含水量下降，塑料网格沙障、麦草沙障和黏土沙障内的土壤含水量比流动沙丘分别降低了 41.29%、5.05% 和 31.78%。此外，土工格室技术可以看作是沙障技术的提升。格室的固土防护机理，将有生命的植物与无生命的土工格室结合起来复合结构植物防护技术逐渐成熟。在土工格室，在固土厚度达到 30~45cm 的基础上，具备良好的吸水、储水能力，使坡面的蓄水能力提高 2 倍以上，同时减少降水对边坡的冲刷水量。随着对公路边坡防护和环境保护问题的研究，在边坡采用土工格室的保水固土技术得到了迅速发展。

（3）集水面的处理

地表产汇流是指坡面各径流成分生成聚集的过程，即降雨转化成径流的过程。其实质过程是设置一定面积的产流区，来收集雨水，汇集的水通过流动和入渗，进入到植被的立地生长空间。通过微地形的塑造，可以减少地表径流的损失，使其绝大部分保蓄在疏松的土层中。国内外大量的实践证明，微集水可以提高降水的利用率，通过影响土壤水的变化，进一步影响土壤的生物、物理和化学特征。

地表粗糙度是描述经过人为耕作管理后形成地表高低、起伏状态的定量指标，是用于描述土壤表面微地形的随机性或不规则性，反映了地表在比降梯度最大方向上凸凹不平的起伏状况以及阻力特征值的物理性指标。地表粗糙度影响并控制着水分的入渗及地表径流的强弱。最简单的集水技术就是夯实集水面。在一些地段，还可以铺设塑料薄膜、喷布沥青、高分子化合物防渗液，甚至可采用水泥和混凝土衬砌。就坡面集水而言，自然坡面、铲平拍光、覆膜、喷防水剂、撒水泥为常见的坡面集流处理方式。其中，自然坡面、覆膜及铲平拍光是较理想的坡面集水措施，用有机硅处理面的集水量和集水率最大。从生态角度考虑，拍光面和地衣面促进林木生长的效果远大于普通面。在生产实践中，塑料膜集水面一次性投入低且平均集水效率较高，但寿命较短。可用简单临时性的移动塑料集水面收集雨水，以满足植物缺水期补灌，是一种较理想的方式。

应用集水技术，必须结合当地的降雨条件开展，且在同一区域，不同的集水面做相同的集流，但不同的集水面也会有显著的差异。从利用自然降水的角度出发，集水后的水应得到有效的收集。因此，在集水区修建水窖、蓄水坑等贮水设施对实现天然降水的重新分配，变水害为水利有一定的意义。

（4）垄沟集雨系统

垄沟集雨种植系统可将降雨产生的垄面径流收集于沟中，增加沟内种植区土壤的水分含量，有效提高植物对降水和土壤水分的利用效率。垄沟微集技术，在我国农田土壤保水技术中得到了广泛的应用。但由于种植方式、土壤给水方式以及区域的不同，垄上、垄沟的规格、走向以及植被种植的模式有很大的差异。对覆盖材料和沟垄比进行的对比研究，认为同一覆盖材料，垄沟集雨种植的土壤水分以及植物耗水量均随垄宽增加而增加。

垄沟结合覆盖是农业生产常用的方法。由于生物可降解地膜比普通地膜覆盖具有更好的环保效应，采用生物可降解地膜覆盖垄沟集雨种植，可作为半干旱区植被恢复的最佳途径之一。李荣等（2017）采用二元覆盖法进行研究，结果表明垄覆地膜沟覆生物降解膜、垄覆地膜沟覆地膜和垄覆地膜沟覆秸秆处理较对照显著增产41.1%、42.1%和39.3%，水分利用效率显著提高38.0%、39.6%和37.0%。垄覆地膜、沟覆地膜、生物降解膜或秸秆的沟垄全覆盖种植，在渭北旱塬雨养农业区的生产栽培中，得到了较广泛的应用。

1.3.3.4 排土场/排矸场新土体保水技术的研究

（1）煤矸石的成分

煤矸石产生的量约占煤炭开采量的10%~15%，是我国年排放量和累计堆存量最大的工业固体废弃物。从成分分析来看，矸石物质成分主要有黏土矿物，如高岭石、伊利石和蒙脱石、碳酸盐类矿物、以及一些原生矿物如石英、长石、云母等。这些矿物成分与土壤的无机成分是一致的。另外，从煤矸石的化学组成来看，除含有植物所需的 N、P、K、Ca、Mg、S，还含有微量元素如 Fe、Cu、Mn、Zn 等。因此，矸石及其矸石风化物颗粒的元素种类组成与土壤颗粒物较为一致。因此，在矿区土体构建进行植被恢复的过程中，通常会把一些煤矸石掺入到植生基质中，提高矸石的消纳率。研究表明，不同区域矸石成分的比例变化较大，有些区域矸石的重金属含量较高。因此，对矸石的利用，应注意环境友好型的矸石类别选择。

（2）煤矸石的风化

在利用煤矸石作为植生基质的过程中，由于有些煤矸石坚硬，常以大颗粒存在，导致矸石山的保水性进一步降低。因此，矸石的自然风化引起学者的广泛关注。从目前文献来看，一般把煤矸石的风化，按作用因素与性质的不同，分为物理风化（机械破碎）、化学风化（降水淋溶）和生物风化（生物活动）3 大类型。实际这三种风化常常同时进行，互相影响和互相促进。在矸石风化的过程中，矸石的风化受自身成分组成特征如矸石的结构、元素组成、矿物质组成和重金属含量的影响。矸石成分结构松散，C、O、Al 和 Si 这四种原子含量较低，矿物质 FeS_2、FeS 和 SiO_2 含量高。研究表明重金属 Hg 和 As 含量高而 Ni 含量低的矸石比较容易风化。也有研究认为煤矸石风化物的风化程度与其总有机碳含量呈负相关关系。此外，在低温下硫铁矿可促进煤矸石氧化，并且在不同的环境条件，发生不同的氧化反应；含有铝土矿的煤矸石比含有硫铁矿的煤矸石风化速度慢。

对矸石风化的研究主要是基于煤矸石所处环境所引起的变化。将煤矸石露天堆放后，物理风化作用有时是比较明显的。矸石在遭受自然风化以后，煤矸石的物理和化学性质可在短时间内发生较大变化。有研究表明，新鲜煤矸石的电导率在 2a 内可降低 30%，pH 值下降接近 10%，此后的降低变化速率则较缓慢。阳离子交换量在 2a 内可增加 17%，在后期的变化中则表现为缓慢上升趋势。也有研究证明，以炭质泥岩和炭质页岩为主的矸石风化很快，一般半年内即可风化成碎屑。植物可以利用煤矸石作为立地环境的前提，就是煤矸石风化后可形成具有分散性的颗粒，以使其具备保水和通透性能，初步具备满足植物生长的需求。因此，面对排矸场中矸石颗粒较粗，且风化速度慢的现实情况，研究促进矸石快速风化的技术，对加速矸石演变形成土壤，具有重要的实践意义。

环境因素的变化是影响煤矸石风化的一个因素。首先煤矸石的风化过程主要发生在地表的 10cm 厚的层次，这是因为表层煤矸石风化后形成的细粒进一步阻碍了下层矸石与外界的接触。酸雨是一些区域的一种大气污染，尤其是矿区的煤的存在，提高局部区域内二氧化硫的浓度，提高了雨水的酸度。模拟雨水酸度，对煤矸石风化物进行静态浸泡实验的研究发现，粒度越小，浸提液的溶解性总固体的溶解释放速率越快，并且酸度和温度也影响矸石的风化。

（3）矿区粉煤灰的应用

粉煤灰是燃煤发电重要副产物，预计 2030 年，燃煤发电将占世界电力供应的 46%。粉煤灰中含有许多对植物生长有益的稀有金属元素，例如 Ti、Ga、Ge、Pb、V、Si、Sr 等（Saikia et al.，2021）。粉煤灰含有生物质灰，可用来生产肥料，可供生物利用的同时还可以改善土壤结构。回收利用粉煤灰是一种很好的处理方法，可以带来一定的经济效益和环境效益。粉煤灰是一种有效的载体新土体，将微生物与粉煤灰结合可生产一种新型可以吸附多种微生物的缓释粉煤灰微生物肥料，施用该肥料可以显著提高矿区土壤肥力，可加速矿区植被恢复进程（Su et al.，2021）。粉煤灰也可以作为活性吸附剂去除污水中的磷，吸附磷后的粉煤灰可作为潜在的缓释肥料，不仅可以提供植物生长所需的养分，还可以提高土壤的持水能力。

添加粉煤灰显著影响土壤物理性质。如在砂质土壤中添加不同比例的粉煤灰，可以改良砂质土壤的水力运动特性，降低沙土的导水率，从而提高土壤的持水能力。向沙土中同时添加不同比例的粉煤灰和 PAM，粉煤灰对土壤容重影响显著，PAM 对土壤容重无显著影响，这说明是粉煤灰的添加降低了土壤的容重。同时其研究还得出单独添加粉煤灰时，随着粉煤灰添加量的增加，沙土的田间持水量逐渐增加的结论。在粉煤灰改良栗钙土物理性质的研究中发现在栗钙土中添加粉煤灰，可改善土壤结构，使得土壤疏松多孔，还可以提高土壤中的有效水含量，提高土壤的持水性能，还可以对土壤起到保温作用从而可以避免因气温的剧烈变化对土壤结构的破坏和对植物根系的伤害。结合新土体的构建，采用多种物料进行复配研究，对提高土体水分含量以及植物生长有重要参考价值。王乐等（2020）利用粉煤灰、污泥、垃圾堆肥和土进行复配构建新土体，并进行盆栽实验，观察不同复配比例土壤理化性质和高羊茅生长状况等，认为垃圾堆肥和污泥可提高土壤养分含量，粉煤灰可降低土壤容重、增加土壤总孔隙度和非毛管孔隙度。

（4）矸石山新土体的保水技术

采煤迹地的生态恢复，是基于矸石山特殊的土壤条件实现的。矸石山在物质组成以及土体层次结构方面与自然土体有显著的区别。从考察结果来看，矸石山的特点一是土体土层浅薄，且由于矸石的压实导致通透性能在垂直空间上出现断层。此外，受矸石自燃的影响，地表土壤容易受底层土体热源的烘烤；二是表层土体多由生土和矸石混合而成，土体颗粒粗，有机物质缺乏，使得土体中土壤结构发育不良，类似土壤形成之初的幼年土；三是矸石山坡面多是矸石和生土随重力作用自然堆砌而成，土体疏松，在降雨作用下容易形成沟蚀和面蚀。此外，采煤沉陷区不仅改变了原有的地貌，引起建筑物的形变，降低了土壤水分。一些学者研究了采煤基地塌陷区的土壤含水量，认为塌陷后产生的裂缝，降低了雨水的补给能力，而土壤蒸发面积的增大，又进一步降低了土壤水分。

针对矸石山植被恢复中土壤水分的研究，在干旱和半干旱区主要是通过人工铺设管线进行灌溉来实现的。这种方法可以通过人工控制，满足植物生长的要求。但在干旱和半干旱区，降水稀少，水资源短缺。此外，随着对矸石山生态恢复的关注，直接覆土的新土体构建方法受土壤资源的限制、运输成本的制约，以及会进一步造成取土区域生态环境的破坏。在干旱半干旱区露天煤矿开采的过程中，重建的新土体如何有利于土壤蓄水保水是植被恢复中急需关注的问题。

针对矿区立地条件的特殊性，为提高矿山修复效果，一些学者在矿区土壤中添加保水剂，筛选适合研究区域的保水剂类型。此外，一些学者研究认为，添加适宜量的硅藻土、腐殖酸保水缓释肥和污泥堆肥，可以提高土壤的萎蔫系数和饱和含水量。近年来，针对排土场土体结构性差，保水保肥能力差以及养分含量极低，植物难以存活和生长的现状，有学者集土壤学和农学的相关知识，在充分利用本地原料，将风沙土、红黏土、煤矸石、玉米秸秆及腐殖酸等五种原材料，按不同的比例混合形成不同举型的海绵营养土，对构建新土体，提高土体保水保肥有一定的作用。

针对矸石山坡面水分的保持，有学者研究认为，煤矸石颗粒粗大、渗透性强，因此，煤矸石具有一定的蓄水能力。在小雨、中雨、大雨条件下，矸石坡产生的地表径流量均小于土坡，分别为土坡的 4%、26% 和 19%（冯晶晶等，2016）。采用煤矸石覆盖，也是排土场土壤治理的一项措施。有研究认为，将煤矸石按一定间隔，与黄土混合覆盖在煤矸石上，可提高表层的土壤水分状况。随着矸石覆盖率的增加，煤矸石样地的土壤含水量也随之增加，覆盖率 35%~45% 的样地，保土效益最好，植被恢复最佳。将基质压实是提高土壤水分和促进植物生产的技术手段。基质碾压后的容重为对照容重的 1.25、1.50、1.75 和 2.00 倍时，基质含水量和持水能力显著增加，但重度压实限制植物根系发展。

此外，在坡面以及排土场覆盖草帘，也是目前常用的措施。由于不同的措施，都有一定的局限性，采用多种途径治理是目前的趋势。排土场边坡是一种极强烈侵蚀的人工再塑地貌，合理的生物措施加工程措施的治理，优于单纯的生物措施，是控制矿区排土场边坡土壤侵蚀的最有效的途径。综合来看，目前矸石山植被恢复基质的水分管理技术，主要是通过人工灌溉措施来实现的。个别区域采用通过添加保水剂等方式，达到提高土壤保水性能。但充分利用天然降水资源的技术未得到高度重视。针对西北干旱荒漠区干旱少雨的问题，充分利用区域现有的资源，改善土体保水技术，对指导矸石山土体植被恢复有重要作用。

1.3.4 采煤迹地新土体综合培肥增效技术

1.3.4.1 露天煤矿采煤迹地概况

(1)露天煤矿采煤迹地的土体及环境特征

目前，煤炭开采主要分为露天开采和井工开采，与井工开采相比，露天开采产量高、开采便捷、投资较低，露天开采已成为美国、印度、印度尼西亚、澳大利亚、俄罗斯等世界主要采煤大国主要采煤方式，2018年各产煤国露天煤矿产量占比均超过50%，部分国家达到90%以上(田会等，2014)。我国露天煤矿发展起步较晚，但改革开放40年来，随着开采技术的发展，我国露天煤矿产量比例从2000年的4%增长至目前的18%，已建成千万吨级大型露天煤矿20余座；随着我国经济发展，大力实施落后产能退出政策，鼓励建设特大型露天煤矿，露天煤矿采煤成为我国煤矿开采的重要途径。但是，露天采煤业为我国煤炭产量增长和国民经济建设作出贡献的同时也带来了一系列环境问题和生态破坏，主要包括土地资源浪费、植被破坏和土壤肥力低等。

土地资源浪费：露天煤矿开采本质上是将矿层上的地表植被和表层及深层岩土全部剥离的过程(Bi et al.，2018)，在开采过程中产生的岩土、矸石等大量剥离物质在原地貌上堆积形成的巨型山体即为排土场和矸石山。露天开采形成的巨大排土场和矸石山占用了大量土地，我国露天煤矿每开采万吨煤损毁土地面积0.22hm²，年均损毁和占用的土地面积多达1万hm²，而全国露天煤矿土地复垦率仅为20%~30%。

植被破坏：露天开采过程中地表剥离和塌陷、岩土和矸石等大量剥离物质堆积均会破坏土壤结构从而影响植被的生长。植物作为生态系统的生产者，在维持生态系统稳定中意义重大，它的破坏使得矿区土地的生物生存条件被破坏，进一步导致生物种类和数量急剧减少、生态系统结构受损、功能及稳定性下降，从而引起水土流失和沙漠化等土壤问题。

土壤肥力降低：露天煤矿基建期，由于矿场建造、道路建设和场地平整等工程破坏了原有的地表土壤结构，使得地表裸露、表土松散从而导致土壤抗侵蚀能力下降。在生产期，由于岩土剥离和堆积形成了大面积排土场和矸石山，这些排土场和矸石山具有砾石含量高、持水能力差、结构性差、养分缺乏等特征(Fang et al.，2014)；加之排土场和矸石山没有自然景观和植被覆盖且土壤中生物多样性极低，土壤的自我修复能力被极大限制，进一步加剧了土壤的贫瘠。同时排土场和矸石山中有害元素、Ca^{2+}、Mg^{2+}、K^+和Na^+等盐类成分淋失和蒸发也导致了矿区土壤酸化和盐碱化，难以被植物继续利用，生态修复十分困难。目前，我国露天煤矿主要分布在内蒙古、宁夏、山西、陕西、新疆和青海等生态环境脆弱地区，其中内蒙古、宁夏和青海等地区作为重要的露天煤矿产煤地区大都位于我国主要草原上，草原土地以沙地为主，其生态环境脆弱，土壤贫瘠，一旦破坏后很难恢复，且破坏的生态环境有自我扩大的趋势；此外这些产煤区大都气候寒冷干燥，降水量低，不利于植物生长。植被的减少改变了生态系统的能量转化以及水分和营养元素的循环，进而影响到土壤物理、化学成分以及动植物和微生物等土壤生物区系的种类和数量，造成植被的逆行演替，导致生态系统退化，加剧了土壤贫瘠。

(2)露天煤矿采煤迹地的生态环境恢复措施及现状

美国是最早研究矿区土壤修复的国家之一，主要研究对象是露天煤矿的土壤改良与结构重建；20 世纪 20 年代至今德国对采矿区的修复主要经历了实验阶段、综合种植阶段和分阶段种植，目前德国复垦目标已从过去的农林及林业为主，转变为今天的重构生物循环体、建立休闲用地的混合型模式；1969 年英国在颁布《矿山采矿场》的同时要求矿主务必在开矿时制定土地修复方案并严格执行（孟伟庆等，2008）；澳大利亚矿山复垦工作被认为是世界上先进而且成功地处置扰动土地的国家，目前已形成以高科技为指导、综合治理开发为特点的土地复垦模式。

我国矿区土地修复工作起步于 20 世纪 50 年代，在 70 年代我国东部平原矿区开始发展生态恢复措施并将修复后的土地用于建筑和种植。80 年代由于政策和技术的原因，废弃地的修复和改造规模小、水平低、分布零星。改革开放以来，我国土地复垦从最初的自发式、单一型、无组织逐渐转变为现在的自觉式、多形式、有组织，土地复垦工作逐渐形成体系并被国家所重视。自 1988 年国务院颁布了《土地复垦规定》以来，采矿塌陷地、矸石山、露天采矿场、排土场和尾矿产等破坏土地和生态环境的问题引起社会重视，越来越多的学者开始了对煤矿区土地复垦的研究并取得许多成就。煤矿区土地复垦关键的问题是解决煤炭开采过程中的必然产物岩土和煤矸石等固体废弃物的排放，开采过程中形成的裸露排土场和煤矸石山严重污染和破坏了水体、大气、土壤以及自然景观，导致了一系列生态环境问题，引起越来越多人的注意（Huang et al.，2016）。目前对于煤矸石等固体废物的处理研究主要涉及物理法防治煤矸石自燃、客土构建土体和化学法改良煤矸石，但是这两种方法投资较大、操作困难、长期效益不明显且存在二次污染。因此越来越多的学者把目光转向了生物学方法，包括植物学、微生物学方法以及两种方法的联合使用，生物恢复技术在极端环境条件中的使用引起关注。但是，由于植物修复过程通常比物理和化学方法缓慢，需要耗费更长的时间，并且会受到煤矸石基质理化性质和环境胁迫因子的影响，单纯利用植物修复对煤矸石进行污染治理并不能有效达到生态恢复的目的。微生物是土壤的重要组成部分，能够与植物形成共生，从而有效促进植物的生长发育，因此向栽培植物接种微生物，在改善土壤营养条件和促进植物生长发育的同时，能够利用根际微生物的生命活动，使失去微生物活性的复垦区土壤重新建立和恢复土壤微生物体系，加速复垦土壤的改良，提高土壤肥力，从而缩短复垦周期。目前微生物恢复技术所采用的土壤微生物主要有固氮菌、磷细菌、钾细菌、AM 真菌等，其中 AM 真菌是土壤微生物的重要组成部分，可占到土壤微生物总量的 5%~50%。因此，利用菌根技术对煤矸石废弃地进行生态恢复已经引起越来越多的关注。

1.3.4.2　井工煤矿采煤迹地概况

1.3.4.2.1　井工煤矿采煤迹地的土体及环境特征

与露天煤矿相比，井工煤矿地表创面小，植被损毁程度低，其所面临的生态威胁多来自排土、排矸、粉尘及矿井水排放等潜在因素（梁慧，2019）。近年来，矿井水排放对矿区土壤和生态环境的影响越来越引起人们的重视。

矿井水即在采矿过程中，部分地表水、开拓巷道附近和采煤层的地下水渗入采掘空间的地下涌水，是煤矿和其他矿山等矿物开采行业特有的废水。矿井水水质与煤炭的矿物成分有关，原本清洁的矿井水由于在开采过程中受到粉尘和岩尘的污染从而具有色泽浑浊、悬浮物含量高、沉积物量大等特点。按照不同成分的水污染物，可以将矿井水分为五类：矿化度低且无毒害成分的洁净矿井水、含有悬浮物矿井水、含盐量大于 1% 的高矿化度矿井水、腐蚀性强的酸性矿井水、含有氟铁锰等有害元素或放射性的特殊污染物的矿井水。大量含有有害污染物的矿井水外排不仅会造成水资源的巨大浪费同时也会产生一系列环境问题，主要包括水资源污染和土壤环境污染等。

水资源污染：矿井水自身受到污染后未被处理就进行排放，导致地下水污染。常见的污染途径包括：井下作业工人产生的排泄物不经过任何处理混入到水体中，增加了矿井水中氮、氨和有机污染物的含量；煤炭开采过程中产生的大量煤屑、粉尘以及煤层中的硫、磷、酚、焦油溶于水中，增加了矿井水中的悬浮物含量；矿井中沉积的废坑木发生腐烂，导致霉菌和细菌大量繁殖，坑木中的有机氮分解后会产生亚硝酸盐，增加了矿井水中有害物质的含量；井下的电机车修理间、充电及整流洞室洗电瓶等排放的废水，使矿井水被废酸液污染。受污染的矿井水若没有经过处理就排入矿坑或附近的地表水体中，就会通过地表水体与浅层地下水存在的水力联系，或是从采煤对岩层造成破坏形成的裂隙流入到更深的地下水体中，就会对地下水造成污染。由于水质中生物和非生物污染物增多，严重抑制了水体的自净能力，从而导致水资源的污染与浪费。

土壤环境污染：全国煤矿矿井水水质调查结果表明，矿井水中普遍含有以煤粉和岩粉形成的悬浮物、重金属、有毒、有害物质以及放射性元素等，有的矿井水还呈现出高矿化度或酸性。高矿化度的矿井水会造成土壤的盐碱化，使土壤中的 pH 值升高，碳素、氮素以及磷素含量降低，引起土壤性能改变；酸性矿井废水外排后会使土壤板结；含有大量的悬浮物矿井水渗入土壤后堵塞孔隙，改变土壤结构（胡振琪，2008）。虽然有些矿区矿井水经过净化处理，但仍然存在少量的污染物，矿井水外排，长此以往，土壤环境遭到破坏和污染，这无疑会影响到土壤水分、养分循环过程，最终会造成植被生长缓慢或死亡、植被多样性降低以及植被生物量减小。

除了对土壤理化性质产生破坏性影响，矿井水排放也会极大地影响土壤微生物活性、结构和群落组成。已有研究表明在酸性矿井水的影响下，土壤中微生物总量明显减少，尤其是参与土壤氮素转化和循环的微生物减少，使硝化作用和固氮作用强度减弱，在一定程度上破坏了土壤中氮素的转化与平衡；此外土壤受酸性物质侵蚀后，土壤水解氮的含量也显著下降，使得微生物增殖的营养条件遭到恶化。

1.3.4.2.2 井工煤矿矿井水的生态环境恢复措施及现状

（1）国外矿井水的处理及资源化利用

国外十分重视矿井水处理，将其当作资源从中获得收益和利润。据统计，美国早在 20 世纪 80 年代初期，矿井水的利用率就达到 81%，俄罗斯顿巴斯矿区 1988 年矿井水利用率就已超过 90%。

在早期的矿井水处理技术中，苏联和美国处于世界领头地位。苏联排出的矿井水大多是悬浮物矿井水和高矿化度类型的矿井水，处理矿井水时多采用聚丙烯酰胺和硫酸铝混凝剂，利用物理和化学的反应进行水净化处理。美国排出的矿井水大多为酸性矿井水，主要通过关闭含硫化物的矿坑、封存酸性矿井水和酸性矿井水稀释排放等措施。随着科学技术的发展，目前国外对于含悬浮物矿井水，主要通过加高效有机絮凝剂混凝澄清、用蒸馏和膜处理法(电渗析、反渗透)对矿井水进行脱盐处理和热电厂分离氯化钠等一系列操作实现煤矿含盐废水的零排放。对于酸性矿井水的处理,主要是采用碱性物质中和,并利用生石灰生产过程中的副产物去除金属和硫化物;一些国家还采取人工湿地等技术处理,在煤的开采巷道中喷洒药剂,抑制硫氧化杆菌等微生物的生长和繁殖进一步防止酸性矿井水产生。近年来微生物研究受到学者的广泛重视,在矿井水修复中开始使用微生物进行修复研究,如利用真菌、藻类创造厌氧环境去除和固定硫酸盐达到修复目的;利用嗜酸菌、硫酸盐还原菌等微生物作用使硫酸盐还原去除重金属。

在对矿井水资源化利用中,利用方式主要包括蓄热、蓄能发电、回注、生活饮用水、灌溉用水、工业用水和环境用水等。如西班牙则将大量的废弃矿井水转化为可用的再生的地热能源;西班牙的 As Pontes 矿山,通过使用矿井水创建了一个新的湿地湖泊,美化了景观和周围环境,生物多样性甚至超过开采前;澳大利亚 Mt. Whaleback 铁矿为了控制地下水位下降,减小对地面农业和生态的影响,利用钻孔每月向含水层回注矿井水,维持了水资源的可持续发展;德国将位于德国北莱茵 Prosper-Haniel 煤矿改建成 200MW 抽水蓄能电站等。

(2)国内矿井水的处理及资源化利用

矿井水处理和资源化利用在我国起步较晚,工艺流程比较简单且利用率较低,我国煤炭每年排近 42 亿 m³ 的水,然而利用不到 30%。各采矿区虽增设了矿井水净化站,但由于资金短缺、技术不成熟以及行业内部发展不均衡,使得我国煤矿矿井水利用技术仍处于较低水平且各矿区利用现状差别很大。

然而近年来,国家逐渐重视矿井水资源化的利用工作,以及我国煤炭产业技术水平的不断提升,我国矿井水处理由最早的简单沉淀处理,到深度处理,到发展成功应用"零排放"技术,我国矿井水处理技术与装备上与发达国家的差距正在缩小,并开展了一系列工程示范。对于高悬浮物矿井水的澄清处理,我国在投加混凝剂和助凝剂常规处理技术的基础上,研究出投加以铁为主要成分的"磁种"超磁分离技术,加快了整体处理速度;对于高矿化度的矿井水的处理主要采用反渗透技术,利用各种卷式膜实现高矿化度矿井水的脱盐浓缩;对于含特殊组分的矿井水,主要采用化学沉淀法和吸附法除氟、自然氧化法和化学试剂氧化法除铁、锰,但是这些技术在实际使用中存在明显的技术缺陷,还需要通过科技创新和工程实践提高处理水平(顾大钊等,2021)。矿井水微生物处理法是近几年国外新兴的处理技术之一,但在国内还比较少见。

在对矿井水的资源化利用中,由于我国矿井水资源类型多样,所以需要根据原水水质和回用要求确定处理技术和资源化利用途径,主要包括构建地下水库蓄水、建造地下水污水处理中心、构建抽水蓄能电站、开发利用高质量矿井水和热能储备利用等。不少矿区对采空区进行改造形成地下储水空间,并通过人工通道将多个相邻的地下水库连在一起,将废弃矿井水进行分时分地储存;在采空区构建污水处理中心,对废弃矿山中的矿井水以及地面生活污水进行处理;采空后会造成地表塌陷并形成积水,可以将地表塌陷带水体作为上水库,地下水源作为下水库,利用上下水库的势能差修建抽水蓄能电站。

大部分矿区主要集中在北方干旱地区,农业用水严重紧缺,只能通过矿井水灌溉来弥补农业灌溉用水的不足。虽然绝大多数用于灌溉的矿井水是经过处理之后才排放至农田中，但是长期使用矿井水再生水灌溉对农田土壤结构、养分循环、微生物数量和群落结构以及植物生长均会产生影响。目前已有不少学者开始研究如何利用微生物肥料改善和修复矿井水再生水对土壤和植物带来的威胁。

1.3.4.3 AM 真菌及其在矿区植被恢复中的应用

（1）AM 真菌概述

AM 真菌是自然界分布最广的一类菌根，能与 90% 以上的陆生植物形成菌根，是重要的土壤生物成员之一。1981 年 Bradley 研究指出石楠菌根可以降低植物对过量重金属 Cu 和 Zn 的吸收；2002 年 Jamal 等发现 AM 真菌可以提高污染土壤中大豆和小扁豆对重金属 Zn 和 Ni 的吸收，并提出菌根修复的概念，此后菌根便成为国内外研究生态修复的热点。AM 真菌在改善植物根际环境、改变根系形态、增强宿主植物对营养元素的吸收、改善土壤环境、增强植物抗逆性以及影响植物群落和生态系统的结构与功能等方面均具有重要作用（Willis et al., 2013）。

微生物群落趋于生境选择，研究微生物的多样性及其地理分布对预测不同区域微生物的作用与影响至关重要。对菌根真菌而言，原始生境决定了菌株特性，菌株来源不同其共生特性和抗逆性不同。已有研究表明，AM 真菌的群落组成及其分布主要受宿主植物种类、土壤因子和环境因子等诸多因素的协同影响。然而，关于采煤迹地这一特殊生境中 AM 真菌多样性及其分布规律尚无系统的研究报道。为获得能够促进采煤迹地植被恢复的 AM 真菌菌剂并加快菌根技术在矿区植被恢复中的应用，全面调查采煤迹地土壤中 AM 真菌的种属分布及其影响因素并建立采煤迹地 AM 真菌的种质资源库是当前的首要任务。

研究表明，菌根可通过扩大植物根系的吸收面积、活化土壤养分、增加植物对矿质元素和水分的吸收、调节植物的生理生化代谢等作用来促进植物生长，加快逆境条件下的植被恢复。关于 AM 真菌在矿区土壤改良及植被恢复中的作用，一些研究发现接种菌根有利于矿区根际土壤改良，促进矿区生态系统稳定，对维持矿区生态系统的可持续性绿色保护具有重要作用（胡晶晶等，2018）。当前，如何利用 AM 真菌改善土壤条件、促进植被恢复已成为矿区生态环境建设的一个新热点。

（2）AM 真菌在矿区修复中的研究现状

微生物修复技术是采煤迹地塌陷区及排土场和矸石山废弃地复垦以及矿井水资源化利用的重要途径，微生物修复技术成为矿区生态修复的热点新兴技术。在微生物修复过程中，AM 真菌是目前研究较多且矿区复垦常用的真菌微生物肥料，而其他种类真菌用于促进矿区修复利用的应用研究鲜有报道。目前国内已有不少学者在 AM 真菌修复矿区土壤肥力和促进矿区植物生长等方面做了很多有益的研究工作，为 AM 真菌菌剂用于煤矿区复垦研究提供了重要的参考，而国外相关研究较少。

目前国内外利用 AM 真菌修复金属矿区的研究主要还处于温室盆栽模拟研究阶段，针对野外矿区原位研究比较罕见。相比较而言，国内对于煤矸石山 AM 真菌修复技术的研究较为广泛和深入，不少研究开始由室内模拟试验转向煤矿区原位试验（赵昕等，2018）。

（3）AM 真菌与其它肥料配施在矿区修复中的研究现状

露天开采形成的巨大排土场和煤矸石山大多是未经过生物作用和腐殖化过程的土体，

不利于微生物生存和繁衍，所以土壤有机质含量少、较为贫瘠，但通过土壤改良，可迅速改善复垦土壤条件，提高土壤肥力，恢复植被。目前我国对矿区土地复垦主要以传统的培肥措施为主，缺少微生物等生物活体物质，所以物质能量转化缓慢，培肥时间较长，对土壤理化性质和生物学性质没有本质改善，达不到熟化土壤的效果。利用菌肥或微生物活化剂改善土壤和作物的生长营养条件，能迅速熟化土壤、固定空气中的氮素、参与养分的转化、促进作物对养分的吸收、分泌激素刺激作物根系发育、抑制有害微生物的活动等。

但是长期实践证明单纯施用微生物肥料不能满足作物生长的需要，尤其在煤矿开采区这种贫瘠土壤上，生物肥的增产效果有限，与其他肥料配合施用效果会更好。已有研究表明，有机肥+化肥+菌肥明显提高了采煤塌陷区复垦土壤中微生物的物种丰富度、均匀度和优势度，施加有机肥可使 AM 真菌与采煤塌陷复垦区玉米根系形成良好的共生体，并显著增强 AM 真菌的种群丰度。

由于 AM 真菌的丰度、多样性和群落组成变化受土壤有机质、速效磷等土壤因子的影响（盛敏等，2011），复杂多变的野外环境和生态条件可能会对 AM 真菌菌剂培肥效应发挥造成一定的影响。研发培肥效果优良的菌根菌剂以及优化菌根菌剂与化肥、有机肥等传统肥料之间的配施比例，高效发挥 AM 真菌与化肥和有机肥在矿区土壤培肥中的综合效应，可为矿区破坏土地的生态恢复提供一种微生物综合性生物修复的推广应用模式，为建立矿区持续稳定的生态系统奠定技术基础。

1.3.5 煤矸石自燃的防控灭一体化技术

煤炭的露天开采严重破坏矿区的土壤和植被，使区域景观和水资源发生变化，水土流失日益严重（Kuang et al.，2019），废弃矿山的生态修复也因此受到国内外学者的普遍关注，而植被重建是矿区生态恢复的关键。

煤炭开采产生大量的煤矸石长期堆放有自燃的危险，进而影响植被生长，给矿区的生态修复造成不利影响。煤矸石是煤炭开采和洗选加工过程中产生的固体废弃物，含有硫化物、铝硅酸盐、有机化合物和其他无机化合物，约占煤炭产量的 10%～15%（王忠波等，2019），其资源化利用率仅为 30%（Liang et al.，2016）。我国煤矸石年排放量高达 2.8 亿 t 左右，现已成为我国排放量最大的工业固体废弃物（Zhai et al.，2017），大规模的露天煤矿开采活动和煤矸石堆放造成严重的环境问题。大量煤矸石的堆积，不仅占用土地，严重浪费资源、影响大气环境、破坏地下水资源、污损自然景观，而且还有可能引发山体滑坡、山崩、泥石流、矸石流等地质灾害，严重制约煤矿的可持续发展。此外，长期堆积的矸石山还有自燃的危险，不仅污染大气、土壤和水体，更有可能引发爆炸等破坏性更大的灾害，造成大量人员伤亡和巨大经济损失。此外，煤矸石的自燃还会影响矿区植被的生长，严重影响矿区植被恢复和生态环境质量的改善。因此，煤矸石自燃的防治是矿区治理的重点。

对于煤矸石自燃机理，学者提出硫铁矿氧化放热理论、煤氧复合学说、细菌作用理论和酚基作用等理论，其中煤氧复合学说被很多学者接受（董红娟等，2019）。根据这一理论，煤矸石山是由不连续的多孔介质组成，氧气通过煤矸石山的表面向下渗透，与部分易燃的煤矸石接触发生氧化反应，释放热量引发自燃。相关研究设计煤矸石的燃烧特性和热动力学参数，生物质与煤矸石混合燃烧过程中的热和微量元素分配行为，煤矸石在不同氧化阶段特征温度值及燃烧过程中官能团的变化，结果表明煤矸石自燃是一个复杂的燃烧系统，由内部和外部因素共同驱动，到目前为止，学者关于煤矸石的自燃机理并未达到一个统一观点。

国内外的学者还对煤矸石自燃的影响因素、煤矸石自燃发火过程、煤矸石山自燃的防治、煤矸石的生态重建以及煤矸石山温度的变化等进行了研究（Hollesen et al.，2009；巩潇等，2012；赵方莹等，2013）。煤矸石自燃的发生、发展和结束过程极其复杂，受氧化作用、环境温度、深度、导热系数、晶粒尺寸、煤化程度、挥发组分和构造等多种因素影响（Huang et al.，2020），其中矸石的含硫量、孔隙率和含水量对矸石的氧化升温影响显著，CO 产生率与温度占煤矸石自燃结果表达的权重在 90 % 以上。煤矸石山自燃与深度关系密切，有学者指出煤矸石山自燃发生在距表面以下 1.5～2.0 m 处，而自燃初始阶段的温度为 60～80℃，主要来源于有机和氧化矿物材料的自燃（Deng et al.，2017）。巩潇等（2012）对煤矸石山的自燃机理和自燃因子进行了分析论述，并对几种常用的灭火技术进行比较；赵方莹等（2013）对煤矸石治理方法中的植被恢复进行了系统阐述，提出了煤矸石山植被恢复中需要深入研究的内容；Hollesen 等（2009）研究了挪威的斯瓦尔巴特群岛上废弃的自燃煤矸石堆内部温度规律，并进行建模。

目前关于煤矸石自燃温度变化的探讨虽然有很多，但很少从系统和整体的角度考虑，而且多以表层温度的测定为主。温度是衡量煤矸石山自燃的重要指标，探测表面温度场并不能分析出矸石山内部的温度，且因表层温度散失快，即使去除气温影响，对于矸石山内部温度场的模拟与推算准确率极低，在施工中很难准确定位位于矸石山内部的着火点，对施工的指导意义有限。因此，对煤矸石山内部温度进行实时监测，分析着火点的发生位置和发展规律对从根本上认识煤矸石自燃以及技术采取有效的措施进行防治具有重要意义。

煤炭开采产生大量的煤矸石，往往采用台地—边坡堆积体的形式，或者直接排放到露天开采废弃地的采坑中，大大增加了地表面积，导致可用作土壤覆盖的表土数量严重不足，土壤结构和养分状况也遭到严重破坏。面对日益严峻的土地资源短缺威胁，污泥、泥沙、煤矸石和粉煤灰等被运用到矿区土地复垦中（王忠波等，2019）。煤矸石含有一定数量的腐殖质，风化成土后可以为植物提供有机质和养分；煤矸石与粉煤灰等其他固体废弃物混合能够有效促进植物生长。将煤矸石运用到废弃矿山生态修复中，不仅能够变废为宝，还可以降低植被恢复的成本，为国家节约土地资源。

目前，我国有 1600 多座煤矸石山，其中 300 多座出现明显的自燃现象；西部和北部是我国主要的煤炭生产区，煤矸石山自燃造成严重的污染（Deng et al.，2017）。其中，位于西北干旱荒漠区的神东和宁东两大煤炭基地占地 4.2 万 km²，煤炭产能超过 2.7 亿 t，煤矸石自燃严重，自燃产生的烟雾随处可见，采煤迹地植被恢复表土匮乏，亟须治理。

另外，目前的研究虽然提出了一些自燃煤矸石山的防治措施，但多是传统的灭火技术，无法真实做到因地制宜、从排放源头彻底解决煤矸石自燃的问题，这就使充分利用矿区现有条件，构建适宜的煤矸石堆储技术、矸土混合技术，以及源头预防、过程控制、末端灭火的煤矸石自燃防控灭一体化技术体系显得尤为重要。

1.4 存在的主要问题

从国内外研究现状可以看出，当前存在以下主要问题

(1)采煤迹地近自然地形重塑方面

技术方法体系尚不完善：国内外已经有了很多近自然地形重塑的工作。但大部分工作是针对个例展开的实例研究，尚未形成具有工程指导作用的技术流程。另外，很多工作是针对地形重塑中的某个局部问题，或依据某个局部因素展开讨论，如 Hancock 等(Hancock，2006；2008；2015)重点关注坡面的设计，而 GeoFluv 模型则只围绕沟道形态开展地形设计。这使得这些方法都带有一定局限性。综合而言，目前近自然地形重塑尚未形成完善的技术方法体系，无法用于明确的工程实施指导。

参数指标体系尚未构建：近自然地形重塑需要参照当地的自然地貌特征进行设计，只有充分了解当地未被扰动的自然区域的水文、地貌、地质、水蚀风蚀特征等，才有可能设计出最有利于当地自然生态恢复的地形。因此，综合考虑与地形设计有关的各方面因素，构建一个完善的近自然地形重塑指标体系是非常必要的。目前相关工作中尚未对该问题进行深入探讨，所提到的参数指标或者以水蚀地貌为主，仅仅从流域的角度来考虑地貌特征指标，或者过于宏观，无法满足具体的地形设计需求。目前还没有一个面向矿区近自然地形重塑的、能够全面刻画近自然地形特征，并满足具体设计需求的指标体系。构建合理的参数指标体系对于完善近自然地形设计方法具有重要意义。

针对风蚀–水蚀复合地貌的近自然地形设计方法尚需探讨：一般而言，从对地形的影响速度、影响程度以及侵蚀贡献量而言，水蚀都远远大于风蚀；而且通过地形塑造可以很直接地改变地表侵蚀径流，但却很难控制或影响风蚀作用。因此，以往的相关工作中仅仅关注了地形重塑中的水蚀作用因素，并未考虑风蚀作用。但在西北干旱荒漠区不仅存在严重的水力侵蚀问题，而且风蚀作用也十分显著，如何通过地形塑造起到减风积沙的作用成为一个有挑战性的研究课题。应当将风蚀作用纳入参数指标体系构建及技术方法研发之中。

(2)采煤迹地新土体构建方面

新构土体的不均匀变形控制、水土保持、矸石边坡的稳定性等研究相对不足；同时，新土体土壤基质是土体构建的关键，需要因地制宜，利用好采煤迹地废弃物，变废为宝，增加废弃物的利用率。

(3)土壤保水技术研究方面

当前的土壤保水技术研究与应用主要集中在农田土壤、山地造林和公路的坡面绿化造林区域；对采煤迹地新土体水分的研究主要关注土体堆砌小地形的设计、土体材料的组配等对保水性能的影响，而对于矸石山边坡水土保持的研究相对较少。

矸石是不同于自然土体的特殊物质，而且随时间其成分不断发生变化。最显著的是随着风化过程的发展，盐基离子释放，矸石由酸性逐渐变中性甚至微碱性。由于矸石的存在，改变了土体的特征，土体外源物质如保水剂的效果如何？覆盖农用地膜，是否遭遇腐蚀的影响等，这些基础研究目前还鲜有报道。此外，矸石山需要通过人工方式构建新土

体，土体资源有限，如何充分挖掘保水能力强的基质材料，还缺乏相应的研究。

(4)采煤迹地培肥增效方面

矿区新土体微生物群落失衡、养分贫瘠、肥力低下是制约该土地生态系统重建的主要因素；传统的土壤培肥模式(如：施化肥)往往具投入高、效益低、环境污染风险高等缺点；AM 真菌是重要的土壤生物成员之一，其在土壤团粒结构重建、微生物群落结构恢复、土壤养分循环、促进植物生长、提高植物抗逆性等方面均具有积极作用；然而，关于 AM 真菌在矿区新土体培肥中的作用及其作用机制目前均不确定。

(5)煤矸石自燃的防控灭方面

现有技术只能监测煤矸石表面温度变化，无法监测煤矸石山深处的温度，不能准确判断煤矸石发生自燃的确切位置；现存的煤矸石山灭火技术多是传统的，无法因地制宜、从源头防止煤矸石自燃。

1.5 研究目标

针对西北干旱荒漠区采煤迹地生态恢复过程中亟须解决的地形失稳、污染严重、土壤肥力低下、生态用水短缺、植被恢复困难、建设养护成本高等问题，遵循师法自然的理念，研究模拟自然地貌的地形设计方法，构建稳定的近自然地形；研发地形整理装备智能化系统；以固废消纳、污染防治、雨水高效利用、微生物培肥为目标，研究土体的近自然构建技术，实现采煤迹地地貌与周边地貌和谐一致，解决矿区植被恢复过度依赖人工灌溉、施肥的问题，恢复采煤迹地生态的自我演替功能，减少人为干预的时间和强度。

1.6 研究内容

(1)采煤迹地近自然地形设计技术研究

以地貌形成过程的气象、地质、水文、植被等自然要素为依据，通过计算机三维建模技术，研究模拟自然地貌的地形设计方法。在此基础上，研发地形设计软件，实现近自然地形设计。此外，由于采空区、煤矸石自燃等因素，矿山施工人员在进行土体重构时往往面临危险，为提高矿山地形整理施工的安全性和自动化程度，拟研发矿山整地装备的智能化控制系统，实现整地装备的自动化控制。

(2)采煤迹地新土体构建技术研究

采用宏细观结合的方法研究有利于植被水肥供给和边坡长期稳定，以及防止煤矸石自燃的新土体构建技术。采用宏细观结合的方法构建新土体的本构模型。基于土体稳定性与煤矸石自燃防控要求，研究近自然土体构型的分层排放技术，通过分层剥离、有序堆放、交错回填的采排复一体化技术重构土体，优化新土体组构、粒径级配。

(3)采煤迹地新土体水分特征及保蓄技术研究

研究分析不同深度土壤水分的稳定性特征；探究新土体不同层间的水力联系及水分运移规律；通过改变微地形、调整地表状况，研发增加地表径流、优化蓄水设施布设的高效集雨技术；通过添加生物、化学以及复合保水材料，研究新土体基质保水技术。集成人工新土体高效保蓄水分关键技术。

（4）采煤迹地新土体综合培肥增效技术研究

研究建立煤矿区菌根真菌的种质资源库。研发微生物活性、土壤结构及养分含量等动态变化的监测技术。研制培肥效果显著的菌根真菌纯种或多种复合菌剂，结合植被恢复措施，形成采煤迹地新土体的微生物-植物联合改良技术。依据"适地适菌"原则进行新土体培肥增效技术研究，确定菌根菌剂与化肥、有机肥等传统肥料之间的配施比例，明确微生物群落恢复与土壤培肥的动态响应关系。

（5）煤矸石自燃的防控灭一体化技术研究

结合新土体构建，研究矸土混排技术，从排放源头解决煤矸石自燃的问题。对于土源不足的矿区，研究煤矸石隔室存储、分层碾压等堆储技术。对于既有煤矸石山，应用卫星或无人机红外遥感探测技术，检测、评价潜在自燃隐患风险。对于存在矸石自燃风险的区域，研究火源隔离、压实阻气、充注浆液等技术。对于自燃严重的煤矸石山，研究挖除火源（自燃初期），晾晒降温（自燃后期），多层覆盖，以及结合新排土的异位堆放技术。最终形成源头预防、过程控制、末端灭火的煤矸石自燃防控灭一体化技术体系。

综上所述，以实现煤矿区的生态安全为目标，开展近自然的地形地貌构建技术研究；在此基础上，开展以固废消纳、污染防治、降水集蓄、土体培肥、植被恢复为多重目标的人工土体构建技术的研究。研究地形构建装备的智能化控制系统，提高矿山地形整理施工的安全性和自动化程度。主要面临问题、主要研究内容及方法、要达到的预期目标如图1-1所示。

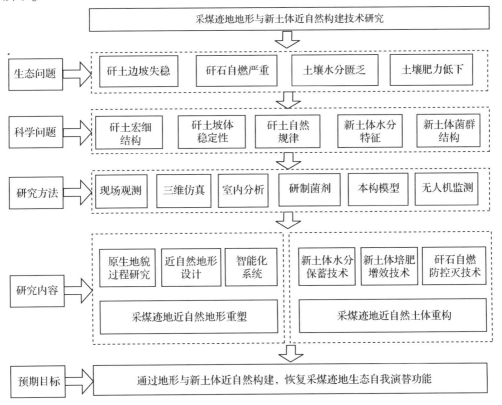

图1-1 问题、内容、方法及目标

第2章

研究概述

2.1 研究区概况

2.1.1 宁夏灵武

宁夏灵武羊场湾属于中温干旱气候区，具有典型的大陆性气候特征。春迟秋早，四季分明，日照充足，热量丰富，全年日照时数3080.2 h，无霜期短，平均无霜期157 d。气候干燥，雨水少且集中，蒸发量大，依据中国气象数据(1981~2010年)近30年来的累年数据资料整理出的气温和降雨量月变化数据见表2-1。从数据来看，累年年平均气温9.2℃，累年平均年降水量188mm。高温与降雨是同步的，在6~8月的月平均气温在21.4~23.4℃之间，但月平均最高气温可以达到28.2~29.9℃。累年的降雨量为188.4 mm，其中7月和8月的降雨量占全年的43.16%，而6~9月之间的降雨量占全年的70.37%。

表2-1 灵武1981~2010年累年月气温和降雨量数据

月份	累年月平均气温(℃)	累年月平均最高气温(℃)	累年月平均极端气温(℃)	累年月平均降雨量(mm)
1	-7.2	0.6	12.9	1.2
2	-2.9	5.1	21.1	2.0
3	3.9	11.7	27.1	5.6
4	11.6	19.7	34.3	11.2
5	17.4	24.7	36.0	21.0
6	21.4	28.3	36.6	25.5
7	23.4	29.9	37.5	39.2
8	21.4	28.2	36.3	42.1
9	16.1	23.9	35.2	25.8
10	9.0	17.6	29.0	11.6
11	1.5	8.7	24.3	2.6
12	-5.0	1.9	16.0	0.7

地形属于缓坡丘陵地貌，主要为风成新月形流动沙丘，间有植被固定、半固定沙丘，地形低缓平坦，起伏不大。地带性的植被主要是荒漠草原，林草覆盖率为25%。植被类型以沙生植物为主，包括旱生和超旱生灌木、小半灌木。主要植物有油蒿、柠条锦鸡儿、沙冬青、红柳、白草和蒙古冰草。土壤类型为灰钙土和草原风沙土。荒草地土壤侵蚀类型以风力侵蚀为主，属于中度侵蚀。

2.1.2　内蒙古乌海

内蒙古乌海属于典型的大陆性气候，其气候特征是冬季少雪，春季干旱，夏季炎热高温，秋季气温剧降。春秋季短，冬夏季长，昼夜温差大，日照时间长，可见光照资源丰富，多年平均日照时间数为3138.6 h，平均无霜期为156～165 d。依据中国气象数据（1981~2010年）乌海区站的气象数据可知（表2-2），累年年平均气温为10.1℃，累年平均年降水量155mm，累年年极端最高气温为41℃。

表2-2　乌海1981~2010年累年月气温和降雨量数据

月份	累年月平均气温(℃)	累年月平均最高气温(℃)	累年月平均极端气温(℃)	累年月平均降雨量(mm)
1	−8.1	−1.2	12.0	1.0
2	−3.4	3.6	18.9	2.3
3	3.8	10.7	26.0	4.2
4	12.2	19.2	36.4	6.0
5	19.1	25.7	36.3	16.6
6	24.1	30.5	38.8	22.0
7	26.1	32.4	41.0	35.1
8	23.9	30.2	39.1	35.9
9	18.3	24.7	37.6	22.9
10	10.3	17.3	28.2	7.2
11	1.0	8.0	22.2	1.7
12	−6.1	0.4	15.2	1.3

研究区土壤多为砂质或第四纪冲积物，结构松散，在水、风的作用下易造成水土流失。土壤类型以灰漠土和棕钙土为主，伴有栗钙土、风沙土、草甸土和盐土，土壤干燥瘠薄。植被主要以干旱和半干旱植被为主，主要有四合木、沙冬青、霸王、白刺、沙枣等。

2.2　研究方法

2.2.1　采煤迹地近自然地形设计技术研究

2.2.1.1　适用于西北干旱荒漠区的近自然地形设计方法研究

结合具体的项目示范区开展地形设计实践与研究。在研究过程中，围绕我国西北干旱荒漠区既有水蚀又有风蚀的地貌特点，基于河流地貌学、景观设计以及风沙地貌学的相关理论，并参考已有的地形重塑模型（Geofluv 模型）的思路，进行设计方法的研究与实践。

2.2.1.2　近自然地形设计指标体系的构建

对于水蚀地貌，近自然重塑最关注的是与流域有关的特征，我们拟从流域地貌特征中选取若干关键指标。以往的研究工作中有一些可供参考的方案，比如有研究者将流域地貌特征分为如下三类特征：线性特征（如沟道级别、主沟道长度等），面域特征（如流域面积、流域圆度、沟道密度等）和起伏特征（流域高程差、平均坡度等）。但我们还需针对西北干旱荒漠区这一特定地域的特征进行指标的调整。

对于风沙地貌，情况更为复杂。因为风沙地貌是属于变化较快的地貌类型，流沙在风力作用下，沙丘形态短期内即可发生十分明显的变化；其形态多样，种类十分丰富；而且风沙地貌的形态不仅与风有关，还与当地的地形起伏、地表沉积物、地表植被覆盖状况、河流、冲洪积作用等密切相关。课题实施时拟首先综合考虑重塑地区的各方面因素，确定其风沙地貌类型，然后采用起伏度、分形维数等作为其地形特征的描述指标。

此外，还拟设立指标来描述地形复杂度。地形复杂度是评价地表起伏和粗糙程度的依据，相关指标包括局部地形起伏度、局部高程标准差、局部地表粗糙度、局部剖面曲率等。这些指标对于衡量地表的受腐蚀程度和稳定程度具有重要参考作用，对于地形重塑和水土保持治理意义重大。

2.2.1.3　近自然地形设计评价方法的研究

从多个方面对地形重塑结果进行评价，包括：

（1）地形形态相似性评价

即比较所重塑的地形与邻近未扰动地形在形态上的相似性；所比较的指标就可以采用前期第 2 个步骤中所制定的有关地形特征的指标。如果相似性高就说明重塑达到了目的。

（2）地形稳定性评价

地形重塑的根本目的还是要保证所重塑地形比较稳定，有较强的抗侵蚀能力。这方面可以采用流域系统信息熵、地形复杂度等指标进行评价。

2.2.1.4　近自然地形重塑相关设计软件的研发

在系统开发方面，主要基于计算机图形学技术进行地形建模与可视化功能的开发，其关键之处在于将矿区地形设计的需求与方法结合到功能模块之中，使得系统能够对矿区地形重塑起到切实的辅助作用。

2.2.2　采煤迹地新土体构建技术研究

采用矿区岩土工程勘察，结合现有矿区工程地质、煤矸石、土体、土壤、水资源分布、气象资料等研究成果的收集，全面了解采煤迹地新土体构建的关键要素的基本特性。如：矸石的物理、化学、力学特性；土体的物理、化学、力学、渗流、生物等特性。利用真三轴仪或者空心圆柱扭剪仪等土工试验研究矸土边坡稳定性和变形规律；利用形态学、图像学、体视学和岩土力学的学科交叉优势描述矸土粒径级配、节理、细微观组构特征；

基于材料特性相关位势理论建立本构模型，利用有限元软件进行矸石边坡的稳定性和变形模拟，结合水土保持边坡的设计要素，进行新土体的构建。

2.2.2.1　岩土基本特性的勘察

采用已有研究成果的研读、采煤迹地实地调研和踏查、岩土工程勘察等多种形式相结合的方法进行研究。掌握宁夏灵武矿区和内蒙古乌海矿区采煤迹地土体和煤矸石的基本物理、力学特性。对于矿区煤矸石化学成分、组成和基本类型等数据，采用直接引用的办法，对于矸石场煤矸石实际力学特性、粒径级配渗透性等数据则需要通过无人机实地拍摄数据、图像分析等方法间接获取，力学性质、渗透性则需要采样进行室内试验的检测。

2.2.2.2　土体的室内实验

通过土体的固结实验、渗透三轴实验、应力路径实验、常规三轴实验和伸长实验、真三轴实验等室内实验，全面掌握新土体构建所需的力学参数。

（1）固结实验

采用固结试验测试新土体压实参数。即，在不同构建方案场地采集土体，在不排水条件下测试土体 e-p 曲线，从而得到不同密实度所对应的压实压力，为新土体构建密实度控制提供参考。试验设备采用南京土壤仪器厂的固结仪。与此同时还需要测试土体含水率、容重、干密度、砂土的最大和最小干密度、粒径级配曲线等。

（2）渗透三轴实验

测定新土体的渗透系数，评价土的渗透性。渗透系数是土的一项重要力学指标，是分析边坡渗流稳定性，确定新土体渗流量等的重要参数。试验采用长水头渗透试验，取 140g 左右的砂土（黄土为原状土），试样高 80mm，直径 38mm 的圆柱形试样，密封注水，加压 10kpa（稳压），进行水头饱和和反压饱和，然后进行常水头渗透试验。试验可以得到孔隙率与渗透系数之间的关系。

（3）真三轴排水试验

设备简介　英国 GDS 真三轴仪主要由主机、压力室、压力控制器、GDSLab 数据采集系统构成。主机用高速伺服电机独立控制 σ_1 和 σ_2 方向加载，可实现多种动、静态应力路径的快速加载，最大静荷载为 20kN，最大动荷载为 10Hz。4 个作动器安装在压力室外部，活塞杆穿过密封轴承进入压力室，活塞杆的顶端装有 4 套水下荷载传感器，荷载传感器与加载板直接接触，消除了围压以及摩擦力对加载的影响。方向为柔性控制面，通过气压控制器控制气压加载。GDSLab 为全自动设置及试验数据采集、分析和处理系统。

试验方案设计　试样尺寸为 75mm×75mm×150mm，为保证试验稳定性，一般控制试样高度误差不超过 3mm，即小于 2%。制样与装样的简要步骤为：①清洗下作动器下底座，在四个侧面涂抹凡士林，套上橡胶膜，用橡胶圈勒紧，使底座与橡胶膜充分接触达到密封效果；②用真空泵吸取橡胶膜与制样器之间的空气，使橡胶膜与制样器完全贴合；③采用落砂法制样，将称量好的 1291g 砂土等分为 10 份，用漏斗均匀撒入制样器，用橡皮锤轻敲击制样器外壁，并用自制分层击实器轻击端部砂土，使其均匀到达预计层位，重复上述步骤完成装样；④检查制得中密试样的高度，并检测试样是否平整，满足要求后放入滤纸；⑤在上作动器上底座四个面上抹凡士林，轻放在试样顶部，装好橡胶膜和橡胶圈；⑥断开真空泵，关闭所有与试样连接的阀门，并连接对应管线，连接反压管线至真空泵，打开真空泵使砂样内产生负压，施加 10kPa 的负压固定砂样，取下制样器，将装样安装至设备上。

饱和与固结 饱和目的是将试样中的空气全部排出，并用水填充，使试样由三相体变为二相体。试验先用水头饱和，再反压饱和。水头饱和时间为 30min，当流出水量为试样体积 2 倍时，而且水中无气体时，水头饱和完成。随后进行分级反压饱和，直至饱和度达到试验要求。试样的饱和程度通过孔隙水压力系数 B 判定，当 $B \geqslant 0.95$ 时，认为试样达到饱和状态。B 是 Skempton 提出的判别方法，是试样受到静水压力时，单位围压增量引起的孔隙水压力增量的数值的大小，即 $B = \Delta u / \Delta \sigma_3$。$B$ 值检测时，将围压增加 30kPa，保持反压与体积不变，孔隙水压力随围压增大会产生一个增量，计算 B 值并判断是否满足试验要求。若满足 $B \geqslant 0.95$，饱和结束，如不满足，再增加一组围压和反压（30kPa）继续饱和，直至 B 值达到试验要求。值得注意的是，为保护试样不破坏，在饱和过程中围压需大于反压约 20kPa。饱和试验结束后对试样进行等向固结，当砂样中排出水的体积在 30min 内少于 1% 即视为固结完成。在本试验中，涉及围压为固结时的有效围压，固结时间约为 1.5~2h。

加载方案 真三轴排水试验采用应变控制。为了研究不同中主应变和不同围压条件下腾格里沙漠砂强度、应力—应变关系、剪胀等变化规律，设置了 5 种类型试验方案。试验方案见表 2-3 和表 2-4。表 2-3 为有效围压 100kPa，中主应变系数分别为 0、0.25、0.5 和 0.75 时的 4 种加载方案（为 1 时单独设定），这 4 种加载条件下，采用两刚性加载板和一个柔性加载面控制。表 2-4 是有效围压为 50、100、200、400 和 800kPa 时，分别为 0 和 1 时的 2 种加载方案，这 2 种加载条件下采用一个刚性加载板和两个相同柔性加载面控制。

表 2-3　不同中主应变系数的加载方案

b_ε	时间	有效围压	加载方式
0 0.25 0.5 0.75	240min	100kPa	采用两个刚性加载板和一个柔性加载面控制。等向固结后，主应变系数按照 $b_\varepsilon = \mathrm{d}\varepsilon_2/\mathrm{d}\varepsilon_1$ 控制方式，设定大主应变和中主应变，同时保持围压不变，即实现等 b_ε 值加载

表 2-4　不同围压下 b_ε 为 0 和 1 的加载方案

时间	有效围压（kPa）	加载方式
240min	50 100 200 400 800	采用一个刚性加载板和两个柔性加载面控制。保持水平加载板与试样分离，用应变控制加载在轴向施加压力，设定 ε_1 为 25%，轴向应变速度为 0.21mm/min，两个水平柔性加载方向的应变相同

（4）真三轴不排水试验

设计了 3 组试验方案。第 1 组在同一围压 100kPa 条件下，采用应变控制中主应力系

数 b 分别为 0、0.25、0.5 和 1，剪切过程中 b 保持恒定值，同时保持柔性加载面的荷载恒定为 100kPa，从而观测风积砂不排水条件下变形强度规律，应力路径见图 2-1(a)。

第 2 组测定中主应力系数恒定为 0 时，有效围压(q_c)为 50kPa、100kPa、200kPa、400kPa 和 800kPa 的应力应变关系。其目的是测定 $b=0$ 条件下风积砂在不排水条件下的临界状态线和状态转换线，应力路径见图 2-1(b)。

第 3 组测定中主应力系数恒定为 1 时，有效围压为 50kPa、100kPa 和 200kPa 的应力应变关系，应力路径见图 2-1(c)。其目的是测定 $b=1$ 条件下风积砂在不排水条件下的临界状态线和状态转换线。三组试验的 σ_1 方向的载荷由应变控制加载，加载速度为 0.315mm/min(0.315mm 相当于试样高度的 0.21%)，最大轴向位移为 37.5mm(相当于最大 ε_1 为 25%)。图 2-1 中横轴为平均正应力 p($p=(\sigma_1+\sigma_2+\sigma_3)/3$)、纵轴为广义剪应力 q($q=\sqrt{((\sigma_1-\sigma_2)^2+(\sigma_2-\sigma_3)^2+(\sigma_3-\sigma_1)^2)/2}$)。

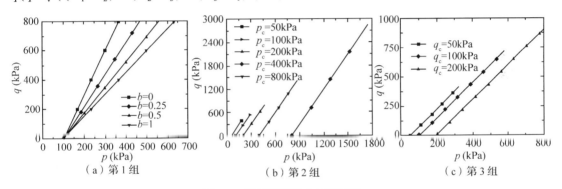

（a）第 1 组　　　　　　　　（b）第 2 组　　　　　　　　（c）第 3 组

图 2-1　真三轴不排水加载路径

2.2.2.3　煤矸石特性的无人机试验方法

矸石山是大尺度随机排放，矸石颗粒大小、形态、级配、组成等特性采用室内试验非常困难，而且费时费力。因此，采用无人机直接实地采集图像，通过专题在颗粒材料图像识别和分析方面的专利和积累，可获取煤矸石颗粒大小、形态组构和级配等信息。这种实验方法一方面可以解决现有煤矸石颗粒特性无法采用设备直接获取、获取困难，另一方面克服煤矸石实地、无扰动测试等困难。其具体测定方法见如图 2-2 所示。

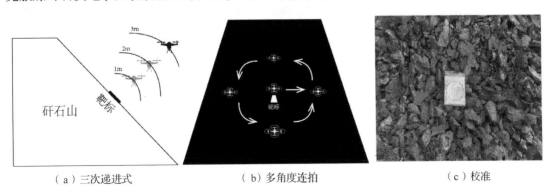

（a）三次递进式　　　　　　（b）多角度连拍　　　　　　（c）校准

图 2-2　煤矸石无人机实验方法原理图

2.2.2.4 矸石本构模型及水土保持边坡稳定性分析

采用试验规律总结、建模和数值模拟等多种方法进行研究。根据室内实验的应力应变关系及参数，建立新土体和煤矸石的本构模型，将模型进行有限元程序化，对实际的水土保持边坡进行计算分析，结合计算结果进行边坡。

（1）堆石料试验简介

试验所用材料主要成分为白云质灰岩，岩性单一、均匀，颗粒形状呈棱角状。颗粒比重 G_s 为 2.77，最大粒径为 800mm，大于 60mm 的超粒径颗粒含量为 58.5%，小于 5mm 的细颗粒含量为 10%，该土样的不均匀系数 C_u 为 35.48，曲率系数 C_c 为 1.35，按照我国《土的分类标准》规定，土样级配良好。

将土样风干并依次过筛，土样分为五个粒组，分别为 0~5mm、5~10mm、10~20mm、20~40mm、40~60mm，测定各粒组土样的风干含水率。根据试验要求的干密度、试样尺寸及颗粒组成，计算并称取所需土样，将备好的试样分成五等份，并将每份土样混合均匀，确保试样的均匀性。按照表 2-5 配比，构建不同级配的试样，分形维数由高到低分配。控制相对密度分别为 0.60、0.75、0.90、1.00，对每种密度的试样分别在 300kPa、600kPa、1000kPa、1500kPa 四种围压作用下进行三轴固结排水剪切试验（CD），并对剪切结束后的试样进行颗粒分析试验，进而研究堆石料的强度及变形特性。

表 2-5 各级配试样参数汇总表

级配特性	小于某粒径颗粒质量百分含量(%)						曲率系数 C_c	不均匀系数 C_u	分形维数 D_0
	60.0mm	40.0mm	20.0mm	10.0mm	5.0mm	1.0mm			
级配 1	100.0	75.7	44.3	22.9	10.0	3.0	1.18	6.00	2.082
级配 2	100.0	81.6	53.5	30.8	17.0	6.5	1.64	10.55	2.285
级配 3	100.0	85.4	60.8	39.4	24.0	9.5	2.17	17.23	2.425
级配 4	100.0	89.4	68.2	48.3	31.0	11.8	1.70	18.77	2.531

（2）模型建立

使用分形理论，根据颗粒级配及颗粒破碎对分形维数的影响，表征了堆石料颗粒分布和载荷作用下颗粒破碎的规律，借助宏细观结合定义的各向异性状态变量和堆石料分形维数的变化规律，建立了堆石料的屈服与破坏准则，结合材料相关概念和堆石料强度试验结果，建立了考虑其细观组构、分形维数、颗粒破碎和应力状态的临界状态方程，基于材料特性组构塑性位势理论推导了堆石料的剪胀方程，并建立受临界状态影响的硬化准则，在新位势理论框架下建立了一般应力空间的堆石料的本构模型。

（3）基于 ABAQUS 开发堆石料模型的有限元程序

用 ABAQUS 商业软件的用户定义材料接口对模型进行二次开发，运用 Fortran 语言编写了堆石料弹塑性刚度矩阵的计算子程序 UMAT，将该子程序植入 ABAQUS 程序中对建立的模型进行有限元单元进行运算，建立了双轴、三轴试验的有限元模型，应力应变关系显示开发程序能够抓住堆石料的强度变形特性，同时能够较好模拟不同分形维数、颗粒破碎、级配和细观正交各向异性等因素对堆石料变形规律描述，也可以描述主力轴旋转等复杂应力状态线堆石料的变形规律。

(4)分析三维空间堆石料边坡的变形规律及稳定性

建立了对考虑三维空间边坡有限元分析模型，考虑边坡和土石坝实际结构组成，边坡分三层构建，每层材料参数都根据工程背景设定模型参数分层计算，同时考虑水土保持对边坡设计要求，使用堆石料本构模型对边坡的稳定性和变形进行分析，利用软件中固液耦合功能对雨后煤矸石边坡稳定进行模拟探究，模拟结果能够抓住边坡的关键变形和渗透特性。

2.2.3　采煤迹地新土体水分特征及保蓄技术研究

通过考察西北地区的一些矿区，了解新土体的构建方法；选择固定研究区域和样点，野外测定和取土与室内分析相结合；总结前人研究成果和本研究成果，在灵武羊场湾示范区进行集成。

2.2.3.1　新土体水分运移规律的研究

(1)研究材料

在宁夏灵武羊场湾一区排矸场和内蒙古乌海海南新星煤矿联合排土场建立固定样点。其中在宁夏灵武羊场湾一区排矸场选取自然土体、平台新土体、阳坡新土体、阴坡新土体以及纯煤矸石堆；在内蒙古乌海海南新星煤矿联合排土场，选取自然土体以及构建子课题1构建的坡峰和坡谷2种不同地形的新土体。在北京昌平选择煤矸石土体、粉煤灰土体、不同石砾含量的土体，在了解新土体水分物理性质的基础上，利用剖面土壤水分测量系统TRIME—PICO IPH 2，测定不同新土体的水分动态进行监测。针对土体表层水分敏感性，利用便携式 AZS-100 土壤水分测定仪，测定不同新土体或不同保水技术 0~15cm 的水分变化。

针对煤矸石还有大量有机碳以及氮磷钾养分的特征，以及矸石山地区土壤资源缺乏现实问题，为探讨煤矸石的有效利用途径，采用羊场湾煤矿的排矸场不同粒径煤矸石和生土按照质量比 1：1 混合填装的，控制土柱容重为 1.47g/cm^3。

研究新土体中不同粒径煤矸石对土体水分入渗的影响。入渗土柱是由不同粒径的煤矸石和生土组成。

(2)测定方法

为减少土体空间变异误差带来的影响，本研究采用土柱控制的方法，采用定水头垂直入渗法测定由不同粒径矸石构成的新土体的入渗量。试验过程中采用带刻度的马氏瓶供水并记录每个时刻下马氏瓶中水面下降的高度，马氏瓶内径为 11cm、高 50cm。供水水头控制在 2cm 左右，达到稳压供水目的。打开马氏瓶阀门，湿润峰通过土柱表面后计时开始。前 3min 每 1min 记录 1 次数据，之后每 5min 记录 1 次数据，直至湿润锋到达土柱底部停止计时。入渗速率＝入渗时段内渗透量/入渗时间，累积入渗量统一取前 60min 计算。

2.2.3.2　新土体添加保水材料技术效果的研究

(1)研究材料

材料主要来自宁夏灵武羊场湾和内蒙古乌海海南区排矸场。研究材料主要包括生土、煤矸石、保水剂、生物炭以及生物降解地膜。其中保水剂主要有：①丙烯酰胺—丙烯酸盐共聚交联物，属于多种单体共聚交联物类保水剂，干燥时为白色小颗粒，加水后呈透明凝胶状，来自北京汉力森新技术有限公司提供的丙烯酰胺-丙烯酸钾交聚物型；②山东胜利油田长安集团聚合物公司长安集团聚合物公司提供的聚丙烯酸/凹凸棒复合保水剂(凹凸棒土为硅酸盐黏土矿物)，属于有机—无机复合类保水剂，干燥时为褐色颗粒，加水后呈黄色凝胶状。

土壤改良剂主要有：①线性结构的聚丙烯酰胺型(PAM)，来自法国爱森公司，为阴离子型，白色细小颗粒，分子量为$18×10^6$ g/mol，水解度为25%；②生物炭来自辽宁金和福科技股份有限公司，为玉米秸秆制备的粉末状生物炭，裂解温度为400℃，比表面积为$8.87m^2/g$，平均孔直径为16.23nm。在种植研究中选取禾本科多年生草本植物黑麦草(*Lolium perenne*)进行试验。

(2)研究方法

针对采煤迹地土壤质地较粗，石砾含量高，常常混有煤粒，持水能力较差。在新土体添加保水性材料的研究主要采用室内控制实验，研究矸石掺土基质的水文物理特征。一是将生土与不同比例煤矸石混合，采用土柱法，测定添加不同种类的保水材料掺土煤矸石基质的保水性能；二是应用土柱法，在添加不同种类和比例的保水材料，测定在干湿交替条件下，掺土保水剂保水性能的变化；三是通过室内培养法，测定添加生物炭和保水剂的掺土煤矸石基质的保水性能。四是采用室内盆栽试验，通过在掺土煤矸石基质中添加玉米秸秆、粉煤灰、保水剂等外源物质，种植植物，测定改良后新构土体的保水性能。筛选出具有良好物理性质及保水性能的煤矸石新构土体最优配比。

本研究测定的物理指标有土壤容重、土壤孔隙度、土壤水分特征常数、土壤入渗速率以及土壤水分蒸发。其中容重和土壤水分特征常数采用环刀法，入渗速率采用双环或马氏瓶供水土柱法；蒸发采用室内控制土柱称重法。

2.2.3.3　新土体覆盖技术及效果的研究

(1)研究材料

一是煤矸石覆盖的研究。其研究材料为宁夏灵武羊场湾一区排矸场的煤矸石和生土。其中煤矸石击碎后分别过筛，选用0~0.5cm、0.5~1.0cm、1.0~2.0cm、2.0~4.0cm共4个粒级。生土风干粉碎过5mm的土筛待用。此外，将直径8cm左右的矸石，覆盖于地表5cm厚。

二是覆盖地膜的研究。研究材料采用山东天壮环保科技有限公司的生物降解农用地膜。薄膜的规格为宽100cm，厚度为0.001mm。

三是采用草帘覆盖。包括坡面和平地。

四是借鉴公路边坡治理的技术，保水与保土技术融合在一起。研究材料采用山东聚路工程材料有限公司的植物纤维毯(椰丝毯)和三维植物网。

(2)研究方法

室内控制实验：利用土柱室内控制条件的方式，研究土体表层覆盖不同粒径以及不同厚度煤矸石的蒸发效果；其中4种煤矸石粒径分别为0~0.5cm(L1)，0.5~1.0cm(L2)，

1.0~2.0cm（L3），2.0~4.0cm（L4），4 种不同的覆盖厚度为 4cm（H1），8cm（H2），12cm（H3），16cm（H4）。并设置不覆盖煤矸石的土柱作为对照实验（CK），共设 17 个处理、3 次重复。将不同的处理分别填装到土柱的表面，研究不同覆盖条件下，土体水分的入渗、蒸发。

改变微地形的覆盖方式：一是在宁夏灵武羊场湾一区排矸场，采用垄沟的微地形方式，将生物降解农用地膜覆盖在垄的表面。顺风向做垄，垄、沟宽均为 60cm，垄高 20cm，垄上覆膜。铺设后为避免被风刮起，在垄沟内用生土及煤矸石压住。按照 20~50cm 的间隔，在薄膜上打孔，以使地表的降水进入土体中。利用便携式 AZS-100 土壤水分测定仪，测定不同新土体或不同保水技术 0~15cm 的水分变化。二是垄沟作业，垄高 20cm，垄和沟分别宽 60cm。通过覆盖地膜作为集水面，比较地膜集水与土拍光面对土体水分动态的影响。

2.2.3.4　坡面工程保水技术的研究

（1）研究材料

本研究采用土作为新土体，选择丝网、石砾和草帘为覆盖材料。

（2）研究方法

调查研究地区新土体坡面的侵蚀以及保水集水技术措施；在总结前人研究基础上，设置不同覆盖材料，比较不同覆盖措施与对照的土壤水分含量变化，研究覆盖对新土体土壤水分的影响；鉴于我国水土保持工程技术比较成熟的特点，选择适合矸石山新土体的保水技术，如水平阶、水平沟集水、鱼鳞坑以及镶嵌矸石的等工程措施，通过定期测定土体水分，比较不同坡面处理方式下土体水分含量的变化动态。

2.2.4　采煤迹地新土体综合培肥增效技术研究

2.2.4.1　样品采集

（1）露天煤矿研究区域样品的采集

2017 年 10 月，在乌海市海勃湾区与海南区之间的露天煤矿区分别随机选择 15 个未开采区、15 个开采区、15 个煤矸石堆放区、13 个草本恢复区、12 个林木恢复区（主要造林树种为杨树）作为样点，于每个样点内设 1 个 30m×30m 的大样方，将该大样方划分成 3 个 10m×10m 的小样方，于每个小样方的中心位置用直径为 10cm 的土钻在 0~15cm 的土层中取土样 1 份；将在 1 个大样方中采集的 3 个土壤样品混合，然后从混合土样中称取 100g 左右用于土壤微生物群落分析，保留约 1000g 去除杂质的土壤用于土壤理化分析和盆栽试验；共采集土壤样品 70 份。将用于微生物群落分析的土壤样品在低温条件下运回实验室，用于土壤理化分析和盆栽试验的土壤样品则在常温条件下运回实验室。

样方内植物群落组成的调查：以采样点为中心 10m×10m 的范围内调查乔木的群落组成，以采样点为中心 3m×3m 的范围内调查灌木的群落组成，以采样点为中心 1m×1m 的范围内调查草本的群落组成。

（2）井工煤矿研究区域样品的采集

2017 年 10 月，以宁夏灵武市羊场湾煤矿矿井水排放地——圆疙瘩湖为中心，沿湖均匀设置 15 个采样点，在每个采样点距湖边 0m(优势植物为冰草)、50m(优势植物为冰草和沙蒿)、100m(优势植物为沙蒿)的位置分别选取优势植物各 3 株(植株间隔 5～10m)，以各优势植物为中心、采用直径为 10cm 土钻在 0～15cm 土层内取土样和根样各 3 份，将采自同一位置同一优势植物的土样或根样混合后作为该样点的代表性样品，共采集 60 份土样和 60 份根样。土壤样品用于分析土壤理化性质和微生物群落结构，根系样品用于分析 AM 真菌的侵染率。

植物群落组成调查：以采样点为中心 3m×3m 的范围内调查灌木的群落组成，以采样点为中心 1m×1m 的范围内调查草本植物的群落组成。

(3)测定指标及其分析方法

①AM 真菌的鉴定　采用形态分类和分子生物学鉴定 2 种方法进行。

形态分类法：采用湿筛倾析—蔗糖离心法从根际土中筛取 AM 真菌的孢子和孢子果，然后将孢子和孢子果分别用水、乳酚、棉兰、Melzer' 试剂、PVLG 和 PVL 作为浮载剂制片，镜检孢子的颜色、形状、大小、孢子果形态、孢壁厚度及类型、连点形状、连点宽度和连孢菌丝宽度等形态特征，参考已发表的种类特性进行分类鉴定(张美庆和王幼珊，1989；刘润进和李晓林，2000；李涛等，2004；王发园等，2005)。

分子鉴定法：采用 Illumina Miseq 测序法。简述如下：使用 DNA 提取试剂盒直接从根或根际土中提取基因组 DNA，采用 Nested-PCR 对 SSU rRNA 进行扩增，并用纯化试剂盒对 PCR 产物进行纯化，将纯化后的样品送往上海派森诺生物科技有限公司进行 Illumina Miseq 测序与分析。

②土壤性质的测定

土壤质地采用湿筛法进行测定，土壤含水量采用烘干法测定，土壤 pH 采用电位法测定，土壤有机质采用重铬酸钾容量法(外加热法)测定，速效磷采用碳酸氢钠—钼锑抗比色法测定，速效钾采用乙酸铵-火焰光度计法测定，硝态氮和铵态氮采用连续流动分析法测定，全氮采用凯氏法消解-凯氏定氮仪测定，全磷采用 NaOH 熔融-紫外分光光度计法测定，全钾采用 NaOH 熔融-火焰光度法测定，水溶性全盐采用质量法测定，CO_3^{2-} 和 HCO_3^- 使用双指示剂法测定，Na^+ 采用原子吸收分光光度法测定，Ca^{2+}、Mg^{2+}、SO_4^{2-} 采用 EDTA 滴定法测定，Cl^- 采用流动分析仪测定(鲍士旦，2000)。

可溶性有机 C 和可溶性有机 N 采用 Liquic TOC Ⅱ 有机碳分析仪测定(朱国军等，2018)，土壤微生物量 C 采用氯仿熏蒸法测定(许光辉等，1986)。

脲酶活性采用苯酚钠-次氯酸钠比色法测定；蔗糖酶活性采用 Na_2SO_3 滴定法测定；过氧化氢酶活性采用 $KMnO_4$ 滴定法测定；脱氢酶活性采用三苯基四唑氯化物比色法测定；碱性磷酸酶活性采用磷酸苯二钠比色法测定(用 pH10 的硼酸缓冲液测定碱性磷酸酶)(关松荫，1986)。

总球囊霉素(Total glomalin，TG)和易提取球囊霉素(Easily extractable glomalin，EEG)按照 Wright et al. (1996)和 Janos et al. (2008)改进后的方法进行测定。具体为：称取 1 g 过孔径 2mm 筛的风干土 2 份，分别加入 8mL pH 7.0(20mmol/L)的柠檬酸钠和 8mL pH 8.0(50mmol/L)的柠檬酸钠作为 TG 和 EEG 浸提剂，在 121℃ 分别提取 30min 和 60min，然后5000rpm 离心 20min，收集上清液；TG 提取重复以上操作直至上清液中球囊霉素典型的红

棕色消失为止，合并上清液。分别吸取上清液 0.5mL，加入 5mL 考马斯亮蓝 G-250 染色剂，混匀，在波长 595 nm 处进行比色。用牛血清蛋白标准溶液，绘制标准曲线，测定球囊霉素含量。

孢子密度采用湿筛倾析法进行测定（刘润进等，2000），菌丝密度采用抽滤法进行测定（何跃军等，2012）。

③数据分析

结合形态分类法和分子鉴定法对 AM 真菌的鉴定结果，计算各样品中 AM 真菌的物种多样性指数及各种的丰度、分离频度、相对多度和重要值等（王发园等，2003；蔡晓布等，2005），确定采煤迹地 AM 真菌的优势种属，并采用多元回归、通径分析、冗余度分析、主成分分析、结构方程模型等数学方法深入探讨 AM 真菌群落组成与土壤理化性质间的相互关系。

2.2.4.2　矿区 AM 真菌种质资源库建立及菌剂研制

（1）AM 真菌资源库建立

①AM 真菌的富集及其功能与生境间的相互关系

不同土壤背景—以原土作为培养基质：将采自不同矿区类型的土壤分别进行灭菌和不灭菌处理后作为培养基质，设置混树（刺槐和侧柏）、混草（苜蓿和大麦）和混树混草（刺槐、侧柏、苜蓿和大麦）3 种植物种植模式，进行盆栽试验，同时设置不种植植物对照。待植株生长到 6 个月左右时，测定植株地上和地下部的生物量，确定来自不同矿区类型中 AM 真菌对植物的促生效应及其与生境间的相互关系。

相同土壤背景—以沙土混合物作为培养基质：该盆栽试验以灭菌后的沙土混合物和装有纯沙的菌丝收集袋为培养基质，设菌根（接种和不接种）和植物种植模式（混树、混草、混树混草）2 种处理。菌剂为采自各矿区类型的新鲜土壤。待植株生长到 6 个月左右时，通过分析植株生长量、菌根侵染率、光合气体交换参数、荧光参数、叶绿素含量、根系结构、叶片单位面积质量、地上部养分含量等指标来确定来自不同矿区类型中的 AM 真菌的功能。

②AM 真菌菌剂的研制

AM 真菌孢子的分离：采用湿筛倾析法对土壤中 AM 真菌孢子进行分离。称取约 50~100 g 的鲜土置于 500ml 烧杯中，用水浸泡 20~30min，制成悬浮液。将整套土壤筛按筛孔径从大到小依次重叠，再将浸泡的悬浮液通过各孔径的土壤筛，用清水冲洗滞留于各筛面上的滞留物，然后将各孔径筛面上的滞留物全部转移到培养皿中，在解剖镜下用解剖针将孢子和孢子果挑到洁净的离心管中备用。

AM 真菌的单孢富集培养：将筛取的 AM 真菌孢子用含有 50 g/L 氯胺 T、50mg/L 氯霉素、100mg/L 硫酸庆大霉素、200mg/L 硫酸链霉素和 0.05 %吐温 20 的消毒液消毒 15min，无菌蒸馏水冲洗 5 遍后以红三叶草为宿主在指形管内进行单孢富集培养，培养约 50 天后抽样镜检观察植物根系的侵染情况；若侵染成功，即获得 AM 真菌菌株。

AM 真菌资源库的建立：采用湿筛倾析法从 AM 真菌单孢富集培养混合物中筛取 AM 真菌孢子和孢子果，分别用水、乳酚、棉兰、Melzer' 试剂、PVLG 和 PVL 为浮载剂制片，镜检孢子颜色、形状、大小、孢子果形态、孢壁厚度及类型、连点形状、连点宽度和连孢菌丝宽度等形态特征，参考已发表的种类特性进行分类鉴定；将各纯培养的分类鉴定信息进行整理、编号和登记，建立 AM 真菌种质资源库。

AM 真菌菌剂的制备：将各 AM 真菌菌株以玉米或三叶草为宿主繁殖约 60d 后镜检观察植物根系的侵染情况；若侵染成功，其含有 AM 真菌孢子、菌丝体和侵染根段的沙土混合物即为菌剂。

AM 真菌菌剂的筛选：在盆栽条件下进行筛选。供试盆钵为 150mm×130mm×150mm 的塑料盆，每盆装采自于宁夏灵武羊场湾煤矿矸石场的新土体 2.0 kg，各菌株均设不接种和接种两个处理，每个处理重复 10 次。每盆播种 5 粒（如刺槐），播种 10 d 后间留生长一致的植株 2 株。接种处理加入菌剂 30 g/盆，不接种处理施加等量灭菌菌剂和 10ml 菌剂过滤液。常规育苗管理，待植株生长约 70 天后测定植株的生长状况和土壤理化性质，综合评估各菌株对植物和土壤性质的影响状况；将促生效应显著的菌种制成纯种或多种复合菌剂，备用。

2.2.4.3 菌肥、化肥和有机肥对矿区排土场新土体综合培肥效应的检测

（1）通过盆栽试验确定菌肥、化肥和有机肥的综合培肥效应

培养基质为矿区排土场的新土体和煤矸石，菌肥为本专研究研制的纯种或多种复合菌剂，肥料包括化肥和有机肥。试验设菌肥、化肥和有机肥 3 个影响因素。接种处理加入菌剂 30~100g/盆，不接种处理施加等量灭菌菌剂和 30~50mL 菌剂过滤液，以保证除 AM 真菌外其他土壤微生物区系组成一致。各盆处理后均种植适于排土场新土体的植物作为菌根宿主。常规育苗管理，待植株生长 5~6 个月后测定植株生物量及其养分状况、土壤容重、土壤团粒结构、土壤养分含量（氮、磷、钾等）以及微生物群落组成的变化等。根据植株生长状况和土壤肥力水平的变化情况确定菌肥、化肥和有机肥对矿区排土场新土体的综合培肥效应，筛选适于矿区排土场土壤培肥的最优培肥模式。

（2）现场试验实地检测菌剂土壤培肥效果

本试验在灵武羊场湾煤矿的排土场进行。小区试验在盆栽试验的基础上进行。试验设菌肥、化肥和有机肥 3 个影响因素，试验随机区组，小区间预留隔离带。每个小区均种植适于矿区排土场的菌根植物。常规育苗管理 5~6 个月后，根据各小区内植株生物量及其养分状况、土壤容重、土壤团粒结构、土壤养分含量（氮、磷、钾等）以及微生物群落组成的变化情况确定菌肥、化肥和有机肥综合培肥模式在野外的实地培肥效果。

2.2.5 煤矸石自燃的防控灭一体化技术研究

通过调查，了解宁夏灵武羊场湾煤矿、内蒙古乌海煤矸石具有自燃的特性，有发生自燃的可能性，处理不当极易引发自燃，因此选定煤矸石具有自燃特性的宁夏灵武羊场湾矿区和内蒙古乌海矿区为试验区。在系统收集以上区域基础资料的基础上，结合现有排矸场和排矸工艺研究煤矸石发生自燃的时间和部位，提出相应措施。对于土源不足的矿区，研究煤矸石隔室存储、分层碾压等堆储技术；对于既有煤矸石山，应用卫星或无人机红外遥感探测技术，监测自燃隐患；对于存在矸石自燃风险的区域，研究火源隔离、压实阻气、

充注浆液等技术；对于自燃严重的煤矸石山，研究挖除火源，晾晒降温，多层覆盖，以及结合新排土的异位堆放技术。

2.2.5.1 煤矸石风化特征

通过试验了解煤矸石的风化特征，具体实验步骤如下：①随机取新出井的大小相近的直径为 5~10cm 的煤矸石 100 块，按 10 行 10 列均匀摆放；②所选煤矸石均为新出井未洗过的，煤矸石摆放的位置应该没有人类干扰；③摆放好以后拍照储存，并记录试验开始时间；④每天固定时间进行观测，并拍照储存，记录日期和具体时间；⑤对于发生风化产生裂隙的煤矸石，在《煤矸石风化观测表格》中相应的位置记录时间和风化情况，并单独拍照储存。

2.2.5.2 煤矸石自燃发生过程研究

(1)试验材料

为了实现对煤矸石自堆放之日起到发生自燃整个过程中温度的动态变化并确定自燃发生的具体位置，本课题研发了一种煤矸石自燃过程及机理的监测方法，并发明了相关的仪器和手机应用程序，测定煤矸石不同位置的温度，并将温度数据进行远距离传输、显示和存储。监测过程中，通过煤矸石自燃发生点检测仪(姚晶晶等，2019)准确定位煤矸石自燃的发生位置。该检测仪包括测温模块、传输模块及接收模块；测温模块包括插入煤矸石山多个测温点不同深度的热电偶测温探头；传输模块包括电表箱，电表箱内设有温度采集装置、预警装置及无线数据传输装置，并通过位于电表箱外的太阳能供电装置供电，热电偶测温探头分别通过补偿导线与位于电表箱内的温度采集装置连接，温度采集装置连接预警装置和无线数据传输装置，无线数据传输装置内安装内置手机卡并连接天线，通过 GPS 信号传输数据至接收模块；接收模块包括智能手机终端和计算机终端。温度采集装置不仅可以通过自身携带的显示屏现场显示温度，还可以通过无线传输装置将温度数据传输到计算机和手机等温度接收装置。当煤矸石温度突然升高发生自燃时，预警装置将发出警报(图 2-3)。

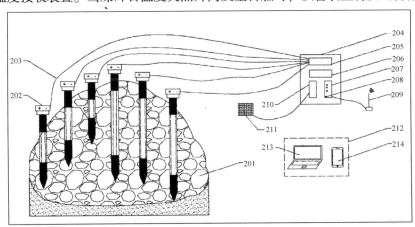

图 2-3 煤矸石自燃发生点位检测仪

201-煤矸石山，202-测温探头，203-补偿导线，204-电表箱，205-测温装置，206-预警装置，207-温度采集装置，208-无线数据传输装置，209-天线，210-开关，211-太阳能供电装置，212-温度接收装置，213-计算机，214-智能手机

（2）试验方法

本研究的野外试验分别在宁夏羊场湾煤矿排矸场和内蒙古乌海海南工业园固废储存利用中心开展，其中羊场湾布设 2 组（分别记为 T_1 和 T_2），内蒙古布设 1 组（记为 T_3）。

现场试验过程中，根据煤矸石的安息角（37°），从新堆放的煤矸石山一侧开始，将新排放的煤矸石从底部向上堆放为高为 10m，顶部为平台的煤矸石山。堆放过程中，每隔 1m 埋设一个测温探头，监测煤矸石山 1~10m 温度的动态变化，温度数据采集间隔为 1min（图 2-4）。宁夏灵武羊场湾煤矿一区排矸场的测温探头为顺坡埋设，煤矸石山顶部和底部的测温探头距边缘均为 5m；内蒙古乌海海南工业园固废储存利用中心的测温探头为垂直埋设，煤矸石山顶部和底部的测温探头分别距边缘 5m 和 18m。每组所需煤矸石量 2300m³ 左右（图 2-5）。通过该试验，了解煤矸石从堆放开始，煤矸石堆放体内蓄热、温度增加的过程和程度，发火点的位置和相应的温度值。同时获取试验阶段气温和湿度数据。

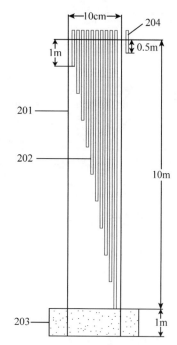

图 2-4 测温点布设示意图

201-镀锌钢管，202-热电偶测温探头，203-镀锌钢管埋深部分，204-测表面温度的热电偶测温探头。

为了清楚表达测温探头布设情况，该图横纵比例尺不同。

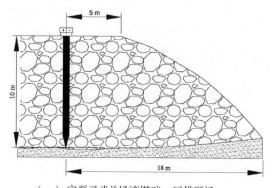

（a）宁夏灵武羊场湾煤矿一区排矸场

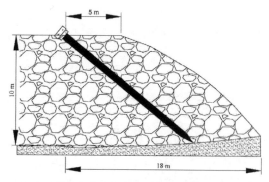

（b）内蒙古乌海市海南工业园固废储存利用中心

图 2-5 煤矸石山堆放示意图

（3）数据处理

使用 SPSS 18.0 和 Excel 2013 进行数据分析，并借助 AutoCAD 2017 和 Excel 2013 进行作图。此外，为了定量评价煤矸石山不同深度的温度随时间的变异程度，引入温度变异系数以直观表征煤矸石山蓄热过程，其计算公式如下：

$$C = \frac{\sqrt{\dfrac{1}{n-1} \sum\limits_{i=1}^{n} (T_i - \overline{T})^2}}{\dfrac{1}{n} \sum\limits_{i=1}^{n} T_i}$$

式中：C 为温度变异系数；n 为不同深度采集到温度的试验天数(d)；T_i 为第 i 天的日均温(℃)；$\overline{T}$ 为整个试验平均日均温(℃)。

2.2.5.3 防止煤矸石发生自燃的堆储技术研究

（1）试验材料

因为该部分主要借助温度的变化来监测堆储技术防止煤矸石自燃的效果，因此仍以煤矸石自燃发生点位检测仪为主要设备进行监测。

（2）试验方法

该试验在内蒙古乌海市海南工业固废存储利用中心开展（图 2-6 至图 2-8）。根据煤矸石自燃过程监测结果，煤矸石从距地面 5~9m 的位置开始自燃，因此建议在煤矸石山 5m 以内采取"隔室"堆储的方式。"隔室"采用瓦楞型层层堆积，"隔室"的横截面为直径为 5m 的半圆，内层为煤矸石，外层覆 30~50cm 粉煤灰。"隔室"沿垂直方向堆放 2 层，沿水平方向堆放 3 层，其中水平方向 1~3 层的"隔室"数量分别为 1、2 和 3 个，垂直和水平方向

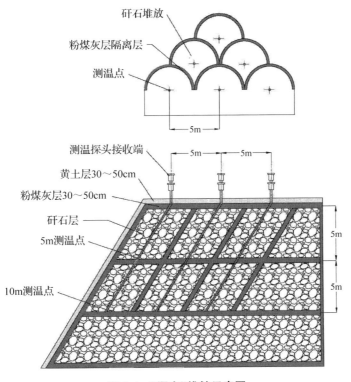

图 2-6 "隔室"堆储示意图

图 2-7 "隔室"堆储现场

倾倒煤矸石

倾倒煤矸石

分层碾压

倾倒粉煤灰作为隔层

倾倒粉煤灰后　　　　　　　　　　　　埋设测温探头

图 2-8　"隔室"堆放试验过程

共计 12 个。"隔室"堆放的同时布设测温探头，通过煤矸石自燃发生点位检测仪监测每个"隔室"中心点 5m 深度处的温度变化，其中垂直方向即分别测量 5m 和 10m 的温度变化。垂直方向 5m 处的 6 个点分别用 T1、T2、T3、T4、T5 和 T6 表示，其中 T1 为 5m 深度处水平方向第 1 层，T2 和 T3 为第 2 层，T4、T5、T6 为第 3 层；垂直方向 10m 处的 6 个点分别用 T7、T8、T9、T10、T11 和 T12 表示，其中 T7 为 10m 深度处水平方向第 1 层，T8 和 T9 为第 2 层，T10、T11 和 T12 为第 3 层。

2019 年 7 月 21~30 日进行现场试验布设，2019 年 7 月 31 日开始测量每个"隔室"中心点的温度动态变化特征。由于该固废存储利用中心进行了重新规划，试验无法长时间进行，于 2020 年 4 月 25 日结束试验，监测时长为 270d，长于煤矸石自燃发生过程中任何一组煤矸石首次发生自燃的时间。

2.2.5.4　煤矸石自燃风险评价研究

（1）试验材料

为了全面地对煤矸石山进行自燃风险评价，选择三种不同的方式对既有煤矸石山地表温度进行测量，分别是温度计（欧达时 TP101，量程 -50~300℃）、红外热像仪（型号：Compact IOS，适用于 iPhone5 以上全部机型，测量范围 -40~330℃）和无人机红外遥感探测技术检测煤矸石山地表的温度变化，评价潜在自燃隐患风险。

（2）试验方法

该试验分别在内蒙古乌海海勃湾区和海南区以及宁夏羊场湾一区排矸场进行。其中乌海海勃湾区采用温度计和红外热像仪的方式进行，海南区采用热像仪的方式，羊场湾一区排矸场采用热像仪和无人机红外遥感探测技术试验前同时用温度计与热像仪测量同一点地表温度，将二者进行校准，发现无明显差异。由于无人机飞行高度的原因，与实际热像仪监测到的数据有稍微差别。其中热像仪每一次成像均可显示测量区域的最高温和最低温。

2.2.5.5　土体重构试验

2019 年 8 月至 2020 年 8 月，以弃土弃渣为原料进行土体重构试验，共设置 10 种不同的处理，其中一种为对照，小区的大小为 3m×3m，每种处理 3 个重复。具体设置如下：

（1）T_0：100cm 的未筛分土

（2）T_1：10cm 碎石+100cm 的未筛分土

（3）T_2：10cm 碎石+30cm 的<5mm 粒径土+40cm 未筛分土（压实）

（4）T_3：10cm 碎石+40cm 的<5mm 粒径土+40cm 未筛分土（压实）

（5）T_4：10cm 碎石+50cm 的<5mm 粒径土+40cm 未筛分土（压实）

（6）T_5：10cm 碎石+60cm 的<5mm 粒径土+40cm 未筛分土（压实）

（7）T_6：10cm 碎石+30cm 的<5mm 粒径土+40cm 的 5～10mm 粒径土（压实）

（8）T_7：10cm 厚碎石+40cm 的<5mm 粒径土+40cm 的 5～10mm 粒径土（压实）

（9）T_8：10cm 厚碎石+50cm 的<5mm 粒径土+40cm 的 5～10mm 粒径土（压实）

（10）T_9：10cm 厚碎石+60cm 的<5mm 粒径土+40cm 的 5～10mm 粒径土（压实）

土体构建完成后，在每个小区分别种植 10 株侧柏、白刺花、荆条、扶芳藤、丝棉木和胶东卫矛。水分管理与矿区植被水分管理保持一致，2020 年观测其成活率和新梢生长量（新生枝条长度），对不同土体进行评价，筛选出适合矿区的土体构建模式。

新土体构建的过程中，从北京运输培育好的桑树、白刺花、丝棉木、山杏、荆条、侧柏、花木蓝、连翘、榆树、芦荻草、扶芳藤、胶东卫矛等 12 种 3365 株容器苗均匀地栽植在每个小区中（图 2-9），具体种植情况见表 2-6。最后在每种处理前栽植指示牌，以上试验于 2019 年 8 月 31 日完成。2020 年 8 月，对苗木生长成活率和新梢生长量进行调查。

筛分不同粒径土壤

筛分后的碎石

土体重构

新土体构建

图 2-9　土体重构试验

表 2-6 苗木种植情况

序号	植物种类	数量(株)	每小区种植数(株)	序号	植物种类	数量(株)	每小区种植数(株)
1	桑树	700	23	7	花木蓝	80	2~3
2	白刺花	300	10	8	连翘	200	6~7
3	丝棉木	300	10	9	榆树	300	10
4	山杏	300	10	10	芦荻草	85	2~3
5	荆条	200	6~7	11	扶芳藤	400	13~14
6	侧柏	300	10	12	胶东卫矛	200	6~7

第 3 章
采煤迹地近自然地形重塑技术研究

3.1 面向大尺度区域的近自然地形重塑

在面向大尺度区域的近自然地形重塑方面，国内外已经进行过一些相关的研究，如 Nicholau 等提出了地貌重塑模型—GeoFluv(Bugosh，2004)，并在美国墨西哥州的大型露天矿区地貌重建实践中得到应用；国内杨翠霞等(杨翠霞，2014a)以北京市房山区黄院废弃采石场为研究对象，参照周围自然稳定地貌特征，完成了重塑区水文及地貌的设计；陈航等(2019)则以"胜利一号"露天矿为例，探讨了草原露天煤矿内排土场的近自然地貌重塑方法。但是，近自然地形重塑依然没有建立系统的方法体系，在很多关键问题上还没有针对性地研究。总体来看，目前尚待解决的主要问题包括：

近自然地形重塑流程的构建 需要在明确采煤迹地近自然地形重塑基本原则的基础上形成一套清晰的、可操作的方法流程，该方法流程适用于各种矿山环境的地形设计，有利于近自然地形重塑方法的推广应用。

近自然地形重塑参数体系的构建 近自然地形重塑需要参照当地的自然地貌特征进行设计，只有充分了解当地未被扰动的自然区域的水文、地貌、地质、水蚀风蚀特征等，才有可能设计出最有利于当地自然生态恢复的地形。目前研究中，已经提出了一些关键参数，但这些参数大都集中于流域、水文等某个方面的因素，尚无全面的分析和参数体系的构建。因此，综合考虑与地形设计有关的各方面因素，构建一个完善的近自然地形重塑参数体系是非常必要的。

近自然地形重塑参数的计算 参数体系中包含众多参数，如何有效地计算出这些参数是一个需要解决的问题。其中包含两个关键点：① 选择哪块区域来作为近自然地形设计的参照区域；②如何有效运用数字高程数据计算与地形、水文、流域等相关的众多参数。

近自然地形设计评价方法的构建 地形重塑结果需要经过客观的分析与评价，从而科学地评估其合理性和先进性。因而需要从多个角度出发，构建对地形重塑结果进行综合评价的方法。

针对西北干旱荒漠区的近自然地形重塑方法研究　西北干旱荒漠区属干旱大陆性气候区，除偶发性暴雨对地面的强烈冲蚀作用外，该地区受风蚀的作用也十分显著，属于风力、水力复合侵蚀区域。以往的近自然地形重塑研究都是一种通用性的讨论，没有针对这类区域的有针对性地研究。在上述几个问题研究中，如方法流程的构建、参数体系的建立及参数计算等都需要紧密结合西北干旱荒漠区的特点，提出针对性的解决方案。

在进行广泛的文献调研和专家座谈基础上，形成了西北干旱荒漠区近自然地形重塑的基本原则。依据此原则，结合示范的地形重塑试验，逐渐形成了近自然地形设计的方法流程。进一步对于参数指标体系的构建问题，采用扎根理论，通过专家调研和严格的编码过程构建了 3 级指标体系；对于参照区域的选择及参数计算问题，给出了解决方法，并在示范区进行了实践；对于地形重塑的评价问题，提出了相似性及稳定性评价策略。总结来看，本项研究为矿区近自然地形设计构建了较为完整的技术流程，并考虑了西北干旱荒漠区的环境特征，其研究成果具有可操作性和针对性。

此外，还研究了三维地形的编辑技术，提出了基于点—线—面三层次的地形编辑策略，并开发了相应的地形编辑及可视化系统，为近自然地形的可视化交互编辑提供工具。在面向大尺度区域的近自然地形重塑方面的工作可以表达为如图 3-1 所示。

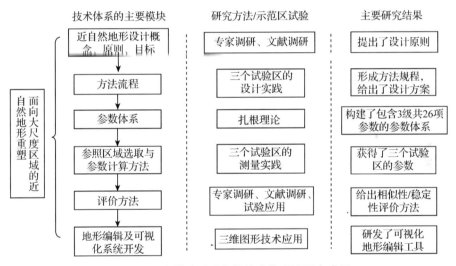

图 3-1　近自然地形重塑的技术体系及研究成果

下面首先介绍近自然地形设计的原则及方法流程；然后针对参数体系构建、参数计算及评价方法进行论述；之后介绍地形可视化编辑技术的研发和示范区的地形设计实践。

3.1.1　适用于西北干旱荒漠区的近自然地形设计方法

在进行具体的设计方法研究之前，首先应明确矿区废弃地近自然地形重塑设计的基本原则和主要作用。目前，我国煤矿区在设计排土场/排矸场的排土方案时主要考虑三个原则：①最小化占地；②优化运料距离，节省开支；③符合环保法规。

其中第一条原则"最小化占地"使得当前的排土场大都采用了一种台阶状地形。其排土/矸石分层堆置，平台和边坡相间分布，逐级向上，类似塔形山。"平台—陡坡"是其基本地貌单元。为了尽量减少占地面积，排土场一般而言设计高度较高，边坡较陡。这种地形为岩土混合堆积形成的大型松散堆积体，属典型人工堆垫地貌。这种规则的地形似乎也有利于其施工便道的修建，施工流程较为清晰，易于优化运料距离。在排水方面，当前的排土场/排矸场普遍采用台阶式直渠排水的方式。

而在当前有关排土场/排矸场的环保法规和建设标准中，往往只规定了边坡角度、堆高等参数，而对于当地的自然河道、动植物栖息、地形原貌的改变等方面并没有明确要求。这种传统的台阶状地形虽然具有一定优势，但同时存在很多问题：①平直化地形设计，刚性措施为主；②流域系统观念不强，极端气象条件下地形不稳；③后期维护代价大；④从景观上，与周围环境不协调，不和谐；⑤生境单一，没有考虑动物的栖息。

针对我国西北干旱荒漠区的气候特点及生态恢复需求，为煤矿区排土场/排矸场提出一种近自然的地形设计方案，从而克服传统地形方案中的诸多弱点，为后期矿区的生态恢复提供良好基础。下面首先提出近自然地形重塑的设计原则，然后给出具体的设计方法流程。

3.1.1.1 近自然地形重塑的总体设计原则

广泛调研了相关参考文献，并对 11 位有矿区地形设计经验的专家进行了访谈，汇总、提炼当前的研究和专家经验，从水文、地形、工程等多个角度出发，归纳成如下 2 级共 6 项设计原则（表 3-1）。

表 3-1　近自然地形设计指导原则

一级分类	二级分类
地形设计的先导性约束条件	(1)所设计的地形符合整个区域的径流趋势
	(2)满足工程目标及约束条件
	(3)符合环保法规
局部地形特征的近自然性原则	(4)径流特征师法自然
	(5)地形特征师法自然
通用的经济性原则	(6)最小化占地、节省开支

表 3-1 中各项原则的具体解释如下：

(1)所设计的地形符合整个区域的径流趋势

应仔细考察待重塑区域地形对当地流域系统的影响。重塑区域地形不能阻断当前的主要径流，且重塑区域内的径流系统应当与整个区域的流域系统相连，保证极端降雨条件下的顺利排水，避免形成隐患。

(2)满足工程目标及约束条件

工程目标包括：排土量目标、排土的范围边界等；约束条件包括：工程规范中的要求（如台阶高度，坡面角度等重要规范）；矿方以及待重塑区内公共设施的相关约束要求，比如应标出厂区、公路等设施，径流设计时应该绕开这些设施；还比如井工矿排土场在进行地形设计时，应仔细勘察沉陷带，避免使沉陷带成为径流通道，产生透水隐患等。

（3）符合环保法规

地形设计方案因严格遵照国家相关管理规定以及相关的工程规范进行。如《矿山地质环境保护规定》（国土资源部令第 44 号）、《矿山地质环境保护与治理恢复方案编制规范》（DZ/T223-2009）等。

（4）径流特征师法自然

参考周边未扰动区域的自然流域特征进行沟道设计，所设计的沟道系统特征参数应与自然沟道类似。可根据情况采用蜿蜒状河道以及羽毛状流域地形的设计模式。重要的径流特征包括：沟道密度、蜿蜒度、流域高程差等。

（5）地形特征师法自然

所设计的地形应与周边未扰动自然区域类似。如：所设计地形的坡面与自然区域的平均坡度相仿；羽毛状流域地形与自然地形更为相似，有利于增加地面形态的变化等。

（6）在满足上述原则的基础上，占地最小化、节省开支

上述原则中，前三点为设计时之先导，由之可确定入水口、出水口、径流之大势、排土之规模、范围、约束条件等；而（4）、（5）两点则为进行具体的地形设计时所需遵循的原则；第 6 点则为通用的经济性原则。

3.1.1.2 近自然地形设计拟产生的作用

在遵循基本原则的基础上，针对西北干旱荒漠区煤矿区生态修复的要求，近自然地形设计应能起到如下几项作用：

（1）保证地形的稳定

依据周边稳定的自然地形特征构建的地形应具备更好的稳定性，抗侵蚀、滑坡等地质灾害。

（2）沟道系统对水分起到排蓄结合的作用

一方面，重塑区的沟道系统与周边流域系统相连，保证了当地径流的通畅，避免在极端降水天气中发生灾害；另一方面，排水沟道采取仿自然的蜿蜒状设计模式，由此增加河道长度，增长水的下渗时间，起到一定保水作用。同时，地形一改以往一马平川的，规则、平直的设计模式，而是采取羽毛状、多起伏的设计模式，也使得水不会很快流走，起到保水的作用。

（3）减风积沙

所采取的羽毛状地形会增加地表的粗糙度，这对于风蚀作用显著的西北干旱荒漠区可以起到一定的减风、积沙作用。本项目示范区之一宁夏灵武地区属于典型的"风沙地貌"，有明显的风沙作用。而该地区矸石山堆积好后需要覆土，羽毛状地形正好有利于在局部地区的积沙，起到一种阻沙积沙的作用，从而在客观上起到了一种自然覆土的效果，更有利于后期的生态恢复。

（4）增加生物多样性

所采用的蜿蜒状河流和羽毛状地形会将地形折为一些小的集水区；同时，由于一级河道与其下一级河道的方向交错，使得其山脊、山谷的方向也会出现交错，从而使得坡向多变。这些因素使得地形上的水分和阳光都出现多样性的变化，有利于动植物的多样性

发展。

（5）减少后期维护

充分利用自然界本身的规律来维护地形稳定，促进生态恢复。可有效减少后期维护所需费用，甚至达到免维护的目的。

（6）有利于景观和谐

相对于传统的台阶状堆垫地貌，这种近自然地形与周边自然环境更为协调，景观将更为自然、美观。

从上述几点可见，对于生态修复而言，近自然地形设计可以认为是一种促进式，或增强式的地形设计。

3.1.1.3　矿区废弃地近自然地形设计流程

（1）掌握基本情况

所需掌握的基本情况包括：

① 地形设计项目的背景信息。当前待治理矿区的工程状况：是正在开采施工、正在排土、还是已经完成了排土？如果该矿区是即将或正在排土，明确将要排土的土方量。地形设计何时必须完成？地形重塑工程何时必须完成？地形设计区域的地理坐标及其明确的边界范围。

② 气候、水文数据。获取当地的降水数据，并根据降水数据推算当地极端情况下的降水量记录：2 年一遇 1 小时，50 年一遇 6 小时的最大降水量。当地的地表径流数据（多年平均径流量，年最大径流量，年最小径流量等）。

③ 该地区相关工程规范中规定的设计标准。即排土场/排矸场在建造时必须遵守的设计规范，如最大高差、坡度等。

④ 设计上的约束条件。比如说设计区域有什么管道线、沉陷区；要保留的历史遗迹、厂房区域等。

（2）获取重塑区及其周边未扰动区域的地形数据

① 地形数据测量方式。对于小地形区域，可以采用 GPS RTK 进行现场测量；对于面积较大的区域（如大于 5km^2），建议采用航拍的方式进行地形数据的获取。

② 地形数据精度等要求。若有条件，地形图比例尺应达到 1∶5000～1∶50000；测量精度达到 0.05m；所生成地形图基本等高距应达到 0.5～1.0m；图中需要标明流入项目区域和流出项目区域的水源；地图中需要标出所有与土地扰动相关的地物，包括土堆、排土场、道路、公共设施、沉陷区等；地图中需要标记出需要重塑的边界线，以及周围未被扰动的地形区域。

（3）水文分析

采用 ArcGIS 的水文分析模块等工具对该区域进行了定量化的水文分析。此步的目的是了解设计区域在整个大流域中的所处位置，明确其径流的大势，确定出水口、入水口等。该水文分析结果将为下一步的参照区域选取提供重要参照。

以羊场湾煤矿一区排矸场为例，其水文分析表明：一区排矸场处于一个大的流域的末端，其所属的大流域为由南向北的流势。

（4）样本区域的选取及其地形分析

需要从邻近未扰动区域内选取一块或多块区域作为参照区域，然后对参照区域的水文、地形参数进行计算，这些参数指标则将作为扰动区近自然地形重塑的重要参考标准。并且，参照区域还将用来与设计地形进行对照，以对设计结果进行评价。

（5）地形设计

① 已经排土完毕的情况

对于已经排土完毕，只需进行地形重塑的情况，可按如下思路进行。

（a）分析地形流域，根据流域进行区域分割

近自然地形设计将以流域为中心进行，因此对于每一个主沟道所形成的流域，将作为单独的区域进行地形设计。

以羊场湾一区排矸场的当前地形为例，根据水文分析结果（图 3-2），当前区域可划分为三个流域，则后期进行地形设计时可以根据流域将排矸场区域分成三个子区域分别进行设计。

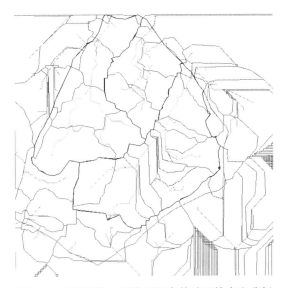

图 3-2　对羊场湾一区排矸场当前地形的水文分析

（b）对每一块流域地形进行如下设计：

沟道设计　人工进行沟道设计的主要原则包括：先确定主沟道位置，主沟道由邻近未扰动区域和当前规划区域共同决定，还要兼顾到上游的径流量；再确定每个子流域内的次主沟道，此时需要兼顾当前的地形复杂度及实际地形；规划设计的沟道密度不小于邻近未扰动的沟道密度；重新规划的径流需要与邻近未扰动区域的径流相融合；沟道需要避开拟保护的区域，如文物、沉陷区、厂房等。

沟道的蜿蜒化处理　首先确定沟道上的河型"转折点"，转折点将沟道划分为 A 型河道与 B 型河道。对于 A 型河道将采用折线化处理；而对于 B 型河道则采用 B 样条曲线进行弯曲化处理。弯曲化的程度需要根据"样本区域"的相关参数，即蜿蜒度、A 型河道跨度、径流量等来决定。

沟道的横截面计算 根据河型、河道纵剖面坡度、径流量等参数设计出沟道在各个关键点处的横截面。

分水岭、山脊、山谷等特征线的计算 根据各级沟道，可以确定出分水岭；根据蜿蜒状河道可以确定出沟道上的山脊、山谷。山脊、山谷相交错，将形成羽毛状地形特征。

根据沟道、分水岭、山脊、山谷等特征线，确定设计后的三维地形。

(c)将各个流域区域合为一体即形成了整体的地形设计结果

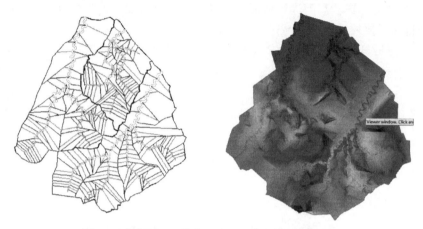

图 3-3　根据图 3-2 的水文分析结果进行的地形设计

②尚未排土或正在排土的情况

如果尚未排土，或者正在排土的区域，则首先需要确定适宜排土的区域，然后评估该区域是否能够满足其排土量的要求。拟采用一种由粗到细的设计思路。即先确定大势，堆土不能违反大势；然后在确定大势的基础上，对地形表面进行进一步设计。主要步骤如下：

(a)判断治理区中适宜进行排土的区域

这主要根据水文条件及其他约束条件(如有些区域是不能排土)来确定。即所堆的土不能阻碍主要河道，不能占压限定区域等。

(b)估算出适宜排土区域的最大排土量，看是否能满足排土要求，并计算最大排土量与目标排土量间的差值。

所谓最大排土量，也就是整个区域都采用了传统的台阶式方式进行堆土所能达到的土方量。其台地的土方量可根据相关施工规范中的坡度、坡高、平台宽度等参数来计算。如果目标排土量小于最大排土量，那么说明还有余地进行近自然地形设计。

以羊场湾煤矿为例，其预计两年内的排矸量为 96 万 t，若按煤矸石比重 1.8t/m³ 计算，其排矸量为 53.3 万 m³。按照其预定的排矸计划，将采用自然倾倒的方式构建一个大平台。

图 3-4 左图为当前的煤矸石山地形，其已经堆成的煤矸石体积约为 86.7 万 m³；右图为按照既定方案向东、向南堆土的预计结果，并且北坡进行了削坡处理。按此方式预计还可扩大的堆矸体积为 60.7 万 m³。

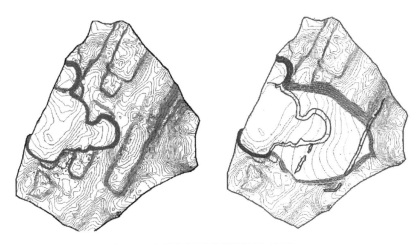

图 3-4　当前和预计的煤矸石山地形

（c）确定出在排土区进行排土的大致地形趋势

这主要根据目标排土量来确定。即所堆的土要满足目标排土量。由此就确定了排土场的主体地形方案。

如图 3-4 右图就给出了羊场湾煤矿一区排土场的大体上的排矸地形。

（d）在主体地形方案的基础上，依据径流对地形进行微调

其步骤可以采用前述情况"①已经排土完毕的情况"中的方法进行。

以羊场湾煤矿一区排矸场为例，在图 3-4 右图的基础上进行了地形设计，重点对北坡区域进行了地形改造。如图 3-5 所示，左图为划定的区域和人工勾勒的河道；中图为河道蜿蜒化的结果；右图为所生成的三维地形效果。在河道两侧可以看出一定的羽毛状地形效果。

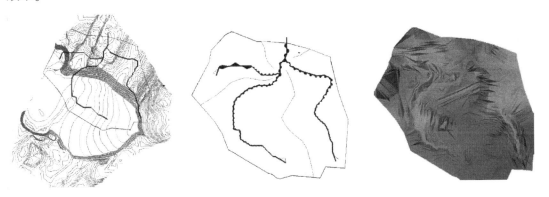

图 3-5　羊场湾煤矿一区排矸场的地形设计

（e）填挖方案的确定

首先，计算得到该地形重塑的填方和挖方，并标记出填方区域和挖方区域。这可以根据地形重塑前后 DEM 数据的叠加计算而得到。可借助 ArcGIS 等工具进行计算。

然后，确定填挖方案，即如何有效调配"填"、"挖"操作使得土方转运的工程量最少。

以羊场湾煤矿为例，按照图 3-5 右图中的设计结果，总挖方计算为 8332m³，填方为 6960m³。利用 GeoFluv 可以计算出其填挖方区域（图 3-6）并得到填挖方区域间的土方转运量。

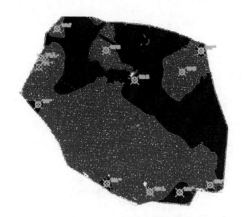

图 3-6　利用 GeoFluv 计算出的填挖方区域图

注：浅色为填方区域，深色为挖方区域；GeoFluv 将之分
为 13 个区域并给出了区域间的土方转运量。

3.1.2　近自然地形设计指标体系的构建及地形参数的计算

3.1.2.1　近自然地形设计指标体系的构建

研究者对地貌形态特征进行过大量研究，提出过上百种地形特征的参数因子，并产生了数十种分类方法。但关于"近自然地形重塑"时需要的参数指标没有系统地讨论过。甚至关于"近自然地形重塑"方法本身也处于研究探讨阶段，认识相对比较模糊。有文献讨论过近自然重塑的事情，有很多专家有自己对近自然重塑的理解，但在近自然重塑时具体应当重点考虑哪些因素、依据哪些参数指标，缺乏清晰的理解。在这种情况下，本书采用了"扎根理论"这一理论分析工具来归纳概念、厘清认识，构建近自然地形重塑指标体系。

扎根理论是 Galsser 和 Strauss 在 1976 年提出的一种归纳法，该方法在系统的资料收集基础之上，进行三个阶段的编码处理，分别是：开放式编码、主轴编码、选择性编码；最后整合形成理论体系或模型。扎根理论分析法的编码过程能协助研究者将繁杂的资料系统地层层分析、归纳、并最终形成理论模型。该方法非常适用于缺乏理论解释或现有理论解释力不足的研究，被认为是质性研究中最科学的一种方法。

为了构建近自然地形重塑指标体系，本书严格按照扎根理论过程，采用如下路线进行研究：文献调研—设计访谈大纲—进行访谈—开放式编码—主轴编码—选择性编码。

首先调研了矿区近自然地形重塑的相关文献，并广泛考察了自然地形的特征参数及其分类。从中了解近自然地形设计所关注的主要方面及其可能涉及的各类地形参数。在此调研基础上，设计了专家访谈大纲。

在访谈阶段，选择了 12 位专家，采取了半结构式访谈的形式进行面对面或在线访谈。12 位专家中，从中随机抽取 10 位专家进行编码分析，剩余两位专家用于理论饱和度检验。

开放式编码是指将所获取的资料进行分解、比较、概念化并初步分类的过程。在开放式编码阶段，对专家访谈记录进行分解和整理，从中抽取出专家的关键表述、建议参数123 条；对之进行编码整理，并进行归类；共整理得到 10 个范畴（即类别）。

主轴编码是指在开放式编码的基础上，对其范畴进行进一步的归纳，将相同性质的概念归纳成更高层级的范畴。从而建立主范畴与次范畴之间的联系。通过寻找范畴间的联系为构建理论架构做准备。本书将 10 个范畴归纳为 4 个主范畴。

选择性编码是针对范畴间的关系进行逻辑检验和补充的过程。包括调整各个范畴、补充未发展成熟的范畴，以及为此再次进行抽样和访谈等工作。以达到理论性饱和之目的。在此阶段，充分分析范畴间的联系，初步构建了指标体系；并重新选择了两位专家进行讨论，验证所构建指标体系的完整性和合理性。在此阶段，如果有新的发现，则将重新回到开放性编码阶段，以此轮回，直到没有发现新概念为止。最后，基于上面的编码过程，形成近自然地形重塑的参数指标体系，并构建问题的理论框架。

（1）文献调研

首先广泛调研了有关自然地形特征的研究文献。发现目前人们提出的地形特征参数达上百种之多。许多研究者对这些参数进行了分类研究，提出了数十种不同角度、不同应用需求的分类方法，例如：根据地形因子的地学应用范畴，将地形因子分为一般地形因子和水文特征因子（Wood，1996）；按地形要素关系将地形因子分为单要素因子和复合因子（Wilson，2001），按计算特性将地形因子划分为局部地形因子和非局部地形因子等（Florinsky，1998）。还有基于空间尺度的地形因子分类、基于计算方法的地形因子分类、基于形态特征的地形因子分类、根据描述主题特征的地形因子分类等等（汤安国，2014）。本书关注的是能够辅助于进行"近自然地形设计"的因子，在近自然地形设计时，需要针对沟道、坡面等具体而特定的地形元素展开设计工作，还需要参考自然流域的一些特征来指导设计；因此面向对象的分类方法对此次研究最有参考价值。由此主要依据面向对象的地形因子分类方法，从上百种地形因子中筛选了分别针对沟道、坡面、流域等的 25 种候选地形因子。

进一步地，针对矿区生态修复中涉及的特征因子和评价指标展开了调研工作。白中科等（1998）通过边坡角、水蚀/风蚀模数、土体容重、地表物质组成等指标因子对露天排土场的土地扰动特征和生态重建适用技术体系进行了研究。杨伦等（2005）选择了地貌、坡度、有效土层厚度、质地状况、土壤类型等指标作为评价因子。毕如田等（2007）发现斑块数目、平均斑块面积、分维数、多样性、优势度等景观指数能较好地反映出复垦地景观结构及其变化。王军等（2011）总结了土地整理对环境影响的评价指标和方法。但上述工作中提出的指标主要偏重在矿区土壤、地质、景观多样性等方面的测量和评价，并不直接满足近自然地形重塑的设计需求。其中有些参数，如地表物质组成、土壤类型等地质类参数以及边坡角等参数对地形设计有潜在的价值，因此选取之来作为专家访谈大纲中的候选参数。

更进一步，调研了针对矿区近自然地形重塑的文献。Toy 等（2005）重点选用了沟道密度、平均坡度、高程差、流域面积等指标来阐述其地形重塑方法。杨翠霞等（2014）从地质、空间地理、流域水文等诸多指标参数中抽取了 2 级共 7 个指标构建了近自然地形重塑的指标体系。Toy 等和杨翠霞等重点考虑的是流域水力侵蚀对地貌的塑造作用，其选用的指标都集中在对流域地貌形态的刻画上，而对于地形其他方面的特征，如具体的沟道设计、坡面设计、地质、风蚀等考虑不足。本书重点参考了他们关于流域地貌的特征参数。

Bugosh 等（2004；2009a）基于流域地貌学理论提出了地形重塑模型 GeoFluv。该模型中列出了一系列具体的计算参数，如沟道密度、沟道蜿蜒度、沟道比降、地形坡度、2 年一遇 1 小时最大降水量等。将这些参数补充进了访谈大纲之中。但 GeoFluv 模型主要关注具体沟道及地形骨架的计算，其指标参数中缺乏对重塑地区整体地形特征的描述，也没考虑风蚀、地质等影响因子。

根据充分的文献调研，了解了近自然地形设计的目标和原则，围绕此目标和原则，初步分类选取了所有可能对近自然设计相关的参数。这为访谈大纲的设计提供了依据。

（2）访谈大纲设计以及专家访谈

设计了 12 个访谈问题，通过这些问题来启发专家的思考和回答。访谈大纲中的 12 个问题设计如下：

a）您认为近自然地形重塑最重要的考虑因素是什么？

b）哪些流域地貌特征相关的参数对近自然地形设计有参考价值？

c）近自然地形设计时需要设计沟道，哪些沟道方面的参数需要考虑？

d）哪些坡面特征相关的参数需要考虑？

e）地形统计特征，或地形复杂度方面参数。

f）风蚀相关的参数。西北干旱荒漠区风蚀较为显著，在地形设计时有哪些风蚀相关的参数需要考虑？

g）降水量等参数对沟道设计的参考意义。

h）地质、土壤相关参数。

i）工程相关的参数。

j）侵蚀相关的参数。

k）其他可补充的重要参数还有哪些？

l）对构建西北干旱荒漠区矿区废弃地"近自然地形重塑指标体系"的其他建议。

这 12 个问题中，第 1 个问题首先咨询专家"近自然地形重塑最重要的考虑因素是什么？"；然后分 9 个参数类别来分类咨询近自然地形设计中有参考价值的参数指标；最后 2 个问题是询问专家的补充建议。第 1 个问题其实为后面的参数选择提供了基本依据，起到了启发思考的作用。

在前 10 个问题中，都预先准备了一些参数或答案。这些参数或答案是根据前期文献调研仔细筛选出来的、认为有潜在参考价值的信息。在访谈时，采用了如下的访谈策略：抛出问题后首先让专家自由回答；自由回答之后，根据专家回答的情况给出预先准备的参数供其评论、补充。这种方式即不会限制专家的思路，也可以为专家提供启发和补充回答的机会。

所选择的 12 位访谈专家中，8 位是在科研院所从事生态修复研究的教师，均有矿区地形修复的研究或实践经验；2 位专家是在领域相关公司从事矿区修复工作，有实际的地形修复经验；还有 2 位专家是园林景观设计领域的研究人员。访谈中，6 位专家采用了当面访谈的形式；6 位专家采用了远程会议的形式进行访谈。每次访谈都通过书面方式对要点进行记录。在访谈中，基于上述访谈大纲，采取了半结构式访谈的形式：即依据访谈大纲作为访谈的引导，但访谈者可根据实际情况，对访谈问题作弹性调整；尽量不干涉访谈对象的谈话内容，当谈话内容已偏离问题时，访谈者还是采取开放的态度，任访谈对象尽量表达自己的观点。采用这种方式是希望能从更广泛的角度来探索问题，有利于扩宽和加深对问题的研究，因为它有可能会引发一些在原来的设计方案中所没有考虑到的新情况。

（3）开放式编码

本文对访谈得到的专家信息进行了逐句的分析、整理，共得到 105 则建议的参数。对每一则信息都编码为 ZJ01-01、ZJ01-02、……的形式。如 ZJ05-10 就表示第 5 位受访者的第 10 项建议参数。对这些建议参数进行合并、分析，初步归纳出 10 个范畴，共 25 项参数。如表 3-2 所示。每项参数后括号内的数字表示对该参数进行建议的专家数量。

表 3-2 专家建议的初步归类

范　畴	参　数
流域地貌特征	沟道密度(12)；流域高程差(11)；流域平均坡度(10)；主沟道长度(8)；流域面积(7)；流域圆度(7)；
沟道特征	沟道比降(12)；蜿蜒度(12)；沟道宽度/沟底宽度(11)；沟道宽深比(11)；分水岭到沟道源头最小距离(9)
坡面特征	坡度(12)；坡长(6)；坡向(4)；坡面剖面曲率(2)
地形复杂度方面的参数	地形起伏度(6)；地形粗糙度(5)
地质相关参数	地表物质组成(10)；土壤质地(8)；土层厚度(7)；岩石类型与结构(7)
降水量相关参数	2 年一遇 1 小时降水量(10)；50 年一遇 6 小时降水量(10)
风的相关参数	主导风向(8)；主导风风速(8)；主导风向持续时间(7)
工程相关参数	自然休止角(7)；最终稳定安息角(5)；最大安全施工角度(9)
侵蚀相关参数	水力侵蚀强度(4)；风力侵蚀强度(4)；
其他参数	经费(2)；甲方意愿(3)

在分析过程中发现如下几个问题：

a) 专家建议间的冲突问题。如有的专家认为应设置对侵蚀强度的相关指标；但有几位专家则认为侵蚀强度与后期生态修复有关，而与地形设计无关，无须设置。

解决方法：对于存在意见冲突问题的参数，根据专家意见进行进一步深入辨析，基于近自然地形重塑的需求，依据合理性、全面性和精简性的原则进行了取舍。

对于侵蚀强度的相关指标，考虑到：①虽然有 3 位专家认为可以设置侵蚀强度，但更多的专家并没有选择此参数，反之有 4 位专家提出了明确的反对；②考察当前的近自然地形设计过程，发现该参数对于具体的地形设计而言并没有直接的帮助作用。由此，去掉了侵蚀强度相关的指标。

b) 参数名称差异的问题。如有的专家用沟道宽度，有的专家用河道宽度，而有的专家则强调是沟底宽度。

解决方法：对于名称不同，但实际含义相同的参数名称进行了统一，如统一采用"沟道"而非"河道";同时对参数间的数量关系进行了分析,以能准确而全面表达设计需求为准进行规范。比如沟底宽度再配合"宽深比"参数就可以全面描述沟道的横截面状况,故而采取了"沟底宽度"而非有二义性的"沟道宽度"。

c)还有一些参数虽然是设计时必须要考虑的,如经费、甲方意愿等,但本次参数指标重点选取技术实施时关注的设计参数,故进行了舍弃。

d)有5项参数仅有少于3位专家进行建议。经过分析认为并非主要参数,本着精简参数的目的进行了剔除。

e)建议并经专家认可的参数。有些参数专家并没有提到,但在专家回答完后进行了建议,并征询了专家意见。包括:①关于降雨量参数,各位专家均认为这类参数是必须的,但对于统计何种频率和时长的降雨量参数都没有明确说明。参考了 Geofluv 模型给出了两个参考:2 年一遇 1 小时降水量和 50 年一遇 6 小时降水量。用这两个参考参数让专家进行了确认,大部分专家都进行了认可。②分水岭到沟道源头的最小距离。

一个新的指标"重塑区对流域干扰程度" 依据专家访谈时第一个问题的回答,可以归纳出近自然地形重塑的重点关注因素或者设计目标,对这项内容也进行了整理。整理结果表明,"保证当地水系的畅通"成为所有专家都认可的设计目标。而且有 6 位专家认为,应当在进行地形设计时首先评估该废弃地对当地原先自然地形的流域干扰程度,依据此干扰程度可以判断近自然设计的迫切性,并有助于后期的地形设计方案的制定。根据这个信息,研究组认为应当增加一项新参数,即"重塑区对流域干扰程度"。基于专家的建议,设计了该指标。该指标的取值定义见表 3-3。

表 3-3　重塑区对自然流域的影响度

分类描述	取值
重塑区位于流域主流上,或支流与主流的交汇处	4
重塑区位于流域中多条非 1 级沟道,但不包括主流的交汇处	3
重塑区位于流域中非 1 级沟道上,或位于某条 1 级沟道与别的支流的交汇处	2
重塑区位于流域 1 级沟道上	1

表 3-3 中沟道分级按照 Strahler 分级法来确定,1 级沟道是最低级别支流,主流是最高级别沟道。图 3-7 中给出了四种情况的图示。打分时按表 3-3 中从上向下的优先顺序进行情况判断来给分。如果流域中仅有 1 级沟道,即主流就是 1 级沟道,而重塑区位于这条 1 级沟道上,那么分值为 4 而不是 1。

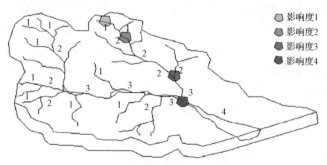

图例:影响度1　影响度2　影响度3　影响度4

图 3-7　重塑区对流域的影响度

该指标分值越大，表明重塑区域对流域的影响越大，需要更为慎重地设计重塑地形的沟道路线，使之能与周边自然水系和谐相接。

参数的分析、剔除和整合 经过对参数的分析、剔除和整合，最终得到了9个范畴共26 项参数(表 3-4)。

表 3-4 参数剔除与整合的结果

范 畴	参 数
重塑区影响力	重塑区对流域干扰程度
流域地貌特征	沟道密度(12)；流域高程差(11)；流域平均坡度(10)；主沟道长度(8)；流域面积(7)；流域圆度(7)；
沟道特征	沟道比降(12)；蜿蜒度(12)；沟底宽度(11)；沟道宽深比(11)；分水岭到沟道源头最小距离(9)
坡面特征	坡度(12)；坡长(6)
地形复杂度方面的参数	地形起伏度(6)；地形粗糙度(5)
地质相关参数	地表物质组成(10)；土壤质地(8)；土层厚度(7)；
降水量相关参数	2 年一遇 1 小时降水量(10)；50 年一遇 6 小时降水量(10)；
风的相关参数	主导风向(8)；主导风风速(8)；主导风向持续时间(7)
工程相关参数	自然休止角(7)；最大安全施工角度(9)

(4) 主轴编码

对以上 9 个范畴及 26 项参数间的关系进行了分析与归纳，发现范畴之间具有逻辑关系，可进一步归类。9 个范畴可以分为：自然地形特征(流域尺度、局部地形单元尺度、地形复杂度)；环境特征(地、水、风)；重塑区相关参数(影响力，工程)。由此将参数进一步归纳为 3 个主范畴、8 个类别、26 个参数的三级参数结构(表 3-5)。

表 3-5 主轴编码得到的参数指标体系

主范畴	二级类别	三级指标	备 注
自然地形特征	流域尺度	流域面积；流域圆度；沟道密度	面域特征
		主沟道长度	线域特征
		流域高程差；平均坡度	起伏特征
	局部地形单元尺度	蜿蜒度；分水岭到沟道源头最小距离	沟道平面特征
		沟道比降	沟道纵剖面特征
		沟底宽度；沟道宽深比	沟道横截面特征
		坡度、坡长	坡面特征
	地形复杂度	地形起伏度	垂直方向特征
		地形粗糙度	水平方向特征

(续)

主范畴	二级类别	三级指标	备 注
环境特征	地质	地表物质组成；土壤质地；土层厚度	
	降水	2年一遇1小时降雨量	确定河道平滩宽度及横截面
		50年一遇6小时降雨量	确定河道形态及横截面
	风	主导风向；主导风风速；主导风向持续时间	
重塑区相关参数	重塑区影响力	重塑区对流域干扰程度	
	工程相关	自然休止角	
		最大安全施工角度	

(5)选择性编码

针对上述主轴编码阶段所构建的指标体系，重新选择了两位专家进行讨论，以检查指标体系的完备性与合理性。这两位专家都是科研院所从事生态修复的研究人员，并参与过国家矿区生态修复项目。两位专家没有提出新的补充指标，他们对指标体系的完备性和合理性给予了认可。

进一步分析了近自然地形重塑的一般设计流程，并基于此设计流程，梳理了各类别参数与设计流程中各个环节的关系，形成如图3-8所示的框架图。

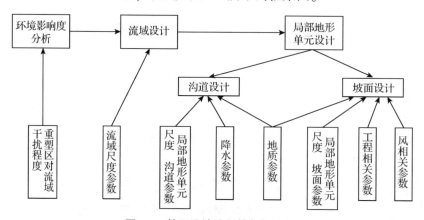

图3-8　基于设计流程的指标分析

如图3-8所示，参考了Geofluv模型以及杨翠霞等的设计方法，将近自然地形设计分为三个阶段：①环境影响度分析阶段，用来评估待重塑区对当前水文、土壤、空气等环境的影响程度，由此评估进行近自然地形设计的必要性。②流域设计阶段，该阶段是对重塑区的一个概要设计，主要确定重塑区的主要沟道走向以及因此而形成的流域划分。此阶段的设计将根据重塑区地势，并重点参考指标体系中参照区域的"流域尺度参数"来进行。③局部地形单元设计阶段，该阶段需要在流域设计基础上完成各个设计流域内的沟道设计和坡面设计。沟道设计方面，需要参考参照区域的沟道参数和当地降水参数进行设计；坡面设计方面，则需要参考坡面参数和工程相关参数来进行；同时，如果在设计中考虑风蚀因素而对坡向进行调整的话，则可参考指标体系中的风相关参数；另外，地质参数则对沟道设计和坡面设计都有参考价值。从此图中可见，指标体系中的8个类别参数覆盖了近自然地形设计的三个主要环节，从设计流程而言具有完备性和系统性。

3.1.2.2　参照区域的选取及地形参数的计算

近自然地形重塑就是以矿区周边未扰动的自然地形为参照，来进行矿区废弃地的地形重塑设计。因此，充分了解当地未被扰动的自然区域的地形、水文等特征就成为进行近自然地形重塑的先决条件。而在此过程中，存在一系列有待探讨的问题，包括：①参照区域的选择问题，即选择哪块区域来作为近自然地形设计的参照区域；②参数的选择问题，即选择哪些地形特征参数进行计算和分析，以更好地辅助于近自然地形设计；③参数计算问题，即如何有效地计算出选定的地形特征参数。近年来，国内外许多研究者对近自然地形设计方法进行了探讨和实践（Bradshaw，2004；Margaret，2014；Zhang，2011；Yang，2017；Li，2019），但对于以上问题尚未有系统工作，还未形成成熟的解决方案。本课题结合了多个矿区的地形设计实践，对上述问题进行了探讨，给出了可行的解决方案。下面对这三个问题分别进行论述。

（1）参照区域的选取

需要根据矿区待重塑区域的情况选择若干与之有类似特征，对其重塑有参照价值的未干扰区域作为参照目标。同时，在参照区域选择过程中，应该重点依据对自然地貌形成起重要作用的因素来进行分析。

一般而言，流域侵蚀作用在地貌形成上具有十分显著的作用，并且与矿区的地质安全息息相关。研究区所在区域属于西北干旱荒漠区，其年平均降雨量虽然很低，但是其降雨非常集中，偶发性的暴雨对地面冲蚀作用非常强烈，流域侵蚀作用依然是影响其地表形态的最重要因素。因此，在进行参照区域的选取和分析时，重点依据流域的邻近性、相似性等因素，并以流域为选取单位进行参照区域的确定；同时兼顾气候、土壤、岩性等其他自然因素。

具体而言，首先通过水文分析得到相关区域的水文网和流域分布信息，在此基础上依据如下原则进行参照区域的选取：

邻近性原则：尽量从邻近于待重塑区的流域中进行参照区域的选取。

近似性原则：选择与待重塑区在水文、气候、土壤、植被和岩性等相似的流域区域，尤其注意尽量选择与待重塑区位于主干沟道同侧的流域。

稳定性原则：目标区域应当处于内应力和外营力基本平衡的稳定状态，地貌形态变化缓慢。

在上述原则基础上，还需要对所选取流域的相关特征进行筛查，剔除那些明显偏离整体样本数据的"异常"流域。采用箱线图方法（Sun，2010）进行异常流域的剔除。箱线图方法可以观察数据分布的分散程度及对称性等信息，并基于此识别数据中的异常值。

结合研究区实例就参照区域的选择问题进行具体讨论。

（2）参数的选择

在前面所构建的参数指标体系中，对"自然地形特征"类参数进行计算。自然地形特征包括流域尺度和地形局部单元尺度两种尺度下的参数，此外还有地形复杂度参数。

流域尺度：流域面积、流域圆度、沟道密度、主沟道长度、流域高程差、平均坡度。

地形局部单元尺度：蜿蜒度、分水岭到沟道源头最小距离、沟道比降、沟底宽度、沟道宽深比、坡度。

地形复杂度：地形起伏度、地表粗糙度。

这些参数能够较为全面地描述矿区周边的自然地形特征，从而可作为矿区近自然地形重塑的重要参考指标，并可用于 Geofluv™ 模型的近自然地形计算。

(3) 参数的计算

拟计算的地形参数有 14 个之多，涉及地形多种类型的形态特征，需要采用不同类别的方法、并按一定顺序进行计算。对所拟计算的参数进行了梳理，制定了如图 3-9 所示的技术路线。如图 3-9 中所示，首先进行水文分析并确定参照区域；然后参数计算分为两个分支进行，左侧分支是对研究区域进行流域地貌特征和沟道形态特征的测量。而右侧分支则是对局部地形特征的测量。

"汇流量阈值的确定"这个步骤是指在河网提取中，设定合适的"汇流量阈值"。在利用 ArcGIS 的 Arc Hydro 等数据模型进行水文分析时，"汇流量阈值"的设定对自然河网的提取结果影响很大，如何选取合适的汇流量阈值是河网提取的关键。研究发现，汇流量阈值与所对应提取的河流总长度存在幂函数关系(Chen，2011)而随着汇流量阈值的增大，沟道密度的变化趋于平缓(Kong，2005)。因此，本文采用了均值变点分析法(Chang，2014)，根据沟道密度的变化来确定合理的汇流量阈值。首先计算出不同阈值下的河网总长度和流域面积，由此拟合出沟道密度(沟道密度 = 河网总长度/流域面积)与汇流量阈值间的关系曲线，然后采用均值变点分析法找到拐点来确定河网汇流量阈值。

"确定参照流域"这一个步骤是指在提取得到整个区域的河网后，需要从中选择出若干流域作为近自然地形设计的参照区域，这也就是参照区域的选取问题。之后的"流域地貌形态特征参数提取"、"沟道形态特征参数提取"、"局部地形特征参数提取"这三方面将从所选定的参照区域中进行计算和分析。

在右侧分支的"局部地形起伏度"测量中，采用了窗口分析法来进行局部邻域区域的统计计算，而窗口尺寸将对结果产生较大影响。不同地区、不同地貌类型的地形起伏度最佳分析窗口是不同的(Zhang Jin，2011)，不同的分析窗口会影响到区域内地形起伏度的计算结果。为此，在"地形分析窗口的确定"这一步骤中采用均值变点分析法来确定合理的分析窗口尺寸，再进行局部地形起伏度的计算。均值变点分析法确定最佳分析窗口的步骤为：计算不同分析窗口下的平均地形起伏度；这些不同窗口尺寸下的测量值形成一条曲线；计算该曲线的拐点来确定最佳分析窗口。

"自然河网的提取"、"流域沟道分级"等都属于水文分析操作，可以利用 ArcGIS 的空间分析技术和 Arc Hydro 数据模型进行计算。"流域地貌形态特征参数提取"、"沟道形态特征参数提取"以及"局部地形特征参数提取"都属于具体参数的测量，可以利用 ArcGIS 的空间分析、水文分析、地形分析工具及数据管理工具等进行计算。

"分水岭到沟道源头最小距离"这项参数来自 GeoFluv 模型。当降水发生后，坡面上部(靠近分水岭的部分)不会立刻形成侵蚀的沟道，而是需要经过一定距离的流量汇集，才会对坡面形成足够的侵蚀力形成沟道。参数"分水岭到沟道源头最小距离"就是为反映这个现象。该参数与降水量、降水强度、地表粗糙度、土壤的抗冲性和渗透性都有关系，是地形重塑中进行近自然沟道设计的重要参考值。该参数的计算比较复杂：首先基于地形位置指数(Weiss, 2001)算法来识别地形类别，由此确定分水岭区域；然后针对每个子流域确定入水口；之后利用 ArcGIS 的测量工具测量入水口到分水岭的最小距离值。

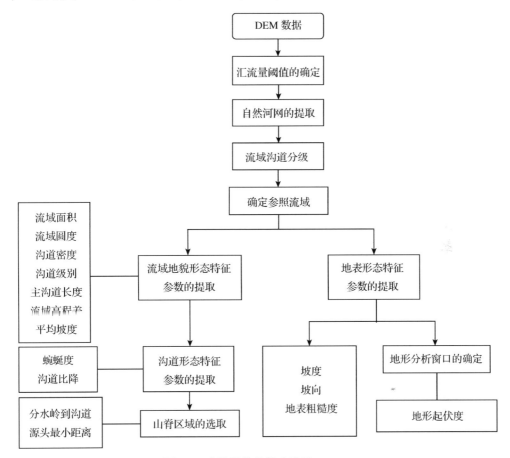

图 3-9 参数计算的技术路线

3.1.3 近自然地形设计评价方法

最为客观的评价方法是对重塑区域进行多年(5~10 年或更长)指标监测，考察其土壤侵蚀量以及地形、沟道的变化程度，乃至植被恢复程度来对其进行客观评价。但这显然无法用于对设计结果的及时评价，需要研究有效的理论评价方法。

拟从两个方面对地形重塑结果进行评价：①地貌形态相似性评价。即比较所重塑的地形与邻近未扰动地形在形态上的相似性；所比较的指标参数可以从制定的指标参数体系中选取。如果相似性高就说明重塑达到了目的。②地貌稳定性评价。地形重塑的根本目的还是要保证所重塑地形比较稳定，有较强的抗侵蚀能力。这方面可以采用河网分形维数、流域系统信息熵等指标进行评价。

3.1.3.1 地貌形态相似性评价

很多学者开展过流域地貌的形态相似性研究，认为在气候、构造、岩性相同的条件下，若两个流域内相应的地貌形态要素具有同一个比例的话，则两个流域的应该是相似的（Strahler，1954）。Morisawa 等（1962）认为，在形态指标相似的两个流域内，所有的地貌形态应该是相似的；若两个流域内第 I 级水道平均长度之比为 1.2，则该两流域的相应的任何级别的水道长度之比，皆接近于 1.2。对于无量纲的地形要素，如比降、地势比以及流域的圆度等这些独立的比例指标，在相似流域内，也是可以作比较的。

对于矿区废弃地的地形重塑，把临近未扰动流域作为设计的标准，也是基于流域地貌形态的自相似性原理，所以可以对重塑前后的流域特征进行相似性的比较来评价重塑后地形的发展变化趋势。为此参考了承继成等（1986）、Strahler 等及杨翠霞等（杨翠霞，2014a）对流域地貌形态相似的分析，综合有关流域地貌形态的线性特征、面域特征和起伏特征，从参数指标体系中选取流域面积、沟道密度、主沟道长度、流域圆度、高程差和平均坡度等 6 个指标作为流域形态相似的指标。

3.1.3.2 地貌稳定性评价

美国 Devis 等提出了侵蚀轮回说理论，根据地貌特征将地貌发育过程划分为幼年期、壮年期和老年期三个阶段。本研究借鉴此理论，以表征地貌整体稳定性的参数作为切入点，通过计算河网分形维数、地貌信息熵，对自然参照区地貌稳定性做出定量分析。

（1）基于河网分形维数的地貌稳定性评价

根据河流地貌学的相关研究，地表河网分形维数可以定量反映相应流域的侵蚀发育程度。早在 1996 年，何隆华等就提出以河网分形维数来划分流域地貌的侵蚀发育阶段：当分形维数小于 1.6 时，流域地貌为侵蚀发育的幼年期；当介于 1.6 和 1.9 之间时，为侵蚀发育的壮年期阶段；当介于 1.9 和 2 之间时，流域地貌处于侵蚀发育的老年期。该方法为地貌发育过程提供了量化指标，且各阶段地貌发育特征与"侵蚀轮回理论"相近，故可采用此方法作为地貌侵蚀发育阶段的估计方法。

（2）基于地貌信息熵的地貌稳定性评价

分形维数主要用于描述空间二维特征，在地貌发育初期水系下切较浅时，它能合理地描述其水系特征。但是，当地貌侵蚀发育到一定程度，沟道形态基本成形，河网基本成熟的条件下，地貌形态呈现出多维形态特征，此时再通过分形维数来表达地貌特征并不全面。为了全面表达和刻画地貌发育后期的特征，需要引入一种能从多维上量化地貌形态指标的参数。杨翠霞（2014a）、陈航（2019）等研究应用了描述地貌变化的能量参数"地貌信息熵"进行地形的稳定性评价。本研究借鉴了此种思想进行矿区重塑地形的稳定性评价。

关于地貌信息熵，国内外地貌学家自 20 世纪 60 年代开始，就已经将热力学"熵"的概念引入到现代地貌研究中，用地貌信息熵的大小来定量衡量地貌的侵蚀发育程度。从地貌发育角度分析，在土壤侵蚀过程中，地貌系统内部同时进行能量交换，其结果表现为地貌信息熵的增加，这一过程放到坡面侵蚀系统上来说，则意味着地表形态越来越破碎，地貌侵蚀发育程度逐渐增加。根据该理论，可通过地貌信息熵的变化程度来表征流域水系的发育程度，从而判断地貌稳定程度。

美国地貌学家 Strahler 在 1952 年提出用面积高程积分判断地貌发育状态，创建了地貌侵蚀发育的分级系统。艾南山（1988）在 Strahler 的研究基础上，根据信息熵和水系分级推导出了地貌信息熵。本研究即采用此"流域系统地貌信息熵"理论来评价地貌发育程度。

艾南山等将地貌信息熵表达为：

$$M = N-\ln N-1$$

式中：M 为地貌信息熵；N 为面积-高程积分。

根据 Strahler 流域地貌发育定量化的理论，流域地貌侵蚀发育阶段按以下方法进行划分：当面积高程积分值大于 0.6 时，河流侵蚀现象剧烈，下切现象明显，是地貌侵蚀发育的不均衡阶段，称为幼年期；积分值<0.6 时，河流下切现象减弱，开始出现沉积，流域地貌基本上趋于稳定状态，该阶段处于地貌发育的均衡状态。将该阶段细分为 2 个子阶段：当积分值介于 0.35 和 0.6 之间时，地貌发育阶段处于壮年期；当面积高程积分值小于 0.35 时，为老年期。

3.1.4　地形设计系统研发

在前面工作中，对矿区废弃地近自然地形重塑的原则、方法流程、参数测量、评价及设计实践进行了充分讨论，形成了系统的技术方案。在具体设计过程中，为了方便地形设计人员对地形数据进行编辑、修改与可视化呈现，结合计算机图形学和虚拟现实技术，对近自然蜿蜒河道的自动合成以及交互式地形编辑系统进行了研究和开发。

3.1.4.1　近自然蜿蜒河道的自动生成

根据前面第 2 章所述，近自然地形设计的一个重要原则是"径流特征师法自然"。河流在地形修复过程中占据着重要的位置。因此，河流沟道的设计需要详细参考自然界沟道的特征。自然界的河流在形态和形成过程上是多样和复杂的，Rosgen 等仔细考察了各类河道的特征，构建了 Rosgen 河流分类法。Rosgen 河流分类可以展示各种类型河床的变化趋势，以河床形态特征来划分河床类型，是目前比较好的河流分类方法。本节重点参考了 Rosgen 方法中对河流特征的描述。

对于露天开采矿山的地形修复工程稳定性比较高的河流，主要是 A 型和 B 型，主要参数为：纵剖面坡降、横断面宽深比和宽窄率、平面形态里的河流蜿蜒度等。从图中可以看出，A 型和 B 型河道蜿蜒度比较小，雨量大时可以对周围的土壤造成更小的侵蚀，可以防止水土流失，A 型河道横断面宽深比更小，说明河道较窄且深，这样可以加快水流的速度，减少由于水速过慢导致泥沙淤积而造成的河床抬高。B 型河道比较宽，适合水量较大的区域，宽广的河道可以更快完成排水，利于河道保持稳定。所以为了矿区河道恢复后的稳定性，尽量将河道恢复成 A 或 B 型，以减少后续的工作量。

在建立上述认识的基础上，本项研究的核心内容就是：运用计算机模拟知识，根据适合露天开采矿山地形修复的 Rosgen 分类中的 A、B 型流流特征和用户给定的河流流向，自动生成三维河道。具体而言，根据 Rosgen 河流分类方法中的 A 型和 B 型河流的特点和参数数据，对河流的蜿蜒性进行处理，比如对其进行"Z"字形转化，平滑化处理等操作，然后根据河流的纵剖面和横断面将河道进行三维展示。

用户首先在地形图上绘制出待修复的范围和河道的基本形状，此时的河道被称为基础河道。然后，所设计算法可以根据给定的自然河流参数以及地形的高程信息，将基础河道转变为三维的近自然蜿蜒河道。主要技术内容包括：①近自然弯曲河道的生成。基于 Rosgen 河流分类理论，对用户给定的二维河道折线段进行改造，将其转化为"Z"字形河道，并对 B 型河流河段进行平滑化处理。②河道纵剖面计算及交互浏览。生成河道的纵剖面，供用户进行交互式观察和分析。③三维河道的合成。利用河流的宽深比及给定的河道宽度求出河流的横截面，并结合河道纵剖面合成三维河道。

（1）近自然蜿蜒河道的生成

近自然弯曲河道的生成是近自然河道合成的第一步，也是最为关键的一步，主要进行的工作是将用户绘制的河道折线段进行近自然弯曲处理。如图 3-10 所示，图中折线段是用户根据地形进行绘制的河流折线段，即基础河道，此河道是一条基本平直的河道，表示了河流的基本走向。本部分的工作是将待修复区域的基础河道根据 A、B 型河道的蜿蜒度和坡降，合成弯曲的近自然河道。首先将基础河道进行"Z"字形转化，如图 3-10 中"Z"字形曲线所示。

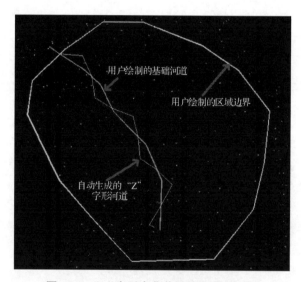

图 3-10　"Z"字形弯曲前后的河道对比图

计算河流折线段的长度　根据用户绘制的河流折线段，获得折线段的端点和线段节点，如图 3-11 所示的 $p1$、$p2$、$\cdots$，pi 等点。

图 3-11　河流多线段图

取出河流折线段的节点数据，计算河道每段的长度，再进一步求和，得到该河流多线段的总长度。

河道参数的设置　河道形状需要依据诸多参数来生成。用户需要设置的参数包括：

A 型河流蜿蜒度：此数据的填写需要根据待修复地区邻近未扰动区域的河流特征来确定，并且需要在 A 型河流蜿蜒度的范围内，即在 1~1.2 之间。

A 型河流水面坡降：此数据的填写需要考虑地形的变化和 A 型河道的数值区间（0.04~0.099）。

A 型河流的宽深比：此数据用来确定河道的横截面，数值应小于 10。

A 型河流的宽度：确定了 A 型河流的宽度，然后结合宽深比便可以确定 A 型河道的深度。

B 型河流蜿蜒度：应大于 1.2。

B 型河流的水面坡降：数值区间为 0.02~0.039。

B 型河流的宽深比：应大于 10。

B 型河流的宽度：结合宽深比便可以确定 B 型河道的深度。

河段计算单元：是将河段进行拆分计算的河段单元，即"Z"字形转化过程中一个"Z"字形折线段的周期单元。此数据是进行河道近自然弯曲的关键数据，根据此数据并结合河流蜿蜒度便可以确定"Z"字形河道的转折点，该参数根据邻近未扰动区域河道"Z"字形河道转折点间的平均距离确定。

将河流折线段进行"Z"字形转化　将用户绘制的基础河道按照上述参数中的(i)参数，即河段计算单元进行分段计算，如图 3-12 的折线段 $a1a2$ 所示。故需要将河道按照河段计算单元等分成一段段的折线段，记录划分点，记为 $a1$、$a2$、…、ai，如图 3-12 所示。

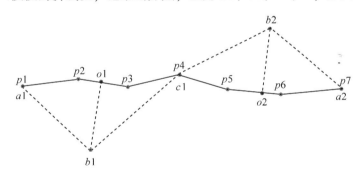

图 3-12　"Z"字形转化图

由于河段计算单元是"Z"字形折线段的一个周期，所以只需研究一个周期内"Z"字形河段的计算方法即可，其他河段可以采用相同的方法计算出，从而可以将整条基础河道完成"Z"字形转换。进行"Z"字形弯曲的关键是其线段折点的确定，如图 3-12 的 $b1$、$b2$ 所示，然后将河段计算单元的端点 $a1$、$a2$、$a1a2$ 的中点 $c1$ 以及折点 $b1$、$b2$ 相连接，便可以得到所需要的"Z"字形河道。

折点 $b1$、$b2$ 的计算方法是：首先根据计算单元的长度分别确定其 1/4、1/2 和 3/4 等分点，分别记为 $o1$、$c1$ 和 $o2$，然后求出 $o1$ 和 $o2$ 处基础河道的法向，且使两处法向的方向相反，如图 3-12 中的 $o1b1$、$o2b2$ 所示，然后根据法线长度，进一步确定折点 $b1$、$b2$ 的位置。

对 B 型河流区段进行平滑化处理　根据河道的坡降将不同类型的河段进行分类，分为 A 型或 B 型。A 型河道多用于上游，河道窄，流量小，流速大，侵蚀严重；B 型河道多用于河流的下游，河面宽广，河道弯曲，河水流速小，流量大。根据 Rosgen 分类方法，B 型河道的蜿蜒度相对较大，而且弯曲度相对平滑，所以相对于 A 型河段，B 型河段需要进一步的平滑化处理。首先对其进行"Z"字形转化，具体算法同上。然后进行平滑化处理，具体的效果如图 3-13 所示，想要的效果就是将得到的"Z"字形曲线（如图 3-13 中虚线所示）进行平滑化处理，得到平滑化的曲线，如图 3-13 中的曲线所示。这里采用了"二次 B 样条曲线"对河道进行平滑化处理。

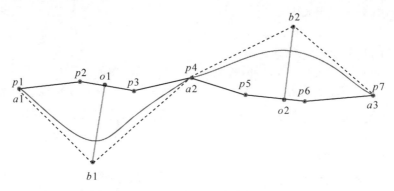

图 3-13　B 型河流平滑化图

最终的近自然弯曲河道，如图 3-14 所示，其中区域边界内和区域边界颜色相同的折线段是基础河道，在基础河道位置上的曲线是对之计算后的弯曲河道，其中"Z"字形的河道为 A 型河道，平滑化之后的弯曲河道是 B 型河道，"Z"字形折线和平滑弯曲河道的交界处是 A 型和 B 型河道的交界处，浅色线条是山脊线。从图中可以看出，算法已将用户绘制的折线状的基础河道改造为了蜿蜒形态的近自然基础河流。图中的干流和支流都形成了两种类型的河道，上游地区地形陡峭，为 A 型河道；而下游地区地形趋缓，为 B 型河道。这里的计算是根据 A、B 型河道的蜿蜒度和坡降等参数进行的，从原理上满足稳定河道的

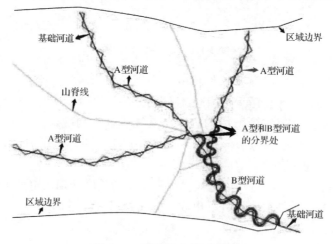

图 3-14　近自然弯曲河道图

要求。

（2）河道纵剖面的计算及交互浏览

河道纵剖面是从河源到河口，河床最低点与水面最高点之间的截面，此处的河道纵剖面是河床的纵剖面。河道纵剖面可以表示河流沿水流方向的几何形态，在基于流域进行地形修复的工作中有很大的作用，对于设计河道也有很大的意义。在投影坐标系中河道的近自然弯曲模块所求得的是二维河道，是在平面正投影地图上计算的，但是真实的河流是顺地形而流的，是三维的，所以需要在三维地形中定位河道进而计算河道纵剖面。所以现在要得到河道纵剖面就要求其关键点的高程，然后放到一个纵剖面坐标系中展示。如图 3-15所示，横坐标代表正投影面中点的里程值，纵坐标代表河流线上每个点的高程值，即 z 的值。近自然河流的纵剖面图一般是自左向右高程值逐渐变小并且曲线是下凹形的，即符合近自然地貌的先凸后凹特征。

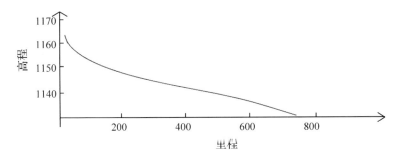

图 3-15　河道纵剖面坐标图

河道纵剖面的计算思想为：取出正投影面上"Z"字形河道的关键点，即折线段的折点，然后将其反投影到三维地形上，求得对应的高程值，将三维地形上的这些关键点进行连接，然后再进一步进行插值，求得河道上关键点处的高程值，在三维地形上定位弯曲的河道，从而实现河道纵剖面的计算。

首先完成了计算过程，计算出了关键点处的高程值，从而生成了河流的纵剖面；在此基础上，为了便于用户进行观察，还设计了一系列功能，以帮助用户进行交互观察。

计算河道关键点的高程值　取得正投影面中的河道上的关键点，计算其相应的高程值，然后根据现有关键点进行插值计算，从而求得更多河道关键点的高程，完成河道在三维地形中的定位，然后按照以里程值为横坐标，高程值为纵坐标的形式在二维纵剖面上进行展示。

交互式浏览功能的开发　此部分的主要工作是将已经求得的正投影面中河道的关键点的高程值，放到一个纵剖面坐标系中展示。本部分的交互式开发主要体现在，用户点击生成河道纵剖面，然后选择相应的河道，便会弹出相应河道的河道纵剖面坐标图，在河道纵剖面坐标图上移动鼠标，即蓝色十字交点，便会定位到正投影面中的近自然河道的相应位置。

（3）三维河道的生成

本部分的主要工作是将已经求得的河道进行三维形态求解，然后在三维地形中进行展示。前面的一些工作中设计出了近自然基础河道，即弯曲的河道，但那些河道仅仅是二维曲线，并没有拥有自然界中河流的真正形态。自然界中的河流是有宽度和深度的，是个有三维体量的东西，故要得到三维的近自然河道，需要基于现有弯曲河道计算此三维河道的立体几何。三维河道的立体几何的计算，需要根据河道各个河段的横截面和纵剖面来确定，河道的纵剖面在前面的工作中已经确定，接下来就是求得河道各个河段的横截面。Rosgen 分类中的 A 型和 B 型河道的坡降和宽深比都有相应的数值范围，根据 A、B 型河道的宽深比和用户给定的河道的宽度，便可以确定对应河道的深度，从而确定关键点的河道的横截面，然后根据河道上几个关键点处的横截面来计算整条河道的三维形状。河流横截面有不同的表现形式，本文主要采用的河道类型是 A 型和 B 型，其河流横截面形态采用的是平滑倒三角形状的河流横截面形态。如图 3-16 所示，其中 MN 是河流的宽度，OP 是河流的深度。

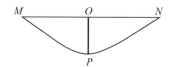

图 3-16　河流横截面形态

对于三维河道在三维地形中的构建可以在三维网格数据上来进行计算，但这样会涉及复杂的顶点和三角形拓扑连接问题的计算，处理起来相对复杂；为此选择了基于光栅高程数据来进行三维河道的构建，然后再将光栅高程图转化成三维网格数据。光栅高程数据可以表示为灰度图，而对三维河道的构建其实就是对此灰度图的计算处理，相当于对灰度图的一种"雕刻"。

在光栅高度图上，某关键点的横截面形状相当于一条线段。如图 3-17 所示，曲线和折线段就是前面所得到的近自然弯曲基础河道，其上垂直的线段便是此处河流的横截面。此处的关键点选取为河流折线段的中心点和其所在横断面的端点，分别记为 O_i、M_i 和 N_i（图 3-17）。然后使用双线性插值，在现有关键点的基础上进一步扩展关键点，如图 3-17 中的虚线线段行的点所示。在正投影面中连接河道横截面线段端点，形成一个个四边形区域 $N_i M_i M_{(i+1)} N_{(i+1)}$。

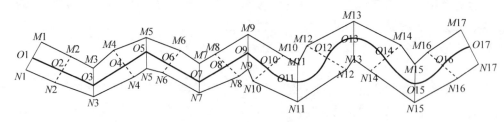

图 3-17　三维河道计算示例图

具体的算法步骤如下：

确定关键点的正投影面坐标和高程值　首先从河道纵剖面计算步骤中取得河道上的坐标和高程数据，即 O_i 的 (x, y, z) 信息；根据用户给定的河道宽度，确定 N_i 和 M_i 的投影坐标，如果 N_i 和 M_i 对应的点在原始的 txt 数据中存在，便取得对应的高程值，如果不存在，便在原始数据中取其相邻的点的坐标和高程值，然后进行插值运算，求出其高程值，即图中四边形中关键点的三维坐标。

河底三维坐标的确定 即图 3-16 中 P 点的三维坐标的求取。因为此处的地形是被破坏的地形，所以原始数据中关键点(M、N、O)的高程数据可能不能满足要求，如图 3-18 中(a)、(b)、(c)的河道横截面所示，M、N 是河道横截面的两岸，O 是河道横截面区域中心线的顶点，从图中可以看出：(a)和(b)所示的横断面中河道中心位置要比两岸高，(b)和(c)所示的横断面中的河道两岸不等高，所以根据原始的高程数据所求的 M、N、O 三点直接进行河底三维坐标的确定是有问题的，因此需要进行一些处理。

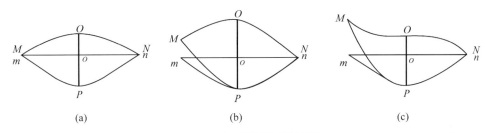

(a)   (b)   (c)

图 3-18 河道横截面特征图

因为河流的水面是水平的，水面对应的两岸也是水平的，所以为了便于计算，首先确定 M、N、O 关键点对应的河道横截面的计算点，即 m、n、o 点，如图 3-18 所示。因为 m、n、o 点和 M、N、O 点在正投影面上对应着同一个点，所以根据 M、N、O 点便可以得到正投影面坐标；然后取 M、N 点高程值中的最小值作为确定河岸和其中心点的高程数值，即：$Y_m = Y_o = Y_n = \min(Y_M, Y_N)$。

此时河底 P 点的高程便可以通过 o 点的高程值和深度 op 的差值来进行确定，深度 op = 宽度/宽深比，而此处河段的宽度和宽深比数据用户已经给出，所以 P 处的高程值便可以求得，即为 $Y_P = Y_o - op$。

确定最终的三维河道形态 以上工作确定了关键点处的横截面，但是还需要针对整条河流确定其三维信息，所以接下来需要针对整条河道上的各个点进行高程值的确定，即四边形曲面 $m_i m_{(i+1)} P_i P_{(i+1)}$ 和 $n_i n_{(i+1)} P_i P_{(i+1)}$ 上各个点高程值的确定。此处处理的步骤为：首先根据 m、P、n 三点确定一个曲线 mPn，然后根据这条曲线进行插值。最后根据高程数据进行灰度值填充，也进一步确定了各个点的像素，从而形成了所求河道的灰度图。

3.1.4.2 三维地形的可视化编辑工具开发

在矿区近自然地形设计中，往往需要设计人员不断调整设计方案，修改地形形态。在此过程中，需要有一种能够快捷、直观的地形数据编辑工具。目前已有的许多地形建模方法，这些方法主要关注地形中的某一类特征或某一种地形现象，它们在处理特定地形建模上非常有效，但尚缺乏对地形特征及编辑需求更为全面的考察和规划，尚无法为用户提供一套通用的、能满足更普遍需求的地形建模工具。

对数字地形的表达方式及其最普遍的编辑需求进行了深入分析，提出了一种针对不同地形特征的三层次(点、线、面)地形编辑模式，各个层次将具有不同的操作对象和操作功能。三个层次分别对应的编辑工具为：点工具、曲线工具和笔刷工具，三种工具相结合共同组成一个较为全面的地形编辑工具集，以满足最普遍通用的地形建模需求。

点层次主要考虑以点为中心的区域进行编辑，代表地形元素如山丘、湖泊等；线层次主要关注河流、山脉等具有曲线特征的地形编辑，代表地形元素如河流、山脉等，对河道坡度、深度、横断面等还有特定需求的编辑，可结合点工具实现对曲线元素的准确控制；面层次主要考虑连续块状区域的地形特征的控制，采用笔刷连续绘制实现块状区域的形态控制，笔刷也是最常用的一种面层次的编辑方式。三种方式相结合可以满足多层次、多目标的地形编辑需求。三个层次的编辑工具如图 3-19 所示，下面将分别进行介绍。

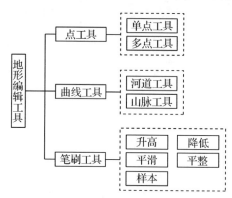

图 3-19　地形编辑工具结构图

(1)点工具

许多地形特征可以看成一种相对独立的局部元素，如局部凸起，小凹地；甚至一片山地也可以认为是多个离散的凸起点连接起来形成的。这些地表形态完全可以通过一种"点"层次的操作来完成。当用户需要在以点为中心的一定区域内对地形高度、位置、方向、大小、坡度进行准确的控制，但通用的地形建模工具缺乏这种功能，因此设计实现了单点工具；而对于连绵不断的山丘可以看作多个离散的山丘拼合而成，但山丘相互之间又有一定的影响关系，这种针对大范围地形且山体之间具有相互影响关系的地形生成可以使用多点方式快速生成地形，故设计实现了多点工具。为了方便用户交互式操作，本研究引入了具有平移、旋转、缩放功能的 ImGuizmo 坐标轴工具。

地形高度编辑　如图 3-20(见链接)所示，在地形中选定一控制点，设定该点控制区域的半径，然后拖动平移坐标轴的 y 轴即可实现高度值的修改。拖动过程中用户可以看见高度值的变化。

地形平移操作　用户可以通过操作平移坐标轴而将一块地形区域(所在位置称为源位置)移动到其他位置(称为目标位置)。首先选定控制点 P 设置控制区域半径大小 R，由此选定一片圆形区域 B 作为移动的对象，然后拖动 P 点上的平移坐标轴工具就可将整个选定区域移动到目标位置(图 3-21，见链接)。这其中要解决的关键问题是：在源位置填充的平面区域以及在目标位置填充的选定区域地形，都有可能与所填充区域周边的地形高度不匹配，从而出现明显的断层现象。为解决此问题，本方法使用均值坐标法及其改进方法对地形进行了无缝融合。

地形旋转及缩放操作　旋转及缩放后都要将当前地形重新融合到原地形中。如图 3-22（见链接）中为地形缩放操作。

地形坡度编辑　修改地形坡度功能即实现山体变"胖"、变"瘦"的功能，这种对地形坡度的修改，传统的笔刷工具难以完成。而我们则通过调整 ImGuizmo 坐标轴工具的操纵杆很直观地实现了坡度的编辑（图 3-23，见链接）。

多点编辑工具　由于使用笔刷工具绘制大范围地形将是一系列繁琐的操作，通常大范围的山丘地形多成山峦起伏之状，而且山体与山体之间相互影响，连绵不断。为了直接生成连绵不断的山丘地形，提出了快速生成大范围山丘地形的多点工具。在多点工具中，使用一个点代表一个山丘，把大范围的山丘看作是由多个离散点拼合而成的地形。然后可以通过控制这些离散点实现对大范围山丘地形的生成与控制（图 3-24，见链接）。

（2）曲线工具

地形中最常见的曲线特征元素就是河流和山脉，这种曲线特征的地形元素，可以使用普通笔刷的方式完成绘制。但这类具有曲线特征的地形元素，更适合曲线层次的编辑。而且河道或山脉还需要考虑到对其坡度和横断面特征的控制，基于对河道和山脉等具有曲线特征的编辑需求，我们设计了相应的曲线编辑工具，包括河道工具和山脉工具。

本书设计的曲线工具可以从两个维度灵活控制河道或山脉的生成：

曲线路径的编辑　控制河道、山脉走向的曲线路径使用 Catmull-Rom 曲线实现。用户首先在地形上拾取控制点，根据连续拾取的控制点生成曲线，同时在每个控制点的位置上绘制一个小球，便于用户使用小球拖拽控制曲线的位置及样式。

横断面的编辑　用户拾取控制点的时候，通过图形用户界面给每个控制点提供不同的 height、width、slope 等相关的参数，并存储在控制点中，后续将参数值通过线性插值的方式分散在曲线上的每一个点中，通过参数可以灵活调整横截面的形状。另外实现了在地形中通过鼠标拾取控制点拟合生成任意样式的横断面曲线。

图 3-25 为三种河道的横截面积；图 3-26（见链接）为编辑工具生成的三种河道效果。山脉效果的编辑与河道编辑是类似的。

（a）V 型河道　　（b）U 型河道　　（c）槽型河道

图 3-25　三种河道的横截面形状

（3）笔刷工具

笔刷工具是游戏引擎、虚拟现实引擎中构建三维地形场景的主要工具。例如游戏引擎 Unity、Unreal 等都有专门的地形建模模块，都提供了笔刷工具对地形进行雕刻、平滑等一些基本的操作，构造出简单的地形场景。所设计的笔刷工具借鉴了这些笔刷工具的功能，但这些笔刷工具在绘制地形时存在一些不足。比如笔刷移动速度会影响地形构建、未考虑笔刷图案方向等问题。

解决了笔刷速度和方向问题的基础之上，从面层次编辑的角度设计实现了升高、降低、平整、平滑四种类型的传统笔刷和新设计的样本笔刷。由于传统笔刷除了笔刷路径采用本书的方式之外其他采用传统方式实现，在此只对样本笔刷的实现过程作详细的说明。

所设计的笔刷工具可以通过采集任意样式的地形样本实现灵活多样的地形绘制，并能对地形样本进行缩放绘制。样本笔刷的实现主要包含以下四个步骤：①笔刷采样，可以选定当前地形上的任一块儿区域作为样本，将之作为一种笔刷而应用到其他区域；②笔刷路径及方向确定；③样本旋转；④样本融合。

3.2　用于局部边坡建设的瓦楞形坡面设计与分析

大尺度区域的近自然地形设计，在其设计中需要考虑其所在区域的整个流域系统，并需要在治理区内仔细规划堆土方案，重构稳定的流域。当将尺度放小，会发现在采煤迹地中重要的施工元素，或者说需要治理的重要对象是排土场/排矸场的边坡。边坡是矿山安全及矿区生态修复中最重要的治理对象。不稳定的边坡，在岩、土体重力，水压力以及其他外力作用下，常发生滑动或崩塌破坏，从而给人民生命财产及矿区生产带来巨大损害。

传统的排土场/排矸场大多采用台阶状人工堆垫地形的方式，辅以人工构建的直渠进行排水。这种地形的边坡以直坡为主，其不仅仅纵剖面是直坡的形式，而且坡顶轮廓线也以直线为主(图3-27左)。这样做的目的一方面是为了方便施工，另一方面平直的坡顶边界也有利于今后坡顶区域的利用。从外观上而言，这种平直的形态与自然地形差异很大。一些设计人员则采用了稍有变化的边坡设计，他们改变边坡坡顶轮廓线的直线形态，而加入一些曲线元素，使得坡顶轮廓线有凹凸的缓慢变化，从而产生一种自然、平滑的感觉(图3-27右)。这种设计的目的主要是为了改善视觉效果，或者是为了适应当地的排土场坡脚的形状，其边坡的纵剖面依然是直线。

图3-27　传统直坡(左)及带有曲线的坡顶轮廓线设计(右)

通过对自然地形的观察可以发现，自然界稳定的山体一般具有山脊-山谷-山脊相间的模式，使其在等高线水平方向上呈现一种波动；自然坡面也从来没有直坡，而以凹形坡面为主(图3-28)。参考自然界的典型山体形态，在传统的边坡设计中加入更多的变化元素，使之不仅更接近于自然地貌，而且具有更好的抗侵蚀性和稳定性。我们的方案有两个要点：沿边坡等高线方向进行一定的波动，使原本平直的坡面出现类似屋顶的"褶皱"形态，这种边坡形态被称为瓦楞形边坡。图 3-29 中给出了这种边坡形态与传统边坡的比较。边坡纵剖面采用凹形而非直线，即边坡坡度向坡底处逐渐减少，形成由陡到缓的自然坡面形态。

图 3-28　自然坡面的山脊–山谷相间的模式及其凹形的坡面

下面，首先论述该瓦楞形坡面的优势；然后重点针对瓦楞形坡面的径流特征进行物理分析，说明其在抗侵蚀上的优势。课题组还在乌海海南区试验区进行了瓦楞形坡面的实际塑造和试验。

图 3-29　左：传统直坡，中：等高线水平方向出现一定变化，右：瓦楞形坡面

3.2.1　瓦楞形坡面的优势分析

瓦楞状起伏坡面增加了坡面径流的径流长度。瓦楞形坡面的水文流态与常规直坡表面的水文流态有显著差异。在直坡表面，径流将以片状流模式均匀分布在斜坡上，其径流方向随重力作用为沿坡面向下；而在瓦楞形坡面，径流由于瓦楞坡面的作用，其流动方向偏离坡脚而向坡面沟谷处汇流（图 3-30）。这在客观上增加了其径流流程，同时分解了径流的下切力量，具有增加入渗，减缓侵蚀的作用。

沟谷起到了汇水作用。在瓦楞形坡面，水流向沟谷集中，会增大沟谷部分的径流侵蚀作用，看起来这是一个劣势，但其实不然，可以在沟谷洼地部分采用人工措施（如生态袋、草皮等）进行加固，还可采用铺设天然河岩或鹅卵石的方式进行处理。相对于传统直坡需要全坡面进行人工加固的方式，这种瓦楞形坡面反而可以减少人工措施的面积，而且铺设鹅卵石等的方式使其坡面外观更为自然、和谐。更为重要的是，沟谷可以集中更多的水分，使得在沟谷区域更容易进行植物恢复。这对于干旱少雨的西北地区而言更为重要。

凹形纵剖面的坡面形态已被证明是最为稳定的坡面形态。坡面多变的坡度和坡向为动植物提供了更为丰富的生境，有利于生态多样性的恢复，有利于景观和谐。变化的坡面形态更接近于自然地形，有利于增强矿区与自然区域的和谐统一。

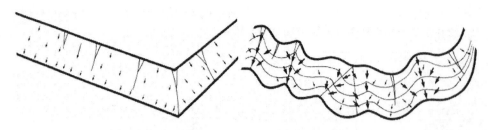

图 3-30　左：传统直坡的径流方向，右：瓦楞形坡面的径流方向（Schor，2007）

凹形坡面的优势在很多文献中已有分析，如 Meyer 等人早在 1969 年就具体分析了凹形坡在抗侵蚀及沉积方面相对于其他坡形的优势，重点通过对瓦楞形坡面的径流特征的计算，说明其在抗侵蚀上的优势。

3.2.2　瓦楞形坡面的径流侵蚀分析

土壤侵蚀是指在重力、冻融、风力、水力等外营力作用下，土壤被剥蚀、破坏、分离、搬运和沉积的过程。根据外营力的不同，土壤侵蚀可被划分为多种不同的侵蚀过程，水力侵蚀便是其中最主要的表现形式之一。而坡面则是流域水力侵蚀发生的基本单元。同时，在采煤迹地的地形重塑中，坡面也是土地整理的基本单元，如果能够弄清楚坡面水力侵蚀的机理和过程，营造最利于水土保持的坡面形态，则将对采煤迹地的地形重塑具有重要意义。

坡面水力侵蚀过程中，随着侵蚀动力的不断转变，使得侵蚀方式不断发展演化，形成了一个相互联系，逐步发展的侵蚀链，即雨滴溅蚀—沟间侵蚀—细沟侵蚀—浅沟侵蚀—切沟侵蚀，不同的侵蚀过程中侵蚀机理往往差别较大。其中，雨滴溅蚀是由于雨滴对土壤颗粒的直接撞击力造成的；沟间侵蚀主要由雨滴打击和径流共同作用造成的；而剩余的三种侵蚀方式是由于坡面径流在不同的发展阶段所具有的不同的流动形式造成的。瓦楞形坡面和传统直坡之不同在于其坡面形态，主要差异在于对坡面径流的影响，故而这里重点关注由于坡面径流所造成的侵蚀影响。而浅沟侵蚀和切沟侵蚀是在坡面侵蚀后期，已形成沟道的情况下产生的侵蚀作用，当坡面尺度较小，尚未发育形成沟道时，浅沟和切沟侵蚀坡面的过程一般不出现。综上所述，本研究主要关注的是沟间侵蚀中的径流作用以及细沟侵蚀过程。

坡面径流侵蚀过程非常复杂，受降雨强度、降雨过程，地形（坡度、坡长等）和下垫面组成等多种因素的共同影响。其中，坡度和坡长作为坡面水力侵蚀过程中最基本也是最重要的形态学参数，可直接影响坡面接受降雨量、土壤入渗、坡面径流和侵蚀的整个发展过程。此外，瓦楞形坡面在直坡表面形成了微地形模式，增加了地表粗糙度，也会影响到径流侵蚀过程。

通过计算瓦楞形坡面与直坡在坡度、坡长和坡面粗糙度间的差异，来探讨两种坡面对坡面径流侵蚀影响的差异。如图 3-31 为两种坡面的几何对比图，为计算方便，这里将瓦楞形坡面简化为几何折线形态。

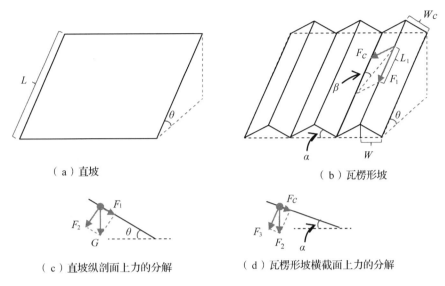

（a）直坡　　　　　　　　　　　　　　（b）瓦楞形坡

（c）直坡纵剖面上力的分解　　　（d）瓦楞形坡横截面上力的分解

图 3-31　瓦楞形坡面几何及其坡面径流受力分析

如图 3-31 所示，设直坡坡度为 θ；瓦楞形坡相当于在直坡基础上增加了三角棱状的突起，其坡面可分为三部分。一部分是坡面谷底线区域，其坡度与直坡相同，为 θ，另外两部分则是三角棱状地形的两翼部分，这两翼部分方向不同，但坡度是一致的。作垂直于坡面的横截面，在此横截面中，将其三角形角度 α 作为两翼部分的坡度。下面从坡面粗糙度、坡长和坡度三个方面来分析瓦楞形坡面与直坡的差异。

3.2.2.1　坡面地表粗糙度

地表粗糙度是指局部区域内地表的三维表面积与其在水平方向上的投影面积之比。瓦楞形坡面增加了地形表明的凹凸变化，显然会增大地表的三维表面积，从而增大地表粗糙度。下面对瓦楞形坡面与直坡的坡面积进行一个定量计算。

如图 3-31 所示，以一个三角棱为单位进行计算，设坡面长度为 L，三角棱底边长的一半为 W，则其坡面积 A 为：

$$A = L \times W$$

三角棱的侧边长 Wc 可计算为：

$$Wc = \frac{W}{\cos\alpha}$$

则三角棱两翼的面积 Ac 为：

$$Ac = \frac{L \times W}{\cos\alpha} = \frac{A}{\cos\alpha}$$

此计算可推广至整个坡面，可见瓦楞形坡面的表面积与直坡表面积之比为 $1/\cos\alpha$。假设 α 取 25°，则瓦楞形坡面约为直坡表面积的 1.104 倍，其坡面粗糙度也会增大同样的倍数。

相关研究结果表明：粗糙坡面与平整坡面产流方式一致，与平整坡面不同的是，粗糙坡面上微坡面产生的薄层径流汇集在低洼处，从而延迟了坡面初始产流时间。分析认为，粗糙坡面形成了凹凸多变的地形，其洼处在降雨过程中的稳定土壤含水量较平整处更高，低洼处具有蓄积、促进降水入渗的能力；实验表明，降雨过程中粗糙坡面土壤水分活动层为 0~15cm，而平整坡面为 0~10cm，进一步说明更大的坡面粗糙度有利于促进坡面降水的入渗深度。

3.2.2.2　坡长

这里所说的坡长，其实是指水流在坡面的径流路径长度。在直坡表面，理想情况下的径流长度就是坡长，而在瓦楞形坡面，由于瓦楞地形起伏作用，使得径流长度被增大了。

当雨滴滴落在坡面上时，由于重力作用，会沿坡面梯度方向有一个牵引作用，使之向下流淌。但在瓦楞形坡面上，由于三角棱坡面的作用，使水滴不仅向主坡方向有牵引力，还沿三角棱坡面有牵引力，两者结合会产生一个向山谷处偏移的合力，从而使得水滴向山谷汇聚，由此增大了其径流长度。

如图 3-31c 所示，重力 G 在坡面上被分解为两个力，其中 F_1 就是沿主坡面的牵引力，可计算为：

$$F_1 = G \times \sin\theta$$

而沿三角棱坡面的牵引力 F_2 为：

$$F_2 = G \times \cos\theta$$

F_2 在三角棱两翼上又被分解，如图 3-31d 为三角棱一侧的横截面示意图，F_2 被分解为 Fc 和 F_3，其中 Fc 为沿三角棱坡面的牵引力，可计算为：

$$Fc = F_2 \times \sin\alpha = G \times \cos\theta \times \sin\alpha$$

如图 3-31b 中所示，Fc 和 F_1 共同决定了瓦楞形坡面上的径流方向，设其径流偏离角度为 β，则：

$$\tan\beta = \frac{Fc}{F_1}$$

则图 3-31b 中沿坡面的局部长度 L_1 为：

$$L_1 = \frac{Wc}{\tan\beta} = \frac{Wc \times F_1}{Fc} = \frac{Wc \times \sin\theta}{\cos\theta \times \sin\alpha}$$

则根据直角三角形边之间的长度关系，可以计算出瓦楞形坡面上偏移的径流长度 Lc 为：

$$Lc = \sqrt{L_1^2 + Wc^2} = Wc \times \sqrt{1 + \frac{\tan^2\theta}{\sin^2\alpha}}$$

瓦楞形坡面将径流中的一部分（沿主坡面长度为 L_1）增加为 Lc，从而增加了整个坡面的径流长度。设直坡角度 θ 为 35°，瓦楞坡面角度 α 为 25°，则可计算出 Lc 约是 L_1 的 1.2倍，可见瓦楞形坡面的径流长度相较直坡而言更大。

坡长则主要通过影响坡面集雨量、土壤入渗、坡面径流、泥沙侵蚀输移和坡面细沟分布来影响坡面水力侵蚀过程。在坡度和降雨强度保持不变的情况下，坡面接受总雨量随着坡长的增加而增加，但单位面积坡面接受降雨量相同。而坡长对土壤入渗的影响相对较为复杂，前人研究表明土壤入渗的水量并不完全来自当地降雨，随着坡长的增加，坡上段产生的径流可在坡下段再次入渗，从而导致单位面积内土壤入渗量增加，坡面径流量减少（Chen，2016）。另一方面，研究表明，单位面积坡面累计径流深与坡长呈负相关，即随着坡长的增加，单位面积坡面累计径流深会逐渐减小（姚云峰，1991）。综合来看，瓦楞形坡面使得径流长度有所增加，有利于增加土壤入渗，同时可减小坡面的累积径流深，从而减少土壤侵蚀。

3.2.2.3　坡度

由于坡面形态的变化，也引起了径流坡度的变化。瓦楞形坡面的坡度比可以通过计算坡高与坡面水平投影长度的比值来得到。直坡的坡比 S 可表达为：

$$S = \tan\theta = \frac{L_1 \times \sin\theta}{L_1 \times \cos\theta}$$

瓦楞形坡面的坡比 Sc 可计算为：

$$Sc = \frac{L_1 \times \sin\theta + Wc \times \sin\alpha}{\sqrt{W^2 + (L_1 \times \cos\theta)^2}}$$

$$\frac{Sc}{S} = \frac{\dfrac{\sin\theta}{\sin\alpha \times \cos\alpha} + \dfrac{\tan\alpha}{\tan\theta}}{\sqrt{1 + \left(\dfrac{\sin\theta}{\sin\alpha \times \cos\alpha}\right)^2}}$$

从中发现从该公式并不能确定 Sc 相对于 S 的大小。事实上，当 θ 取 35°，α 取 25°时，计算可得 $Sc/S = 1.2$。也就是说此时瓦楞形坡面的坡度反而更大。

坡度对于坡面径流侵蚀的影响作用已经有大量研究。人们发现，坡度的增加对与坡面径流侵蚀既有促进作用亦有抑制作用，形成了比较复杂的变化关系。就坡度而言，目前研究表明，当坡度较小时，流速和剪切力随着坡度的增加而增加，当坡度达到一定临界值后，流速和剪切随着坡度的增加而减小，即存在临界坡度。临界坡度与土壤质地及降雨强度等有关系，一般而言在 20°~30°（Liu，2006；倪九派等，2009）。故而，瓦楞形坡面虽然可能会增大局部坡度，但这并不意味着会增加坡面侵蚀。事实上，坡度增大的部分在瓦楞形坡面的两翼部分，其坡度的增大（往往大于临界坡度）反而会有利于径流向沟谷区域集中，减少了对两翼部分的侵蚀。

从上面的计算和分析来看，瓦楞形坡面显著增加了坡面粗糙度，增加了局部径流长度，从而有利于增加土壤入渗、减少径流量和剪切力，减少土壤侵蚀。瓦楞形坡面两翼部分的坡度有所加大，但这并不意味着会增加坡面侵蚀。反之，当坡度大于临界坡度时，反而有利于减少侵蚀。

3.3　示范区地形设计实践

课题在两个示范区展开了地形设计实践，分别是宁夏灵武羊场湾煤矿一区排矸场和内蒙古乌海海南区排土场。这两个示范区的信息和特点见表 3-6。

表 3-6 两个示范区的信息

序号	示范区	地貌类型	土壤类型	采煤方式	经济性质	排土/排矸状况	试验示范目的
1	宁夏灵武羊场湾	河东沙地	半流动沙丘沙土	井工开采	国有	正在排矸	大区域地形设计
2	内蒙古乌海海南区	剥蚀地貌	裸岩	露井联采	地方私企	正在排土	瓦楞状边坡试验

从表 3-6 可见，这两个示范区虽都处于西北干旱荒漠区，但在地貌、地质环境上具有各自特点，而且在采煤方式及排土/排矸状况上不同。课题将前者用于大尺度区域的近自然地形重塑研究，而后者则用于局部边坡造型试验。宁夏灵武示范区是正在排矸，故而其地形设计方案需要将未来的排矸与地形设计相结合，用设计方案来指导下一步的排矸。下面将对这两个示范区的设计示范情况进行分别论述。除上述两个示范区外，课题组还对乌海海勃湾区新星矿联合排土场进行了地形设计，该设计方案并未得到实施，但课题组对该区域的地形指标参数进行了测量，并形成了设计思路。

3.3.1 宁夏羊场湾煤矿一区排矸场

遵循近自然地形设计的方法流程，分别从地形数据的获取、示范区指标参数测量与分析、地形重塑设计及设计评价四个环节对该示范区的试验示范工作进行介绍。

3.3.1.1 地形数据的获取

2018 年 5 月 3~6 日，派出测量小组赴灵武羊场湾煤矿进行地形测量，采用了 GPS RTK 测量设备对排土场及周边约 0.5km² 的面积进行了测量，共测量高程点 1910 个，获得了较为准确的地形数据。测绘得到的地形如图 3-32 所示。其中等高线间距为 0.5m。这些数据为地形重塑设计提供了基本条件。

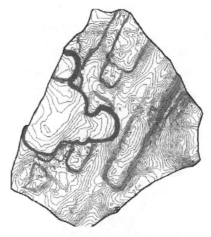

图 3-32 羊场湾煤矿一区排矸场地形图

2020 年 8 月 13~15 日，以及 8 月 31 日至 9 月 2 日，派遣测量小组两次采用无人机对羊场湾所在区域进行了影像数据及地形数据的测量，获得了该地区约 0.8km² 面积的高分辨率地形数据(图 3-33, *见链接*)。该地形为矿区进行排土和重塑后的新地形,为重塑地形的评估提供了基础数据。

3.3.1.2　示范区指标参数测量与分析

(1)数据准备

本研究采用了 2019 年 8 月卫星拍摄得到的 5.02m 分辨率的数字高程数据为基础分析数据,数据格式为 tif,将数据导入 ArcGis 中。整个分析区域约为 100km²,本研究重点选择了羊场湾煤矿一区排矸场东侧、北侧的未扰动的自然地形区域为分析区域。基于此数据,对 14 项参数进行了计算与分析,计算过程遵循了测量流程。

(2)流域分析及参照区域的确定

汇流量阈值分析及河网提取　以 1000~25000 栅格数量为区间,以 2000 为间隔,提取不同汇流量阈值下的河网,并计算其沟道密度,得到了沟道密度与汇流量阈值间的关系曲线如图 3-34 所示。

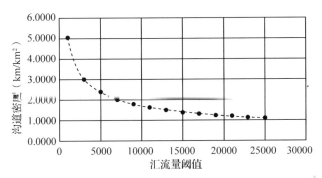

图 3-34　沟道密度与汇流量阈值拟合关系曲线图

如图 3-34 所示,随着汇流量阈值的增大,沟道密度趋于减小;起初减小速度较快,后来变化趋于平缓。对曲线进行拟合得到函数:$y = 134.38x - 0.474$,y 表示沟道密度,x 表示汇流量阈值,其相关性系数 R 趋于 1。这表明沟道密度与汇流量阈值符合幂函数关系。为获得精确的变点位置,采用了均值变点分析法,计算原始样本的统计量 S 与样本分段后的统计量 Si,S 与 Si 之间的最大差值对应的点即为变点。观察 S 与 Si 的差值变化曲线(图 3-35),从中找出值最大的点位即可作为阈值。从曲线中可以看出,当阈值约为 4000 时差值达到最大,因此确定河网提取的最佳汇流量阈值为 4000。

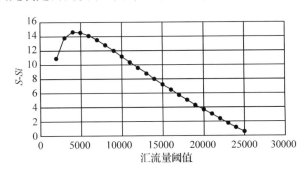

图 3-35　不同汇流量阈值下 S 与 Si 的差值变化曲线

根据阈值4000，得到的河网提取结果如图3-36(见链接)所示。

流域分析及参照流域的确定　图3-37(见链接)给出了待重塑区(红色线框区域)及其周边的沟道状况，采用Strahler分级法(Strahler，1952)对沟道进行了分级，不同级别的沟道标以不同颜色。需要从众多的分级沟道流域中选取与待重塑区类似的、对其地形重塑有参照价值的流域作为参照流域。图中排矸场的西侧存在部分人工区域，因此从排矸场东侧的未扰动的自然流域中选择参照流域进行计算和分析。

根据邻近性原则，重点考虑了邻近于待重塑区并与之相交的两个流域区域。如图3-37(见链接)所示，待重塑区北部属于一条从南向北的流域(图中紫色流域1)；而南部则属于一条从东向西的流域(图中绿色流域2)。待重塑区北部所覆盖的Ⅰ级沟道由南向北汇合成一个Ⅱ级沟道，并与右侧的另一个由东南向西北流的支流汇入流域1的主沟道(即图中的黄色虚线沟道)。而待重塑区南部的Ⅰ级沟道由北向南汇合成一个Ⅱ级沟道，并汇入到流域2的主沟道(即流域2中的蓝绿色虚线沟道)。待重塑区所覆盖的都是Ⅰ级沟道，并与流域1和流域2相联通。由于位置邻近，因此这两个自然流域与待重数区在气候、土壤、植被和岩性等方面都具有很大的相似性，依据相似性原则，选择位于该两个流域的若干Ⅰ级沟道作为参照流域。

图3-37(见链接)为利用ArcGIS的空间分析技术提取的Ⅰ级子流域区域。从中初步选定了26个Ⅰ级沟道流域作为参照流域(注意，子流域1、3和4与待重塑区域相交，因此未列入目标分析流域)。这26个子流域中，有些子流域可能与其他流域形态特征差别很大，会对数据统计造成干扰；通过箱型图方法对子流域的6项特征参数进行统计分析，发现"异常"流域并进行剔除。

表3-8　初步选定的26个Ⅰ级子流域地貌形态特征

Ⅰ级子流域编号	子流域面积(km^2)	主沟道长度(km)	沟道密度(km/km^2)	流域圆度	平均流域高程差(m)	平均坡度
2	1.08	1.43	1.32	0.27	39.21	2.03°
5	0.30	1.03	3.39	0.25	37.89	2.59°
6	0.13	0.18	1.32	0.36	43.64	7.96°
7	0.48	1.26	2.64	0.15	48.77	2.70°
8	0.17	0.09	0.52	0.37	37.72	26.03°
9	0.53	0.29	0.54	0.25	45.90	11.47°
10	0.37	0.41	1.13	0.18	38.90	6.32°
11	0.17	0.48	2.82	0.20	41.67	5.69°
12	0.19	0.32	1.69	0.28	30.14	7.63°
13	0.38	0.66	1.72	0.32	33.82	3.70°
14	0.14	0.45	3.24	0.19	21.01	3.40°
15	0.19	0.32	1.68	0.30	25.90	5.44°
16	0.26	0.64	2.46	0.25	31.66	3.36°
17	0.19	0.44	2.25	0.29	31.94	5.14°

（续）

I 级子流域编号	子流域面积（km²）	主沟道长度（km）	沟道密度（km/km²）	流域圆度	平均流域高程差（m）	平均坡度
18	0.14	0.19	1.36	0.33	32.72	13.66°
19	0.14	0.31	2.24	0.26	25.96	6.03°
20	0.19	0.56	2.93	0.28	27.31	3.70°
21	0.15	0.35	2.27	0.29	29.59	6.24°
22	0.43	0.57	1.33	0.27	32.39	3.86°
23	0.43	0.74	1.73	0.24	33.88	3.16°
24	0.22	0.33	1.51	0.27	28.72	5.86°
25	0.29	0.67	2.36	0.30	29.73	3.17°
26	0.32	0.73	2.27	0.26	50.72	5.22°
27	0.28	0.58	2.05	0.32	27.71	3.53°
28	0.18	0.59	3.29	0.20	34.50	4.15°
29	0.22	0.56	2.47	0.28	38.90	5.48°

　　26 个子流域的 6 项参数计算结果见表 3-8。从图 3-37（见链接）可以看出，子流域面积、主沟道长度以及平均坡度等中都出现了异常值。这些异常值的存在会使对应参数过于离散，影响数据的分析和评估；同时也表明异常值所在的子流域相对于其他子流域有明显差异，应予以剔除。为此，将出现异常值的 2、7、8、9 和 18 号子流域进行了剔除，最终筛选出了 21 个子流域作为参照流域。剔除异常值后，相应参数的标准差减少，分布更加集中于均值，使数据统计更有参考价值。在此基础上，将这 21 个子流域区域所属的两条主流域（流域 1 和流域 2）所辖区域作为参照区域进行后续局部地形特征的计算和分析。

　　（3）流域地貌形态特征及分析

　　表 3-9 中给出了 21 个参照流域的特征参数的平均值；并列出了待重塑区的 3 个 I 级子流域（子流域 1、3、4）的特征参数及其平均值。比较可以发现如下情况：

　　相比于待重塑区，参照流域的沟道密度明显大。观察和分析认为：待重塑区约 1/3 的区域（集中在待重塑区的中部）已经被矸石山所覆盖，这对待重塑区地形产生了明显扰动，使其向北和向南的沟道被压缩；另一方面，待重塑区的沟道本身较为平直，蜿蜒度小。正是这两个原因导致待重塑区沟道密度明显较小。

　　相比于待重塑区，参照流域圆度偏小；从图 3-37（见链接）中也可以看出，参照流域的形状更趋于狭长形。

　　相比于待重塑区，参照流域的平均流域高程差更大，但平均坡度小于待重塑区的均值。分析认为，这与参照流域普遍更为狭长有关：狭长的形状使其流域高程差更大，但由于沟道也相应较长，使其平均坡度并没有增大，反而小于待重塑区的均值。

表 3-9　待重塑区流域与参照流域的比较

子流域编号/平均值	子流域面积（km²）	主沟道长度（km）	沟道密度（km/km²）	流域圆度	平均流域高程差（m）	平均坡度
1	0.57	0.70	1.22	0.39	25.24	4.41
3	0.15	0.29	1.88	0.30	18.96	5.33
4	0.17	0.19	1.09	0.33	12.95	6.09
1，3，4 子流域的平均值	0.30	0.39	1.40	0.34	19.05	5.28
21 个参照子流域的平均值	0.25	0.54	2.29	0.27	32.33	4.61

（4）沟道形态特征及分析

对参照流域内的 23 条 I 级沟道（6、24 号子流域内分别有两条 I 级沟道）的蜿蜒度、沟道比降及入水口到山脊线的最小距离（d_{min}）进行了测量，参数见表 3-10。

根据 Rosgen 的河流分类标准（Rosgen，1996），当蜿蜒度 $S=1$ 时，为顺直河段；$S<1.2$ 时为低度蜿蜒，S 为 1.2~1.4 为中度蜿蜒，$S>1.4$ 为高度蜿蜒。从表 3-10 中得出目标流域内的沟道的蜿蜒度范围为 1.0303~1.3158，其中 57% 的沟道蜿蜒度小于 1.2；35% 的沟道蜿蜒度在 1.2~1.3 之间，说明参照流域大部分沟道属于中低度蜿蜒沟道。观察沟道比降数据发现：参照流域的沟道比降在 0.001~0.0451 之间，其中 52% 的沟道比降小于 0.02；30% 的沟道比降在 0.02~0.03 之间；除了 11 号沟道外，沟道比降都小于 0.04。

表 3-10　I 级沟道形态参数

沟道编号	蜿蜒度	沟道比降	d_{min}（m）	沟道编号	蜿蜒度	沟道比降	d_{min}（m）
5	1.214	0.0285	22.95	20	1.2478	0.0148	28.94
6-1	1.0746	0.0001	23.61	21	1.242	0.0212	22.37
6-2	1.0365	0.0019	23.36	22	1.1795	0.0185	32.93
10	1.1319	0.03694	34.6	23	1.194	0.0173	20.3
11	1.1291	0.0451	30.27	24-1	1.1767	0.0144	32.45
12	1.2918	0.0259	14.83	24-2	1.1571	0.0061	10.42
13	1.174	0.0254	28.62	25	1.235	0.0282	24.1
14	1.0516	0.0031	19.13	26	1.305	0.0149	24.4
15	1.0303	0.0024	19.34	27	1.2838	0.0269	13.03
16	1.1108	0.0128	18.68	28	1.2391	0.032	10.75
17	1.1699	0.0201	35.18	29	1.3158	0.0336	10.72
19	1.2436	0.0184	20.51	平均值	1.18	0.0195	22.67

进一步对所选取沟道的剖面图进行了观察，其中横轴、纵轴分别表示沟道长度和高程值。Dunne 等（1978）认为：自然沟道的纵向剖面一般具有凹形的形状特征，即在入水口区域坡度更陡峭，而在出水口区坡度会更低。23 条沟道都没有明显的凹形特征。分析认为：这是由于该区域地势较平缓，上下游的高度差较小，因此大部分沟道的坡度较小，没有形成明显的凹形纵剖面特征（图 3-38，见链接）。

采用 SPSS 软件对这三项参数的数据进行 $S-W$ 检验，发现蜿蜒度的显著性 $P=0.395$；沟道比降的显著性 $P=0.72$；入水口到山脊线最小距离的显著性 $P=0.316$；三项参数的显著性都大于 0.05，表明其数据分部比较集中，都服从正态分布。此外，对三项参数进行了箱线图分析，表明其数据分布都比较集中，没有异常值。因此，在进行近自然地形设计时，可以将此三项参数的均值作为设计的参考目标值。

（5）局部地形特征及分析

对所确定的参照区域进行局部地形特征的计算和分析。

坡度 利用 ArcGIS 的空间分析工具对参照区域进行坡度分析，根据我国水力侵蚀强度分级指标中面蚀分级标准（SL 2007），将坡度分为 6 个等级：<5°、5°~8°、8°~15°、15°~25°、25°~35°、>35°，生成面蚀分级标准下的坡度分级占比图。其中<5°的区域为不易发生面蚀的平地或微坡地。

从图 3-39（a）（见链接）及其中列出的百分比数据可知，该自然地形中大部分区域为小于 5°的不易发生面蚀的平地和微坡面，面积占 72.74%；而大于 15°的陡坡区域仅占 1.42%。

坡向 利用 ArcGIS 的空间分析工具对参照区域进行坡向分析，生成坡向分级占比图（图 3-39b，见链接）。

根据图 3-39（b）中的占比数据统计可知，自然地形的主要坡向为北、东、西、东北、西北，共占区域面积的 70.41%；其中北向坡占比 15.60%。若按照阴坡、阳坡、半阴坡、半阳坡对地形坡向进行重分类得到：阴坡占比 30.18%、阳坡占比 19.34%、半阴坡 24.45%、半阳坡 26.04%；阴坡面积明显大于阳坡。

研究区的主力风向为西北风，而参照区域中偏北、偏西坡向所占比重较大。从图 3-39（b）中也可以看出许多子沟道的分水岭呈东北—西南走向，因而形成了许多垂直于西北风向的坡地。这种垂直于主力风向的山脊地形也许对防风固沙有一定作用（Wang Xi, 2005），这对于地形重塑有一定参考意义。

局部地形起伏度 局部地形起伏度指局部窗口内地形高程最大值与最小值之差，可采用 ArcGIS 中的空间分析模块中的邻域分析工具进行测量。首先需要确定自然地形区域内地形起伏度的最佳分析窗口。依次计算网格 2×2、3×3、4×4、5×5、6×6、7×7、8×8、9×9、10×10 下的平均地形起伏度，得到平均地形起伏度与网格面积间的关系曲线如图 3-40 所示。

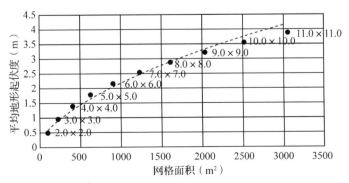

图 3-40 网格面积与平均地形起伏度拟合关系曲线图

对曲线进行拟合发现两者成幂函数关系，相关性系数趋于 1。采用均值变点法来进行统计，得到不同网格大小下 S 与 Si 的差值变化曲线如图 3-41 所示。

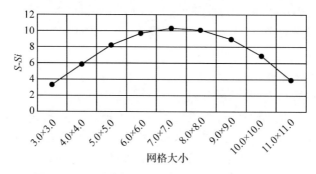

图 3-41　不同网格大小下 S 与 Si 的差值变化曲线

由差值变化曲线计算得出：当网格面积为 1234.82m²（网格 7×7）时，差值达到最大。因此确定 7×7 网格为最佳分析窗口，在该窗口下计算得到平均地形起伏度为 2.53m。7×7 网格窗口下的地形起伏度分级占比图见图 3-39（c）（见链接）所示。

地形起伏度统计表明，参照地区平均地形起伏度为 2.53m。根据图 3-39（c）中的数据可知，占比最大的为 1~2m 间起伏度的区域（占比 35.01%）；小于 3m 的地形区域占比达到 72.1%；而大于 5m 的区域仅占 7%。整体地形起伏度较小，地势平坦。

局部地表粗糙度　局部地表粗糙度指局部区域内地表的三维表面积与其在水平方向上的投影面积之比。该值可以反映地形在水平方向上的复杂度，是衡量地表侵蚀程度的重要量化指标之一。在 ArcGIS 中可通过计算 DEM 数据中每一个栅格单元的表面积与其投影面积的比值来提取地表粗糙度。利用栅格计算器将地面粗糙度因子提取出来，按照标准差分类方法对粗糙度进行分级，使用 1/2 倍的标准差创建分类间隔，可得到分级地表粗糙度。

从图 3-39（d）（见链接）中可见，自然地形 96.63% 区域的地表粗糙度在 1~1.019 之间，粗糙度较低，表明侵蚀程度较小。

参数测量总结与分析　对研究区自然地形特征的分析表明，该地区整体地形较为平缓，坡度<5° 的平地和微坡面占比达到 72.74%；在 7×7 最佳分析窗口（1234.82m²）下计算得到平均地形起伏度为 2.53m，72.1% 地区的地形起伏度在 0~3m 之间；96.63% 区域的地形粗糙度在 1~1.019 之间，表明地表侵蚀程度较小；目标流域内 91% 的沟道比降小于 0.03，以低度蜿蜒沟道和中度蜿蜒沟道为主。根据统计，21 个参照子流域的流域地貌特征参数值及沟道特征参数值的分布都比较集中，显著性皆大于 0.05，表明这些参数值有代表性，可作为地形重塑的参考目标。

3.3.1.3　地形重塑设计

（1）地形设计方案一

该排矸场目前已形成一个约 10m 的平台，预计未来两年还将陆续排矸 53.3 万 m³。首先对羊场湾煤矿所在区域的地形参数和水文状况进行了分析，明确了其主体径流趋势，由此确定了其未来适合堆土的区域（大致为一块梨形区域）。接着，在该区域内设计了排矸地形，并在地形之上设计了蜿蜒状径流。所设计地形的排矸量可以达到 60 万 m³，可以满足排矸需求。主要设计结果如图 3-42、图 3-43 所示。

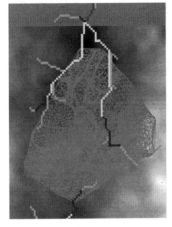

图 3-42　左图：羊场湾排土场区域的水文分析；右图：基于左图的河道所设计的梨形堆土地形

图 3-43 左图中黄色网格状区域为测量得到的排土场及其周边区域的三维网格；周边的灰色区域为地形图。

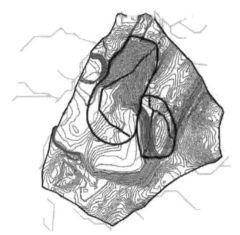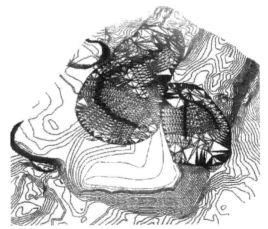

左图：两个子流域的河道设计　　　　　　右图：所生成的三维地形网格

图 3-43　径流及地形设计

(2) 地形设计方案二

方案一仔细考虑了径流走势，采取了主要向北排土的测量。后与矿方就设计方案进行沟通讨论中得知：北部区域有矿区的若干设施和厂房，矿方希望保留；东部、南部的广大自然区域是无人区域，也属于其用地合同的范围。仔细研究地势和水文后，发现：①如图 3-44 左图所示，重塑区所属区域为北向主径流的支流的末端区域，同时也是一条西向主径流的支流的末端区域；该重塑区虽然有两条沟道穿过，但都属于支流末端，因此对当地流域排水的影响很小。因此向东排土并不会造成流域排水的问题。②重塑区当前排土区域的东南侧为一长条形的凹，跨过凹地后再往东则地势逐渐升高，故而若向东南侧凹陷区域排土从施工上而言更为方便。

在上述考虑之上，制定了如图 3-44 右图所示的大致排土区域，采用向东南凹陷区排土的测量。按照图 3-44 右图中的方案，排土场将继续向东、向南延伸，排土场边坡在 20°~30° 间，其中偏北侧的坡度最小为 20° 左右，整体排矸量可达到 60 万 m³。

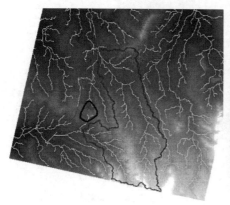 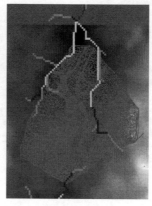 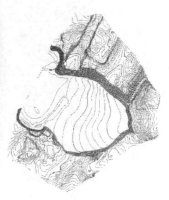

图 3-44　左：水文分析；中：原地形排土场情况；右：设计的堆土方案

在确定了排土大趋势的情况下，依据流域"沟道特征师法自然"和"地形特征施法自然"的原则进行了排水沟道和地形的设计，形成如图 3-45 的设计方案。

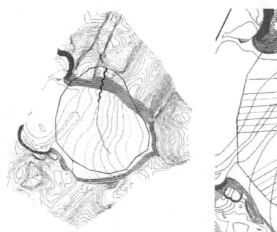 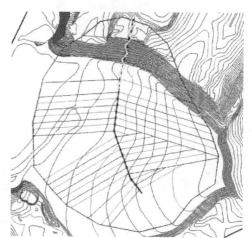

图 3-45　排水沟道和地形的设计方案

如图 3-45 所示，沟道被设计为蜿蜒状；而其两侧的山脊线和山谷线相交错形成了瓦楞状地形。其地形的三维效果如图 3-46(见链接) 中所示。

此设计地形中，沟道密度设计为 2.69km/km²，与自然地形的沟道密度接近；工程设计填方为 3405m³；挖方为 3882m³ 填挖方比例为 1∶1.14，填挖方比例基本平衡。该设计的要点可总结为：

蜿蜒沟道的保水、排水作用　沟道的蜿蜒度参考了参照区域的平均蜿蜒度 1.18 进行设计。蜿蜒的沟道增加了河道长度，增加了降水的下渗时间，起到一定保水作用。同时，有保障了排水的顺畅，使得当发生极端降水时，过多的水分能够及时排走。

羽毛状/瓦楞状地形的保水作用　改变了传统的规则、平直的设计模式，使得降水不会很快流走，起到了一定保水的作用。

羽毛状/瓦楞状地形的减风、积沙的作用　设计地形中瓦楞状地形的坡面以北向为主，这与当地的主风向（偏北风）正好一致，在一定程度上会起到防风和积沙的作用。

生境变化多，有利于增加生物多样性　所采用的蜿蜒状河流和瓦楞状地形将地形折为一些小的集水区；同时，地形的不断起伏使得坡度、坡向呈现多样性。这些因素使得地形上的水分和阳光都出现多样性的变化，有利于动植物的多样性发展。

地表起伏多变，有利于景观和谐　相对于传统的台阶状人工地貌，这种起伏多变的地形更为自然；从评价中可以看到，所设计地形的流域参数与参照流域相似程度较高；使设计地形与周边自然环境更为协调。

稳定性较高，后期维护代价低。采用河网分形维数及地貌信息熵对设计地形进行了评估，计算表明此种地貌形态处于地貌发育壮年期，或正在向老年期发展。整体上处于相对稳定状态。理论上，此种地形即使不采取任何水土保持措施，通过自身的调节，水土流失也会慢慢减弱，不需要大量的后期生态维护。

最终矿方主要参考了上述地形设计方案二中的初级排土方案，向东进行了排土和削坡。2020 年 8 月形成了如图 3-47（见链接）所示的排土结果。其大致排土方位、区域以及边坡角度与设计方案一致；但在具体排土区域上有差异。其北侧有一块儿区域因为人工设施规划的缘故没有排土而绕开了。此外因为施工预算和施工进度的问题，其并没有作坡顶沟道和地形的近自然改造。

3.3.1.4　地形重塑设计的评价

（1）地貌形态相似性评价

重点选取流域面积、沟道密度、主沟道长度、流域圆度、高程差和平均坡度等 6 个指标作为流域形态相似性评价的指标。

将设计方案二重塑后的地形与未干扰的子流域形态特征比较，其结果见表 3-11。

表 3-11　重塑区流域与未干扰的自然地形子流域地貌形态特征比较

子流域	子流域面积（km²）	主沟道长度（km）	沟道密度（km/km²）	流域圆度	平均流域高程差（m）	平均坡度
重塑子流域的平均值	0.31	0.45	2.69	0.30	27.45	4.87°
未干扰 21 个参照子流域的平均值	0.25	0.54	2.29	0.27	32.33	4.61°
重塑子流域与未干扰子流域特征的比值	1.240	0.833	1.1747	1.111	0.849	1.056°

从表中可看出，形态指标平均值比值的在 0.833～1.240 之间。其中平均坡度和流域圆度上的差异最小；主沟道长度和子流域面积这两项参数上的差异略大，但也在 24% 以内。由此可见：重塑后子流域与未干扰子流域在平面形态上和垂直形态上都有较高的相似性，重塑后的与未干扰的地貌形态上是相似的。

（2）地貌稳定性评价

基于河网的分形维数的地貌稳定性评价　根据自然地貌河网累积栅格数量阈值的计算

结果，以 4000 累积栅格数量作为河网提取阈值。以 50~500 边长构建正方形格网，将提取的河网与正方形网格交叉重叠，根据属性表信息统计非空格子的数量，以 10 为底，拟合两者对数间的线性函数关系，得到重塑区与未干扰区的河网分形维数。计算结果如图 3-48 所示：

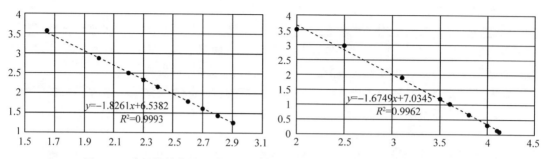

图 3-48　未干扰的自然区域(左)与重塑区域(右)的河网分析维数计算结果

根据图中的拟合结果可知，该未干扰流域与重塑区的河网分维值为 1.82、1.67，根据分形维数阶段划分，当前两区域都处于地貌发育壮年期的末期，且在向老年期发展。总结来说，重塑区地貌整体上处于相对稳定状态，符合稳定地貌的发育特征，具备参考价值。

基于地貌信息熵的地貌稳定性评价　面积高程积分值(hypsometric index，HI) 计算方法主要有：积分曲线法、体积比例法及起伏比法三种。通过常直杨等(2015)的实验比较得出，起伏比法是计算 HI 值最高效简捷的方法，该结果可为利用 HI 值进行地貌研究提供借鉴，本实验利用起伏比法计算 HI 值。

Pike 和 Wilson 在数学上证明了高程起伏比(E) 可以用于面积高程积分的计算，公式为：

$$E \approx HI = \frac{Elev_{mean} - Elev_{min}}{Elev_{max} - Elev_{min}}$$

式中，E 是相当于 HI 值的高程起伏比，$Elev_{mean}$ 是每个流域的平均高程；$Elev_{min}$ 和 $Elev_{max}$ 分别是每个流域的最小和最大高程。该参数值可通过 ArcGIS 空间分析中的区域分析模块工具得到。

对重塑地形的 3 个子流域与未扰动的 21 个参照流域分别进行面积－高程分析，并统计相应流域的面积－高程积分值以及信息熵见表 3-12。

21 个参照子流域的面积－高程积分值在 0.232~0.658，平均值为 0.476；其中，有 1 条子流域(11 号)处于幼年期，有 2 条子流域(15、26 号)处于老年期，地势平缓，其地形更趋于稳定状态；大部分子流域地貌发育处于壮年期，流域地貌基本上趋于稳定状态，该阶段处于地貌发育的均衡状态，即将进入地形发育的均衡阶段。

重塑地形子流域的面积－高程积分值在 0.470~0.556，平均值为 0.478；据地貌发育划分结果判断重塑区地貌处于壮年期，重塑后地形系统信息熵值基本与未干扰的变化不大，随着时间的推移，重塑后地形的形态，即使不采取任何水土保持措施，通过自身的调节，水土流失也会慢慢减弱的，基本上不需要后期大量的生态维护建设。

表 3-12　未扰动流域与重塑地形子流域面积-高程积分及信息熵

编号	Ⅰ级子流域编号	面积高程积分 N	地貌信息熵 M	面积高程积分平均值	地貌信息熵平均值
未扰动参照流域	5	0.558	0.142		
	6	0.499	0.194		
	10	0.517	0.176		
	11	0.658	0.076		
	12	0.544	0.153		
	13	0.565	0.136		
	14	0.421	0.286		
	15	0.280	0.553		
	16	0.411	0.300		
	17	0.467	0.228		
	19	0.497	0.197	0.476	0.241
	20	0.456	0.241		
	21	0.507	0.186		
	22	0.501	0.192		
	23	0.457	0.240		
	24	0.414	0.296		
	25	0.505	0.189		
	26	0.232	0.693		
	27	0.542	0.154		
	28	0.489	0.205		
	29	0.473	0.221		
重塑地形流域	1	0.470	0.226		
	3	0.556	0.143	0.478	0.224
	4	0.409	0.303		

综上所述，面积-高程计算结果与上节河网分维值计算结果得到的结论相一致，也说明对于运用该方法判断自然地貌特征具有一定的可靠性。

3.3.2　乌海海南区排土场瓦楞形坡面试验

试验地点位于海南区海南工业园固废储存利用中心。地理位置为公乌素镇三号井，西邻银海洗煤厂，东和北与鄂尔多斯市相接；地理坐标：39°20′59.2″N，106°57′18.5″E。所构建瓦楞形边坡的区域为排矸场矸石山东向边坡的局部区域。

试验目的：对比近自然的瓦楞形边坡与传统直坡的抗侵蚀效果。

2019 年 7 月 21~23 日及 2019 年 8 月 27~28 日，课题组赴乌海海南区试验基地进行考察和试验布置工作。所构建瓦楞形边坡的区域为排矸场矸石山南向边坡的边坡区域，该区域已经覆盖了当地表土，覆土厚度为 1m 左右。边坡长度为 8~10m，坡度为 37°~39°。

雇用铲车一台、挖机一台，在原矸石山的直坡上构建了瓦楞形坡面；并埋设了木棍用于土壤侵蚀量测量。完成了在海南区试验区瓦楞形边坡的施工工作(图 3-49)。

3.3.2.1　瓦楞形边坡的构建

所构建的瓦楞状边坡情况如图 3-50 所示，共构建了三条沟，其中最右面沟道上部坡度 24°~31°，沟底部(下游)更缓，约 21°；中间沟道的坡度为 17°~22°，其坡坡度变化小一些；最左边的沟道坡度为 22°~26°，坡度变化也比较小。该地形两边都是原矸石山的直坡地形，直坡坡度为 37°~39°。

左：铲车先进行大致形状构建　　　　右：挖机进行瓦楞状地形细节构建

图 3-49　瓦楞状地形的构建

图 3-50　所构造的瓦楞形边坡

3.3.2.2　坡面土壤侵蚀量测定

为了试验这种瓦楞状坡面的风蚀、水蚀效应，在塑造的地形上铺设了 49 根测土壤侵蚀的木棍。木棍长 30cm，其中 15~20cm 埋在了土中。位置分布在沟谷底部、沟两侧的山脊上、原地形的陡坡上。

让矿上工人定时测木棍露出地面的长度：每次中雨、大雨及大风后进行测量；雨后测量为量水蚀，风后测量为测风蚀。若一直没下雨那就每隔 1 个月测量一次。

3.3.2.3　土壤侵蚀量数据分析及试验中止的说明

在 2020 年 5 月，该区域被清理之前，共测数据 8 次。但对数据分析未能发现有价值的规律。分析原因为：①数据测量区间未能覆盖一个完整的雨季(7~8 月)；②有一定人为干扰，使得一些数据出现较大误差。

2020 年 5 月，该地区作为政府用地都被占用了，沟已经被填平了，试验被迫中止。

3.3.3　乌海新星矿联合排土场

研究组还对乌海海勃湾区新星矿联合排土场进行了地形设计实践。该地形设计方案并没有得到实施，但对地形数据的获取、地形参数的测量与分析及地形重塑方案的设计等环节都进行了具体的工作，具有一定研究参考意义。

3.3.3.1　地形数据的获取

2018 年 4 月上旬，航测小组赴乌海天宇集团所辖的煤矿进行地形测量。测量得到了相关煤矿的航拍图像和地形数据。

该地形图等高线间距为 5m，这对于地形设计而言精度太粗。但航测时已经获得了密集点云，根据密集点云数据得到了更为精细的地形图(图 3-51)，可以满足后期的地形设计需要。

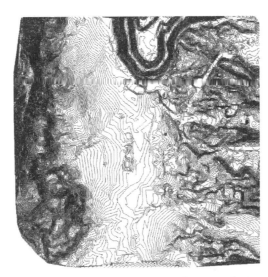

图 3-51　根据点云数据合成的更高分辨率地形图

为了获得排土场周边较大范围的自然地形数据，本研究采用了 2009 年卫星拍摄得到的排土场周边约 298km² 的数字高程数据。考察得知，2009 年该地区尚未被人工采矿活动所干扰，故该地图数据能够反映待重塑区被扰动前的自然地貌。基于此数据进行了近自然地形重塑指标参数的测量与分析。

3.3.3.2　示范区指标参数测量与分析

（1）流域分析及参数区域的确定

汇流量阈值分析及河网提取　以 500~30000 栅格数量为区间，以 2500 为间隔，提取不同汇流量阈值下的河网，并计算其沟道密度，得到了沟道密度与汇流量阈值间的关系曲线如图 3-52 所示：

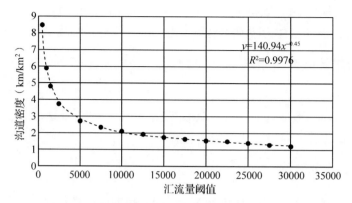

图 3-52　沟道密度与汇流量阈值拟合关系曲线图

对图 3-52 中的曲线，采用均值变点分析法，计算原始样本的统计量 S 与样本分段后的统计量 S_i 之间的差值变化曲线（图 3-53），从中找出值最大的点位即可作为阈值。从曲线中可以看出，当阈值约为 2500 时差值达到最大，因此确定河网提取的最佳汇流量阈值为 2500。

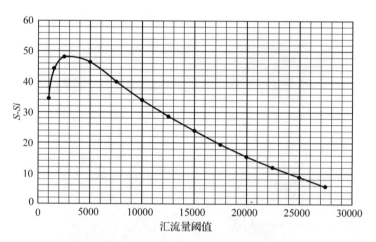

图 3-53　不同汇流量阈值下 S 与 S_i 的差值变化曲线

（2）流域地貌形态特征及分析

分析区域属于一条从东南向西北的流域。因此就根据研究区域选取该流域作为分析目标。采用 Strahler 分级法对待重塑区以及参照区域的沟道进行了分级。在对异常流域进行剔除之后 从"参照区域"中选取了 23 个 I 级子流域、5 个 II 级子流域以及 1 个 III 级流域（即整个流域区域）分别进行数据分析，并与待重塑区域进行对比，得到了如表 3-13、3-14、3-15 中的结果。

表 3-13　Ⅰ级子流域的流域地貌形态参数对比

子流域	子流域面积（km²）	主沟道长度（km）	沟道密度（km/km²）	流域圆度	平均流域高程差(m)	平均坡度
待重塑区内 19 个Ⅰ级子流域的平均值	0.12	0.37	2.83	0.26	72.86	0.37
参照区域内 23 个Ⅰ级子流域平均值	0.16	0.44	2.77	0.31	85.19	0.49

表 3-14　Ⅱ级子流域的流域地貌形态参数对比

子流域	子流域面积（km²）	主沟道长度（km）	沟道密度（km/km²）	流域圆度	平均流域高程差(m)	平均坡度
待重塑区 5 个Ⅱ级子流域的平均值	0.66	1.21	3.21	0.27	83.50	0.048
参照区 5 个Ⅱ级子流域的平均值	0.81	1.57	3.68	0.29	106.61	0.05

表 3-15　Ⅲ级流域（即整个流域区域）的流域地貌形态参数对比

流域	子流域面积（km²）	主沟道长度（km）	沟道密度（km/km²）	流域圆度	平均流域高程差(m)	平均坡度
待重塑区	4.96	3.25	3.07	0.31	223.84	0.014
参照区域	5.40	4.54	3.29	0.35	208.90	0.012

　　从表中数据分析发现，在Ⅰ级和Ⅱ级子流域中，参照区域的平均流域高程差和平均坡度皆大于扰动后的待重塑区。分析认为，在参照的自然区域中，Ⅰ级和Ⅱ级子流域均处于流域的边缘，为周边高地向流域谷底过渡的边缘地带，故都较为陡峭；而待重塑区则由于人类施工、排土，使这些流域区域都被土层填平垫高，故使其坡面变平变缓，以致其平均流域高程差平均坡度小于参照的自然流域。但对于整个流域而言（Ⅲ级流域），参照区域的平均高程差和平均坡度反而比待重塑区要小。这反映出人工干扰加剧了整体区域的起伏变化。此外，在这三个级别的流域中，参照区域的主沟道长度、子流域面积、流域圆度始终大于待重塑区域。

　　从Ⅰ级、Ⅱ级、Ⅲ级子流域数据的纵向比较中，可明显发现：

　　①子流域面积及主沟道长度在逐级递增。显然低级别子流域包含在高级别子流域中，因此高级别流域的面积和主沟道长度也会增长。

　　②平均流域高程差在逐级递增，但平均坡度在逐级递减。随着流域的扩大，其高程差自然呈现增大的趋势。在流域的边缘地带（尤其是Ⅰ级子流域区域），地势较为陡峭；而在流域的中心地带，地势则逐渐变缓，这符合自然沟道的下凹形剖面的规律。

　　（3）沟道形态特征及分析

　　对参照区域和待重塑区域中的Ⅰ级、Ⅱ级及Ⅲ级沟道的蜿蜒度、沟道比降等参数都进行了分析，并观察了沟道剖面形态变化。如图 3-54（见链接）为 23 条一级沟道的剖面图。表 3-16、表 3-17 则给出了参照区域和待重塑区在不同级别沟道中的平均值。

　　从图 3-54 中观察发现，除 7、17 号沟道外，其余沟道都有不同程度的"前陡后缓"，即下凹的趋势，而 7 号沟道为一条完全平直的沟道(其长度仅为 0.02km)，17 号沟道为"前缓后陡"的趋势。这两者应该属于特殊地质环境下的特殊沟道剖面形态。

表 3-16　参照区域内各级沟道形态特征

沟道级别	蜿蜒度	沟道比降	入水口到山脊线的最短距离(m)
Ⅰ级	1.20	0.03	70.06
Ⅱ级	1.14	0.02	
Ⅲ级	1.18	0.01	

表 3-17　待重塑区内各级沟道形态特征

沟道级别	蜿蜒度	沟道比降	入水口到山脊线的最短距离(m)
Ⅰ级	1.24	0.03	57.60
Ⅱ级	1.21	0.01	
Ⅲ级	1.23	0.02	

从表 3-16、3-17 中分析发现：蜿蜒度的变化并无一定的规律。蜿蜒度刻画的是沟道的平面特征，也许这意味着：随着沟道级别的增加，其在平面上的弯曲程度并不会因此受到影响。观察发现待重塑区的蜿蜒度略大于参照区域。参照区域的沟道比降在逐级递减，而重塑区域则没有这个规律。逐级递减是符合流域沟道的变化规律的，而待重塑区域并无此规律恰恰说明其地势被人为所扰动了。入水口到山脊线的最短距离仅需对Ⅰ级沟道进行测量。从中可以看出，参照区域的该项参数明显大于待重塑区域。

(4)局部地形特征及分析

坡度　利用 ArcGIS 对排土场区域及人工扰动前的参照区域进行坡度分析，将坡度分为 5 个等级：5°~8°、8°~15°、15°~25°、25°~35°、35°~50°、50°~75°、>75°(<5°的区域为不易发生面蚀的平地或微坡地)，数据分级统计见表 3-18。

表 3-18　按照分级标准的坡度分级统计表

区域	面蚀分级	分级坡度	面积(km²)	占比例(%)
参照区域(未扰动)	1	<5°	0.510087	9.615
	2	5°~8°	0.74795	14.099
	3	8°~15°	0.97453	18.37
	4	15°~25°	1.6769	31.609
	5	25°~35°	0.90662	17.09
	6	35°~50°	0.40742	7.68
	7	50°~75°	0.054948	1.036
	8	>75°	0.026578	0.501

（续）

区域	面蚀分级	分级坡度	面积（km²）	占比例（%）
待重塑区域 （扰动后）	1	<5°	0.8605	15.249
	2	5°~8°	0.84673	15.005
	3	8°~15°	0.73455	13.017
	4	15°~25°	1.3553	24.017
	5	25°~35°	1.07296	19.014
	6	35°~50°	0.56707	10.049
	7	50°~75°	0.13656	2.42
	8	>75°	0.069352	1.229

坡度分析表明，参照区域主要坡度集中在 15°~25°，其分布呈类高斯分布；而待重塑区域的坡度分布则要分散许多，其小于 5°的平坦区域明显大于参照区域，分析因为排土场的平地区域。

坡向　对排土场区域及人工扰动前的参照区域进行坡向分析，生成坡向分级如图 3-55、图 3-56（见链接）所示，数据的分级统计见表 3-19。

表 3-19　坡向分级统计表

区域	坡向等级	面积（km²）	占比（%）
参照区域	平面	0.339419	10.545
	北	0.68409	12.895
	东北	0.753812	14.209
	东	0.694285	13.087
	东南	0.273316	5.152
	南	0.541017	10.198
	西南	0.561147	10.578
	西	0.671692	12.661
	西北	0.566245	10.674
排土场区域	平面	0.5778	10.239
	北	0.814775	14.438
	东北	0.5382	9.537
	东	0.568275	10.07
	东南	0.366	6.485
	南	0.6035	10.694
	西南	0.63655	11.28
	西	0.96125	17.033
	西北	0.577025	10.225

未扰动的参照区域的地形很多区域呈条状山梁，整体坡向以东北向（东北、东、北）为主，占区域面积的 40.191%。而扰动后的待重塑区域方向较为分散，西南向（西、西南、西北）偏多，占区域面积的 39.007%。坡向还可以分为阴坡、半阴坡、阳坡、半阳坡、平地，统计表明，参照区域阴坡区域明显多于阳坡：阴坡（阴坡+半阴坡）总占比为 51.931%，明显

大于阳坡(阳坡+半阳坡)的总占比 37.523%。而待重塑区域因人为扰动,阴坡总占比为 47.496%,阳坡总占比为 42.265,与参照区域的数据相比,阴阳坡占比差距减小。

局部地形起伏度 首先需要确定参照区域内地形起伏度的最佳分析窗口。依次计算网格(m×m)2×2、3×3、4×4、5×5、6×6、7×7、8×8、9×9、10×10 下的平均地形起伏度(表 3-20),得到平均地形起伏度的与网格面积间的关系曲线如图 3-57 所示。

表 3-20 参照区域不同网格面积下平均地形起伏度

网格大小(m×m)	面积(m²)	平均起伏度(m)
2.0×2.0	100	1.340613
3.0×3.0	225	2.651524
4.0×4.0	400	3.928156
5.0×5.0	625	5.167597
6.0×6.0	900	6.36805
7.0×7.0	1225	7.5297
8.0×8.0	1600	8.654402
9.0×9.0	2025	9.743363
10.0×10.0	2500	10.796592
11.0×11.0	3025	11.82148
12.0×12.0	3600	12.819186

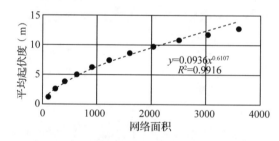

图 3-57 参照区域网格面积与平均地形起伏度拟合关系曲线图

对曲线进行拟合发现两者成幂函数关系,相关性系数趋于 1。采用均值变点法来进行统计,得到不同网格面积下 S 与 Si 的差值变化曲线如图 3-58 所示。

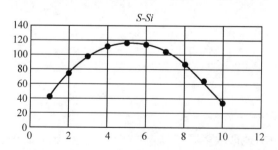

图 3-58 参照区域不同网格面积下 S 与 Si 的差值变化曲线

由差值变化曲线计算得出:当网格面积为 1225m² 时,即 7×7 的网格时,差值达到最大。因此确定 7×7 网格为最佳分析窗口，在该窗口下计算得到平均地形起伏度为 7.5297m。7×7 网格窗口下的地形起伏度分级图见图 3-59、图 3-60(见链接)。

以 7×7 网格的分析窗口对自然参照区域和待重塑区域的地形起伏度进行统计，数据见表 3-21。统计数据表明，参照区域平均地形起伏度为 7.5297m；占比最大的为 2~5m 间起伏度的区域(占比 30.403%)；起伏度大于 15m 的地形区域占比仅 13.823%。西部的山脉地形起伏度较大，山脉之间形成的山谷地形起伏较为平缓。

待重塑区域的平均地形起伏度为 8.6267m，5—10m 间起伏的区域面积占比最大(24.08%)，因人为扰动，所以待重塑区域地形起伏的分布状况与未经人工扰动的参照区域差距极大，平坦地区集中在东南部的采矿场和西南部的排土场。

表 3-21　地形起伏分级统计表

区域	地形起伏度(m)	面积(km²)	比例(%)
参照区域 (未扰动)	0~2	0.951035	17.927
	2~5	1.612906	30.403
	5~10	1.340033	25.26
	10~15	0.667698	12.586
	15~20	0.382351	7.207
	20~30	0.311486	5.871
	>30	0.039515	0.745
待重塑区域 (扰动后)	0~2	1.096525	19.43
	2~5	1.222325	21.659
	5~10	1.3589	24.08
	10~15	0.870325	15.422
	15~20	0.62495	11.074
	20~30	0.367425	6.511
	>30	0.102925	1.824

局部地表粗糙度　统计得到分级地表粗糙度分级统计表见表 3-22。

表 3-22　地表粗糙度分级统计表

区域	地表粗糙度	面积(km²)	比例(%)
参照区域 (未扰动)	1~20	0.736101	13.876
	20~40	0.383299	7.225
	40~60	0.522701	9.853
	60~80	0.496868	9.366
	80~100	0.399283	7.527
	100~150	0.753726	14.208
	150~200	0.501966	9.462
	200~250	0.366366	6.906
	250~300	0.269472	5.08
	300~400	0.354227	6.677
	400~500	0.21677	4.086
	>500	0.304246	5.735

(续)

区域	地表粗糙度	面积(km²)	比例(%)
待重塑区域(扰动后)	1~20	0.9299	16.478
	20~40	0.496775	8.803
	40~60	0.427875	7.582
	60~80	0.34005	6.026
	80~100	0.2715	4.811
	100~150	0.514975	9.125
	150~200	0.384875	6.82
	200~250	0.30095	5.333
	250~300	0.2509	4.446
	300~400	0.50515	8.951
	400~500	0.356025	6.309
	>500	0.8644	15.317

从表3-22中可见,参照区域地表粗糙度分布较为平均,占比最多的集中在1~20和100~150之间,平均地表粗糙度为162.827。而待重塑区域的平均地表粗糙度为239.441,明显大于参照区域。其分布最多的在1~20和大于500的部分,地势平缓的矿场区域粗糙度较低,但部分区域则粗糙度很大。

3.3.3.4 地形重塑设计

通过对该排土场所在区域的水文分析,发现有一条径流正好斜穿过排土区域(图3-61(见链接)中的紫色径流)。在设计时,为了扩大排土区域,将该径流的形状进行了调整,同时保证该径流的入水口和出水口能与原地形径流连接(图3-62左,见链接)。同时,参考周围自然地形特征,这里没有采用传统的平台状或台阶状地形设计,而是设计成了条状山梁(图3-62右,见链接)。该山梁最高处达到100m(海拔1270m),两侧边坡坡度在15°和33°间变化,并形成一种瓦楞状地形,由此可以起到保水、防风积沙的作用。该地形可容纳400万方土。

将两条径流都进行蜿蜒化处理,其目的一方面是增加径流密度,起到一定保水作用;另一方面是与后面坡面的瓦楞状地形相呼应。河流的蜿蜒度为1.2左右;一个河湾长约为15m,这种蜿蜒形状考虑当地降水状况,并运用Geofluv模型计算得到的(图3-63)。

图3-63左图中边线为联合排土场的边界,两条白色线为所设计的径流。左边的白色径流为主流,沿着排土场左侧的公路而走。右侧为支流,将原先斜穿排土场的径流变成了先向北再转向西的形状;其出水口与原地形径流的出水口保持一致;而原先斜穿排土场的径流则可以在中部东侧汇入此流。

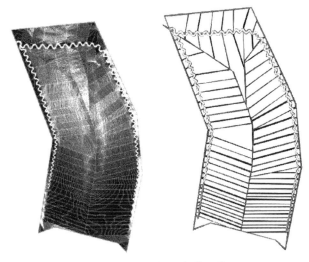

图 3-63　蜿蜒状沟道设计

3.4　地形整理装备的智能化改装及其远程控制系统开发

本课题基于一台 SY16C 微型挖掘机进行设备改装。通过对多层次的分布式驱动硬件系统的研发、控制器的嵌入式开发以及基于电液集成控制的动力系统改装实现了挖掘机的无线信号操控作业。操作人员可以发送电信号指令实现对挖掘机的全方位控制和全动作操作，并可实现遥控驾驶和人工驾驶的自由转换。在此基础上，开发了"智能整地装备远程控制系统"，可通过电脑实现对挖掘机的远程控制。

3.4.1　技术路线

挖掘机自动化作业的控制信号流程如图 3-64 所示，该图同时也表明了在机械改装中进行技术开发的主要模块。

用户可以两种方式发送控制指令，一种是通过无线遥控器给信号接收器直接发送指令（挖掘机上的天线在接收到无线指令信号后，会将信号传输入信号接收器）；另一种是在电脑端的"智能整地装备远程控制系统"发送 Wifi 信号，CanWifi 模块接受到 Wifi 信号后，将之转换为总线控制信号再发送给信号接收器。

信号接收器将接收到的信号转换为 16 进制数字信号，并将之输入给控制器，控制器上的程序（单片机编程）对信号进行解码并发送给相应的部件：油门、喇叭及启动/熄火指令会以数字信号的方式发送给油门电机控制模块及相关控制系统；而挖掘机的动作指令则发送给电比例阀块；电比例阀块将数字信号转换为液压控制命令，通过控制先导油的走向来控制挖掘机产生动作。

图 3-64 中深灰色模块是挖掘机自身系统模块，而浅灰模块就是需要开发或设置的模块。

操作人员可无线控制的挖掘机操作包括：左履带前进/后退（2 路信号）；右履带前进/

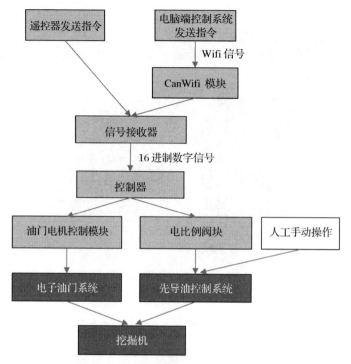

图 3-64　挖掘机自动化作业的技术路线图

后退(2 路信号)；大臂转动(2 路信号)；小臂转动(2 路信号)；摆臂(2 路信号)；挖斗转动(2 路信号)；车体转向(2 路信号)；履带拓展/升降阀(2 路信号)；其中履带拓展和升降阀是共用了 2 路信号。

3.4.2　电液一体化控制系统研发

为了实现电信号到液压信号的转换，并实现对挖掘机的电液一体化控制，采用了多层次分布式控制系统以及基于电液集成控制的系统动力控制，下面分别介绍相关内容。

3.4.2.1　多层次的分布式控制系统软件和硬件开发

在作业装备底盘上建立智能作业系统，在沿用其原有的油缸、液压马达的基础上，采用 CAN 总线和工业控制以太网，基于 EPEC2024 系列控制器和总线式有线、无线通信设备，为新引入的可编程电液控制系统提供嵌入式开发平台和计算机信息管理系统。

系统层次从低到高为：液压执行装置—电液控制阀路—嵌入式 CAN—分布式控制网络—基于以太网的传感器和定位导航设备网络系统—任务与作业信息管理计算机软件系统—控制系统远程人机界面。

3.4.2.2　基于电液集成控制的系统动力控制与作业管理一体化软件系统开发

依托分布式控制网络硬件系统，使电液驱动系统能在液压回路中实现快速切换液压泵、实时控制电控发动机的功能，以达到作业管理和动力控制的结合，提高系统在复杂工况下的动力可靠性和经济性。目前实施的针对液压驱动装置的电液控制改造方案主要包括：在原车先导手柄液压控制系统基础上新加电磁液压换向阀；更换新的先导液压管路；建立基于 CAN 总线技术和 EPEC 嵌入式集成控制器的分布式控制系统；搭载集成本地控制系统通讯、作业信息管理与远程通信管理计算机。

3.4.3　智能整地装备远程控制系统研发

为了实现从电脑端对挖掘机的控制，基于 LabView 平台，开发了智能整地装备的远程控制系统。在该系统中，可对 20 路控制信号进行可视化操作、发送及管理，实现对挖掘机全流程作业的远程控制。

第 4 章
基于煤矸石自燃防控灭的新土体构建技术

4.1 煤矸石自燃发生过程研究

2018 年 7 月完成相关仪器和手机应用程序的研发，并于 2018 年 7 月 20~27 日赴羊场湾煤矿进行现场调试，但是现场调试时，煤矸石温度传感器不同监测点在相同的外界条件下实测温度相差较大，经反复调试仍不能达到允许误差范围，因此进行重新设计，并于 2018 年 8 月 21 日调试成功。此外，羊场湾测温探头布设在镀锌钢管中，可能影响监测结果，因此，内蒙古乌海测温探头布设过程中直接与煤矸石接触，降低布设设备对监测结果的影响。

宁夏羊场湾煤矸石自燃发生过程现场试验数据监测时间开始于 2018 年 10 月 14 日，T1 组和 T2 组分别结束于 2019 年 7 月 13 日和 2019 年 9 月 19 日。内蒙古乌海布设的试验数据监测时间开始于 2018 年 12 月 20 日，结束于 2019 年 10 月 8 日。

4.1.1 煤矸石山自燃深度分析

温度突然升高是煤矸石山自燃的直接表征。图 4-1 表明，煤矸石山内部的测温探头在 5~9m 范围内取得最大值，根据空气动力学的原理，可以推测研究区煤矸石山自燃主要发生在 5m 以下。

其中，T1 试验组测温探头监测到的煤矸石自燃的顺序为 5m、8m 和 7m，T2 试验组测温探头监测到的煤矸石自燃的顺序为 7m、6m 和 5m，而 T3 试验组测温探头监测到的煤矸石自燃的顺序为 9m 和 7m。自燃发生后，温度最高可达 1000.0℃ 以上，甚至烧毁测温探头。有学者指出煤矸石山自燃发生在距表面以下 1.5~2.0m 处，自燃初始阶段的温度为 60~80℃，主要来源于有机和氧化矿物材料的自燃（Walker，1999）；而文宇等（2018）则发现煤矸石自燃点埋深范围为 15~20m，均与本研究结果不同，可能是因为研究地点不同，而煤矸石自燃受多种因素的影响。目前煤矸石的排放多采用分层碾压的方式进行，此研究结果可以为研究区煤矸石的分层碾压间距提供一定的理论支撑，建议研究区煤矸石分层碾压间距控制在 5m 以内。

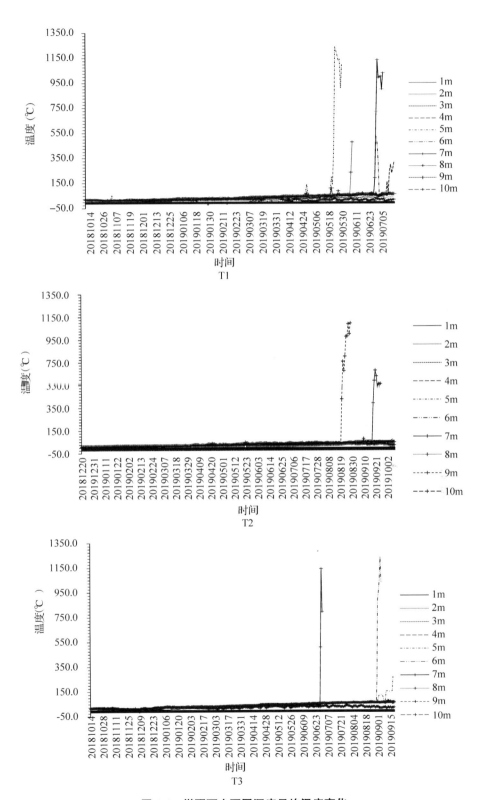

图 4-1　煤矸石山不同深度日均温度变化

4.1.2 煤矸石山自燃过程分析

三组试验首次监测到自燃经历的时长分别为 227d、259d 和 244d，虽然 T1 和 T2 均在羊场湾开展，T3 组在内蒙古乌海海南区开展，试验开始的时间也不同，但是煤矸石山自堆放之日起到首次发生自燃所经历的时间差异不大。不同试验组首次发生自燃的时间和自燃深度虽然无明显差异，但是不同深度发生自燃的时间和温度变化趋势不尽相同。各深度处的温度均存在波动，且试验前期波动较小；随着试验的进行，特别是临近自燃时，温度波动越来越大。试验过程中，同一点可能在某个时间蓄热、升温，遇到环境因子的改变，温度突然下降，致使温度呈现波动变化。

（1）T1 试验组

T1 组 5m 处温度随着时间呈逐渐上升的趋势，2018 年 11 月 6 日，煤矸石山 5m 深度的湿度发生了较大的波动，最先开始蓄热增温，温度变化范围为 13.8~327.6℃，日均温高达 54.0℃，而 2018 年 11 月 5 日和 7 日的日均温分别为 15.1℃ 和 14.6℃，与其他日期差别不大，可见并未发生明显的自燃现象，可能是受环境的干扰（图 4-2）。此次蓄热增温后，在 2019 年 4 月 26 日又开始有蓄热并增温，2019 年 4 月 27 日温度高达 139.7℃，此后又降温，并保持一个较高的温度（45.3~70.7℃）。经过 20d 时间的持续高温（45.3~70.7℃）后，2019 年 5 月 18 日温度突然升高，此后 5d 的时间，温度由 64℃ 骤升至 1236.3℃（2019 年 5 月 22 日），仪器烧坏。此外，在 5m 蓄热增温过程，4m、6m、7m 和 8m 处均呈现波动蓄热增温的现象，但较 5m 点晚，每个点最终均达到较高的温度。2019 年 6 月 5 日，8m 处温度开始明显升高，并于 2019 年 6 月 6 日离线，可能是因为自燃发生在临近位置，迅速烧坏测温探头；接着是 7m，2019 年 6 月 26 日温度开始明显升高，最高日均温可达 1133.1℃（2019 年 6 月 28 日）；同一时间段内，6m 深度处温度发生明显波动，但是于 2019 年 6 月 30 日降至 54.2℃，至试验结束一直维持在 100.0℃ 以下，同样可能是受到其他位置自燃的影响；同样，4m 深度处在 2019 年 7 月 7~13 日试验结束日均温也明显上升。

同一时间段内，不同深度的煤矸石温度波动呈现不同的规律。2019 年 4 月 26~29 日，煤矸石山温度发生了较大的波动，每天均出现至少一个峰值，即每天均出现先增大后减小

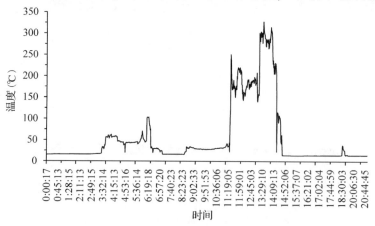

图 4-2 煤矸石山 5m 日温度动态变化（2018.11.06，T1）

的趋势(图4-2)。2019年4月26日，煤矸石山2m、5m、8m和9m处在21:00以后出现较大波动，均呈现先增大后减小再上升的趋势，且波动范围5m>9m>8m>2m；其中，5m和9m的温度变化范围分别为44.3~331.3℃和33.0~122.1℃，日均温则分别高达64.6℃和48.2℃。2019年4月27日，5m和9m的温度继续上升，分别在3:13和3:12取得最大值398.1℃和148.7℃，然后逐渐降低，二者的日均温分别为139.7℃和68.4℃；其中，5m处煤矸石温度始终最高，9m处则逐渐降至与其他8种深度无显著差异。2019年4月28日，仅5m处温度高于其他深度，且出现两个峰值，温度变化范围为49.4~112.2℃，日均温度为70.7℃。至2019年4月29日，5m处温度变化范围为42.4~65.5℃，日均温度为51.3℃，总体上呈先增大后减小的趋势，且逐渐降至低于6m、8m和9m在同一时间的温度值。

煤矸石自燃温度骤然大幅度升高，并维持在较高的水平，甚至损坏测温探头。煤矸石山5m处的温度从2019年5月18日开始大幅度上升，后期维持在1000.0℃以上。由于后期出现测不到数据的状况，即设备离线，且温度波动较大，推测测温探头已经由于煤矸石自燃受到损坏。其中，2019年5月18日的温度变化范围为50.3~174.8℃，平均温度为63.4℃；2019年5月19日的温度变化范围为61.4~332℃，平均温度为199.5℃，变化趋势为先迅速减小然后迅速增大，再迅速减小后逐渐增大；2019年5月20日增大至400℃左右后开始发生较大波动，并出现1000.0℃和设备离线的现象，推测此时5m处测温探头开始损坏，至2019年5月29日设备彻底离线。

相似的情况也出现在8m和7m深度处。其中8m深度处迅速增大发生在2019年6月5~6日，温度变化范围和日均温度分别为53.2~359.7℃，234.4℃和208.8~1292.7℃，477.3℃，此后设备就呈现离线状态。而7m处则从2019年6月26日出现迅速增大的现象，测温探头于2018年6月28日开始离线，于2019年7月4彻底离线。

此外，煤矸石的自燃能够促使附近煤矸石发生蓄热增温。其中6m深度处在2019年6月26~29日发生波动，温度变化范围分别为48.7~427.4℃，403.1~682.6.4℃，401.8~566.3℃，和38.8~861.0℃，日均温度分别为187.7℃，521.1℃，470.5℃和325.6℃，此后显著降低，可能是受到临近煤矸石的影响，后期并未监测到自燃现象。4m处温度从2019年7月7日开始日均温度上升至160℃，虽然在2019年7月8日出现下降，但此后温度基本维持在较高的水平，且整体呈波动上升的趋势。至2019年7月13日试验结束，日均温为315.4℃，该处煤矸石蓄热可能受更深处煤矸石自燃的影响。

(2)T2试验组

煤矸石山各深度处的日均温度均存在波动，自燃发生在5~7m处，与T1试验组的一致。煤矸石发生自燃的顺序为7m、6m、5m，且7m和6m最高日均温度均高达1000.0℃以上，而5m处日均温达到267.4℃(2019年9月18日)后测温探头就呈现离线状态，可能是受到6m和7m自燃影响。煤矸石堆放初期，各深度处温度变化差异不大，随着堆放时间的延长，差异逐渐增大，10m深度处温度最低，其他深度处波动较大，变化比较复杂。

不同深度处煤矸石发生自燃的时间和温度变化趋势不同。7m处最先开始蓄热增温，2019年6月29日，10:00温度出现显著上升，最高可达1287.7℃，日均温由2019年6月28日的46.0℃上升至507.5℃，后者是前者的11.0倍。2019年6月30日温度变化范围为

916.0~1299.6℃，基本维持在 1000.0℃以上，日均温为 1141.0℃，从 1:13 开始出现离线状态，中午以后测量不到任何温度数据。持续的高温致使该深度处探头在 2019 年 7 月 1日彻底被烧坏，蓄热增温过程较 T1 试验组同深度快。

2019 年 8 月 31 日，6m 处开始出现明显的蓄热增温，深度处温度从 6:06 开始迅速上升，7:46 以后离线，此后有部分时间在线，温度变化范围为 58.0~1289.5℃，日均温为264.2℃。2019 年 9 月 1~5 日均呈部分时间在线，温度变化范围为 504.0~1299.5℃。经历5 天的蓄热增温后探头被烧坏，此过程中最高日均温高达 1234.8℃（2019 年 9 月 4 日）。

与 T1 组相似，7m 和 6m 蓄热增温的过程中，临近的 5m 和 8m 也出现明显的蓄热增温现象。根据空气动力学的原理，下部煤矸石自燃产生的热量优先向上部传递。因此，5m处增温较 8m 更显著。2019 年 9 月 1 日，5m 处温度迅速升高至 116.5℃。2019 年 9 月 2~6日，日均温度波动较小，维持在 115.8~120.5℃；2019 年 9 月 7~9 日日均温度逐渐下降，最低可至 63.0℃。2019 年 9 月 9 日 23:00 以后再次上升，最高可达 129.5℃；2019 年 9 月10 日以后，温度再次维持在较高的水平，温度变化范围为 130.1~157.9℃，波动较小；直至 2019 年 9 月 18 日 12:13 迅速上升，最高温度可达 618.1℃，16:52 以后设备离线。与T1 组相似，T2 组 5m 处经历了不止一次蓄热增温才发生自燃，但是前者波动更大。

（3）T3 试验组

内蒙古乌海市海南区煤矸石山各深度处煤矸石温度存在波动，测温探头监测到的煤矸石自燃的顺序为 9m 和 7m，最高日均温分别为 1089.4℃（2019 年 8 月 26 日）和 679.0℃（2019 年 9 月 20 日）。煤矸石山堆放初期，1~3m 与 9~10m 的日均温度均小于 0℃。随着试验的进行，煤矸石各深度处的温度总体上呈现逐渐上升的趋势；其中 10m 处温度最低。

2019 年 8 月 20 日 2:00 以后，9m 深度处煤矸石温度显著上升，开始上升的过程中波动较大，还出现显著下降的现象，然后上升至逐渐稳定，温度变化范围为 28.6~588.6℃，日均温度为 427.6℃，是前一天的 13.0 倍。2019 年 8 月 21~23 日，9m 处煤矸石温度发生了较大的波动，但都维持在较高的水平，温度变化范围为 355.3~1299.7℃。从 2019 年 8月 24 日开始，9m 处煤矸石温度出现部分离线的状况，于 2019 年 8 月 28 日达到最高日均温 1096.2℃，当天下午探头被烧毁，彻底离线。

2019 年 9 月 18 日，煤矸石山 7m 处出现显著上升，且波动较大，温度变化范围为45.6~1141℃，日均温度为 390.5℃。发生自燃后，与 9m 深度处相似，2019 年 9 月 19~21日煤矸石山 7m 深度处维持在较高的水平，且波动较大，最高日均温为 679.0℃（2019 年 9月 20 日）。虽然日均温不及 9m，最高可至 1289.9℃（2019 年 9 月 20 日）。2019 年 9 月 22日，该深度处温度出现部分离线情况，至 2019 年 9 月 25 日中午以后测温探头被烧坏，彻底离线。与 T1 和 T2 相似，自燃临近深度同样出现不同程度的蓄热增温现象。可见某处自燃有利于促进附近煤矸石蓄热增温，从而引发更大面积的自燃。

4.1.3 煤矸石山温度变异性分析

各试验组不同深度的温度变异性结果表明（表 4-1），温度变异系数的取值范围为0.22~3.29，分别在 T3 试验组 9m 和 T1 试验组 2m 处取得最大值和最小值，前者是后者的14.95 倍。自燃对温度变异系数的影响较大，如 T1 试验组监测到自燃的 5m、7m 和 8m，

T2 试验组的 6m 和 7m，以及 T3 试验组的 7m 和 9m，温度变异系数均为 1.00 以上。各组自燃深度附近的温度变异系数同样具有较大值，如 T1 试验组的 4m 和 6m。此外，可能是受到环境温度的影响，各组 1m 处的温度波动较大，具有较大的温度变异系数，且表现为 T1>T3>T2。

表 4-1　各试验组不同深度的温度变异系数

组别	1m	2m	3m	4m	5m	6m	7m	8m	9m	10m
T_1	0.91	0.22	0.29	1.16	2.77	1.17	2.78	1.20	0.51	0.51
T_2	0.55	0.40	0.33	0.46	0.68	2.43	2.77	0.43	0.46	0.42
T_3	0.66	0.64	0.60	0.57	0.62	0.62	2.52	0.48	3.29	0.66

4.1.4　煤矸石山温度与气温和空气湿度的关系

本试验主要以温度变化的角度分析煤矸石山的自燃发生过程，因此将试验开展阶段的气温数据与煤矸石山不同深度处的温度进行对比分析。另外，煤矸石的自燃受含水量的影响，因此也将湿度数据与煤矸石山不同深度处的温度进行对比分析。受季节的影响，试验阶段宁夏羊场湾(T1 和 T2)的气温总体上呈先下降后上升的趋势，而内蒙古乌海(T3)的气温总体上呈先下降后上升再下降的趋势；空气湿度的波动较大，无明显变化趋势。

（1）1m

煤矸石山 1m 处的温度总体上高于气温且与其变化趋势大体相同，但是与空气湿度的关系较为复杂。

对于 T1 组，试验期间日均温变化较大，2018 年 12 月至 2019 年 3 月期间，受环境温度的影响，1m 处的温度多处在 0℃ 以下，且日均温波动范围较大，相邻 2 天日均温变化最高可达 20℃，如 2019 年 1 月 29 日和 30 日的日均温分别为 -5.6℃ 和 -25.6℃。2018 年 12 月至 2019 年 1 月期间，1m 处的温度呈先增大后减小的趋势，虽然高于气温，但是与气温的变化趋势完全不同。而 2019 年 2 月中旬至 2019 年 3 月初，1m 处温度虽然与气温变化趋势相同，但是低于气温。随着试验的进行，1m 处日均温逐渐增大，并高于气温。

T2 组煤矸石山 1m 处的日均温波动总体上小于 T1 组。2018 年 12 月初 1m 处的日均温不仅小于气温，且与其变化趋势完全相反，与该时间段的 T1 组变化趋势相同。随着试验的进行，1m 处温度逐渐高于气温，且二者的差距高于 T1 组。

与 T1 组和 T2 组相似，T3 组煤矸石山 1m 处日均温随时间的变化趋势与气温基本相同，且均高于气温。日均气温从 2019 年 2 月底开始高于 0℃，而煤矸石山 1m 处日均温从 2019 年 1 月中旬开始高于 0℃。T2 组煤矸石山 1m 处温度升至 0℃ 的时间同样早于气温，而 T1 组则晚于气温。3 组试验煤矸石山 1m 处日均温高于气温的结果一方面可能是因为煤矸石山 1m 处散热较慢，另一方面该深度处煤矸石发生氧化反应，结合微生物活动，促使温度升高。

（2）2m

与 1m 处相似，煤矸石山 2m 处日均温与气温的关系比较明显，而与湿度的变化趋势明显不同。3 组试验煤矸石山 2m 处的日均温基本上均高于气温，但是波动总体较小，且不同试验组的变化趋势与气温不尽相同。

对于T1组，煤矸石山2m处的日均温均高于0℃。随着试验的进行，该深度处煤矸石日均温与气温的差值呈先增大后减小的趋势。至试验结束，虽然煤矸石山2m处的温度仍高于气温，但是差距逐渐变小，且变化趋势相同。因此，煤矸石山2m处的温度仍受气温影响。

与T1组不同，T2组煤矸石山2m处日均温随时间呈先减小后增大的趋势，且存在小于0℃的情况，发生在2018年11月初，也正是在此时间段，该深度处日均温小于气温。此外，该组煤矸石2m深度处日均温与气温的差距没有随着试验的进行逐渐变小，而是呈先减小后增大再减小然后再增大的趋势，推测该深度处煤矸石温度仍受气温影响。

与T2组相似，T3组煤矸石山2m处日均温随时间呈先下降后升高的趋势，总体上均高于气温，且基本维持在0℃以上。该深度处日均温与气温的差值总体上呈先减小后增大的趋势。试验前期，该组2m深度处煤矸石温度随时间的变化趋势与气温变化趋势相同，但是至2019年9月末，二者的变化趋势截然相反。

（3）3m

与1m和2m处相似，煤矸石山3m处日均温基本上均高于气温。三者日均温均随时间总体上呈波动上升的趋势，但是不同试验组变化趋势不尽相同。虽然煤矸石自燃与含水量有关，但是研究区降雨量较小，且蒸发量大，湿度的较大波动导致其与空气湿度的复杂关系。

T1组煤矸石山3m处日均温变化范围为11.8～76.2℃，而气温的变化范围为-15.1～26.6℃，前者变化范围明显高于后者。试验初期，3m处日均温随时间逐渐升高，且上升速率较小且基本不变，因此日均温的变化不明显，波动较小；随着试验的进行，日均温的波动逐渐增大，而气温的波动相对较小，推测深度的作用逐渐凸显。该深度处煤矸石日均温与气温的差值呈先增大后减小，最后达到动态稳定的趋势。

T2组煤矸石山3m处的日均温变化范围为8.8～57.7℃，变化范围小于T1组。虽然与T1组相似，3m处日均温随时间呈逐渐上升的趋势，但是在试验前期波动大于T1组，后期小于T1组。该深度处煤矸石日均温与气温的差值呈先增大后减小再增大的趋势。

T3组煤矸石山3m深度处的日均温变化为-21.0～36.1℃，在试验初期依旧存在小于0℃的情况。试验初期，该深度处的日均温与气温几乎没有差异，随着试验的进行，2019年1月期间，二者的差异达到最大，随后又逐渐减小直至几乎没有差异，然后又逐渐增大。总体上，二者在2019年2月中旬以后，均随着时间呈逐渐增大的趋势。

（4）4m

煤矸石山4m深度处已经开始发生自燃现象，主要发生在T1试验组。各组试验与气温的关系显著不同，仍与湿度保持复杂的关系。

T1组煤矸石山4m深度处的温度变化范围为-4.5～315.4℃，显著大于气温的变化范围。试验开始至2019年2月底，4m处日均温的波动较小，与气温的差异呈先减小后增大再减小的趋势；随后出现低于气温的现象，发生在2019年3月中旬以后，然后又逐渐大于气温，直至上升至315.4℃的最高日均温。

T2组煤矸石山4m深度处的温度变化范围为11.1～78.7℃，变化范围高于同试验组

3m 处的日均温。试验开始至 2019 年 3 月，4m 深度处煤矸石日均温呈先减小后增大再减小的趋势，与气温的差值则呈现先增大后减小的趋势。2019 年 3 月以后，煤矸石温度呈逐渐上升的趋势，最高达 78.7℃，而气温则呈先增大后减小的趋势，且变化幅度相对较小，因此二者的差异越来越大。

T3 组煤矸石山 4m 深度处的日均温变化为 2.8~59.5℃，与同组 3m 深度处相比，日均温均在 0℃ 以上，且总体上随时间呈逐渐上升的趋势。试验初期和试验结束的时候上升速率较大，其他时间上升速率较小，且整体波动相对较小。该深度处日均温与气温的差异呈现先减小后增大的趋势，至试验结束达到最大。

（5）5m

煤矸石山 5m 深度处已经开始发生自燃现象，主要发生在 T1 试验组，同时 T2 试验组的煤矸石温度也出现明显的上升。与 4m 深度相似，该深度处 3 组试验与气温的关系差异显著，与湿度的关系依旧复杂。

T1 组煤矸石山 5m 深度处的温度变化范围为 13.0~1236.3℃，显著大于 1~4m 煤矸石温度和气温的变化范围。该深度处煤矸石自燃现象明显，到后期直接出现设备离线的现象。总体来看，日均温与气温的差异随着试验的进行逐渐增大。

与 T1 组相似，T2 组煤矸石山 5m 深度处温度也呈现明显的上升趋势，其温度变化范围为 11.1~267.4℃，同样显著大于 1~4m 煤矸石温度和气温的变化范围。该深度处煤矸石温度与气温的差异呈现先增大后减小然后再增大的趋势，且试验临近结束时二者差异出现明显增大，至试验结束达到最大。

与 T1 组和 T2 组不同，T3 组煤矸石山 5m 深度处的煤矸石日均温虽然也随时间呈逐渐升高的趋势，但是其温度变化范围为 0.7~77.7℃，显著小于前两者。与同组 1~4m 处煤矸石日均温相比，其温度变化范围最大，且具有最高的日均温（77.7℃）。该深度处煤矸石的日均温与气温的差值呈先减小后增大的趋势，且与该组 4m 深度处相似，出现低于气温的现象，发生在 2019 年 4~6 月之间。

（6）6m

与 5m 深度处相似，T1 组和 T2 组煤矸石山在 6m 深度处日均温出现显著升高的现象。与 5m 处不同的是，该深度处 T2 组不再是简单的温度升高，而是发生了显著的自燃现象。而 T3 组温度没有观测到显著升高的趋势。同样，该煤矸石山 6m 深度处日均温与气温的关系显著不同，但是与湿度保持复杂关系。

T1 组煤矸石山 6m 深度处的温度的取值范围为 10.2~521.1℃，虽然变化范围不及该组 5m 深度处，但是显著大于气温的变化范围。与 5m 深度处不同的是，6m 处煤矸石日均温在 2019 年 6 月 26~29 日出现显著升高的现象，且在 2019 年 6 月 27 日达到最大值 521.1℃，但是 2019 年 6 月 30 日由 2019 年 6 月 29 日的 325.6℃ 下降至 54.2℃，可见并未发生显著的自燃现象。试验期间，除了 2019 年 6 月 26~29 日期间，日均温与气温的差异总体不大。

T2 组煤矸石山 6m 深度处的温度变化范围为 8.8~1134.8℃，显著大于 1~5m 煤矸石温度和气温的变化范围，发生了明显的自燃现象，后期甚至出现了设备离线的现象。该深度处煤矸石日均温与气温的差值随着试验的进行逐渐增大，且在 2019 年 8 月 31 日出现显著增大，然后维持在较大的水平直至设备离线监测不到煤矸石温度数据。

与T1组和T2组不同，T3组煤矸石山6m深度处的煤矸石日均温变化范围为-4.1~37.6℃，显著小于前两者。与同组试验不同深度相比，该深度煤矸石日均温变化范围明显小于1~5m，虽然相同日期日均温均大于气温，但是与气温的差异总体较小；且除了试验初期与气温的变化趋势不同，随着试验的进行，随时间的变化趋势与气温相同。

（7）7m

3组试验在7m处均发生了明显的自燃现象，气温和空气湿度与该深度处煤矸石日均温的均不存在明显的关系。在该深度处，空气中的水分很难渗透到此处，且空气湿度受气象影响较大，本身随时间的波动就较大，因此对此深度的煤矸石含水量的影响是一个长期的过程。此处温度可能受环境、煤矸石（山）自身因素和微生物的综合影响。

对于T1试验组，煤矸石山7m深度处的温度的取值范围为10.4~1133.1℃，变化范围与同组5m处差异不大，而显著高于6m，发生了明显的自燃现象。由于6m处也发生了明显的温度升高现象，但是试验结束后温度低于100.0℃，推测受5m和7m的综合影响，6m处最终也会发生自燃，自燃后受气温的影响可能较小。

对于T2试验组，煤矸石山7m深度处日均温的取值范围为6.8~1141.0℃，变化范围与同组6m处差异不大，发生了明显的自燃现象，后期同样出现设备离线的状态。试验前期，该深度处日均温与气温差异不大，至自燃发生，二者差异突然增大，推测此时气温的影响很小。

T3试验组煤矸石山7m深度处日均温的取值范围为8.9~679.0℃，变化范围显著高于1~5m和气温，后期同样出现设备离线的现象，发生了明显的自燃现象。试验初期，该深度处日均温高于气温，随着试验的进行，气温与日均温几乎没有差别，但是至试验后期，煤矸石开始蓄热增温，与气温的差异也逐渐增大，至发生明显自燃，二者差异突然增大。

（8）8m

随着试验的进行，各组试验煤矸石山8m处日均温呈逐渐增加的趋势，其各组试验间差异较大，其中T1试验组最为明显，T2和T3试验组日均温增加相对较小，最高日均温均在100.0℃以下。

试验期间，T1试验组煤矸石山8m深度处的日均温的取值范围为5.8~477.3℃，后期出现设备离线的现象。试验过程中，该深度处日均温均大于气温，且随着试验的进行，二者差距逐渐增大，到试验后期达到最大。2019年6月6~7日的日均温分别为234.4℃和477.3℃，随后设备就离线，因此监测不到更高的日均温，推测发生了明显的自燃现象。

T2试验组煤矸石山8m深度处的日均温的取值范围为9.5~75.2℃，变化范围虽然大于气温，但是小于发生自燃的6m和7m。试验期间，该深度处的日均温始终大于气温，且随着试验的进行，二者之间基本上呈逐渐增大的趋势。由于该处距地表距离较大，推测几乎不受气温的影响，因此二者之间的差距可能在一定程度上受上部煤矸石自燃的影响。而根据空气动力学原理，6m和7m煤矸石自燃对5m的影响要高于8m，因此6m和7m出现自燃后8m处日均温小于5m处。

与T1和T2组煤矸石山8m处日均温高于气温不同，T3组该深度处煤矸石日均温出现低于气温的情况，主要发生在2019年4~7月。该处煤矸石日均温的变化范围为7.4~

48.7℃，明显小于该组 7m 深度处，与气温之间的差异呈先减小后增大的趋势。

（9）9m

煤矸石山 9m 深度处可以观测到明显的自燃现象，主要发生在 T2 试验组。与其他深度处相似，该深度煤矸石日均温随时间呈逐渐增加的趋势，但是各试验组的差异较大。由于该层空气流动性较差，因此推测不同组之间的差异主要由煤矸石山内部蓄热增温造成。同样，空气湿度的影响也几乎涉及不到此深度。

对于 T1 试验组，煤矸石山 9m 深度处的日均温的取值范围为 9.9~108.1℃，变化范围高于气温，且仅在 2019 年 5 月 19 日达到最大值，而 2019 年 5 月 18 日和 2019 年 5 月 20 日的日均温分别为 51.3℃和 51.4℃，且与邻近时间的日均温差异不大，因此推测该高温属于偶然现象。该深度处煤矸石日均温与气温的差值总体上呈逐渐增大的趋势，且试验初期，增大趋势较明显，随着试验的进行，二者之间的差值逐渐趋于稳定。

T2 试验组煤矸石山 9m 深度处同时间的日均温的取值范围为 3.6~63.2℃，变化范围高于气温，且同一日期的日均温均大于气温。该深度处煤矸石日均温与气温的差值总体上呈逐渐增大的趋势，且试验初期，增大趋势较明显，随着试验的进行，二者之间的差值逐渐趋于稳定，与 T1 组 9m 处相似。但是至后期，增大速率再次升高。

对于 T3 试验组，煤矸石山 9m 深度处同时间的日均温的取值范围为-7.0~1096.2℃，变化范围显著高于同组其他深度和气温的变化范围，试验后期同样观测到明显的自燃现象，且设备受损而呈离线状态。与其他组不同的是，7m 和 9m 的自燃并未导致 8m 发生明显自燃现象，可能与试验点布设有一定的关系。

（10）10m

各组试验煤矸石山 10m 深度处的日均温均在 100.0℃以下，煤矸石没有发生自燃。各组的日均温随时间呈不同的变化趋势，且与气温呈不同的关系。与其他深度相似，日均温与湿度仍呈复杂的关系。

T1 试验组煤矸石山 10m 深度处日均温的取值范围为 2.7~43.3℃，最高温与该组 2m 深度处无明显差异，但是低于其他深度。试验初期，该深度煤矸石日均温随时间呈波动上升的趋势，但是到试验中后期，随时间发生显著下降，然后出现较大的波动，直至试验结束。日均温在波动上升期间均大于气温，且二者的差距呈逐渐增大的趋势；日均温显著下降至试验结束，与气温的差异变化也出现较大波动，且日均温多数情况下小于气温。

对于 T2 试验组，煤矸石山 10m 深度处同时间的日均温的取值范围为 0.6~43.1℃，与 T1 试验组该深度处相似，但是最高温均低于该组其他深度。试验前期，日均温及其与气温的差异与 T1 组相似，但是后期不同，虽然波动均较大，但是煤矸石日均温多数情况下大于气温。

由上可知，受季节的影响，T1 和 T2 组气温随时间呈先降低后增大的趋势，T3 组则呈先减小后增大再减小的趋势。煤矸石山各深度处的日均温几乎均在 0℃以上，且总体上大于气温。煤矸石山不同深度的温度变化受气温的影响不同。各深度处的日均温与空气湿度均保持复杂的关系。

4.1.5 煤矸石山温度与气温和空气湿地相关性分析

为了将气温和空气湿度和不同深度煤矸石温度的关系进行定量化，将气温和空气湿度与各组煤矸石日均温进行相关性分析（表4-2至表4-4）。结果表明，气温、湿度和不同深度煤矸石日均温之间存在一定的相关性，且不同指标之间的相关性存在差异。

（1）不同深度煤矸石日均温的相关性

对于 T2 组和 T3 组，1m 深度处煤矸石日均温与 2~10m 均呈显著的正相关关系（$P<0.01$）；而对于 T1 组，1m 深度处煤矸石日均温虽然与 2~9m 均呈显著的正相关，但是与 10m 处日均温呈显著负相关性关系（$P<0.01$）。T1 组 1m 深度处煤矸石日均温与其他深度的相关性系数从大到小表现为 9m>3m>4m>8m>7m>2m>5m>6m>10m，且与 3m、4m 和 9m 的相关性系数大于 0.600。T2 组表现为 8m>9m>2m>3m>4m>5m>10m>6m>7m，且仅与 6m、7m 和 10m 的相关性系数小于 0.600。T3 组则表现为 8m>2m>3m>6m=10m>4m>5m>8m>9m，仅与 9m 的相关性系数小于 0.600。可见总体上，T2 组和 T3 组 1m 煤矸石日均温与其他深度相关性较好。由于 T1 组和 T2 组在同一试验点开展，因此推测煤矸石山 1m 深度处日均温与其他深度日均温具有显著的正相关关系。

煤矸石山 2m 深度处日均温与其他深度日均温具有一定的相关性，但是不同组不同深度间存在差异。对于 T1 组，除了 5m，其他深度日均温均与 2m 处日均温呈显著正相关关系，具体表现为 3m>9m>10m>1m>4m>7m>6m>8m，但是仅与 3m 的相关性系数大于 0.500。此外，2m 处日均温与 8m 处在 0.05 水平（双侧）上显著相关，与其他深度在 0.01 水平（双侧）上显著相关。T2 组 2m 深度处煤矸石日均温与其他深度的相关性系数从大到小表现为 9m>8m>3m>4m>1m>5m>10m>6m>7m（$P<0.01$），仅与 6m 和 7m 的相关性系数小于 0.500，而与 3m、4m、8m 和 9m 的相关性系数均大于 9.000。T3 组 2m 深度处煤矸石日均温与其他深度的相关性系数从大到小表现为 1m>3m>6m>10m>4m>5m>8m>9m>7m（$P<0.01$），仅与 7m 和 9m 的相关性系数小于 0.500，而与 1m、3m、6m 和 10m 的相关性系数均大于 9.000。可见，与 1m 深度处相似，T2 组和 T3 组 2m 煤矸石日均温与其他深度相关性较好，因此，该深度处煤矸石日均温与其他深度日均温同样具有显著的正相关关系。

煤矸石山 3m 深度处日均温与其他深度日均温具有不同程度的相关性，且不同组不同深度间差异较大。对于 T1 组，除了 10m，其他深度日均温均与 3m 处日均温呈显著正相关关系，具体表现为 9m>1m>6m>4m>2m>8m>5m>7m（$P<0.01$），且与 9m、1m、6m、4m 和 2m 的相关性系数大于 0.500。T2 组 3m 深度处煤矸石日均温与其他深度的相关性系数从大到小表现为 8m>2m>4m>9m>1m>5m>10m>6m>7m（$P<0.01$），且仅与 6m、7m 和 10m 的相关性系数小于 0.500。对于 T3 组，3m 深度处煤矸石日均温与其他深度的相关性系数从大到小表现为 2m>1m>10m>6m>4m>8m>5m>9m>7m（$P<0.01$），且仅与 7m 和 9m 的相关性系数小于 0.500。因此，T2 组和 T3 组 3m 煤矸石日均温与其他深度相关性较 T1 组明显，与 1m 和 2m 处的结果相符，同样说明煤矸石山不同深度的温度间会相互影响，且主要表现为相互促进的关系，这可能是热传递造成的。

表 4-2　煤矸石日均温、气温和湿度的相关性分析（T1 组）

深度	1m	2m	3m	4m	5m	6m	7m	8m	9m	10m	气温	湿度
1m	1.000	0.355**	0.729**	0.640**	0.329**	0.325**	0.385**	0.433**	0.772**	-0.289**	0.805**	0.152*
2m	0.355**	1.000	0.552**	0.349**	0.128	0.196**	0.245**	0.155*	0.441**	0.401**	0.375**	-0.194**
3m	0.729**	0.552**	1.000	0.564**	0.395**	0.577**	0.378**	0.492**	0.879**	0.002	0.727**	0.057
4m	0.640**	0.349**	0.564**	1.000	0.622**	0.224**	0.401**	0.400**	0.466**	-0.164**	0.493**	0.140*
5m	0.329**	0.128	0.395**	0.622**	1.000	0.344**	0.528**	0.481**	0.359**	-0.051	0.404**	-0.128
6m	0.325**	0.196**	0.577**	0.224**	0.344**	1.000	0.637**	0.460**	0.384**	0.075	0.305**	0.157**
7m	0.385**	0.245**	0.378**	0.401**	0.528**	0.637**	1.000	0.487**	0.269**	0.028	0.335**	0.141*
8m	0.433**	0.155*	0.492**	0.400**	0.481**	0.460**	0.487**	1.000	0.462**	0.033	0.482**	-0.120
9m	0.772**	0.441**	0.879**	0.466**	0.359**	0.384**	0.269**	0.462**	1.000	0.092	0.757**	-0.033
10m	-0.289**	0.401**	0.002	-0.164**	-0.051	0.075	0.028	0.033	0.092	1.000	-0.266**	-0.361**
气温	0.805**	0.375**	0.727**	0.493**	0.404**	0.305**	0.335**	0.482**	0.757**	-0.266**	1.000	0.020
湿度	0.152*	-0.194**	0.057	0.140*	-0.128	0.157**	0.141*	-0.120	-0.033	-0.361**	0.020	1.000

表 4-3　煤矸石日均温、气温和湿度的相关性分析（T2 组）

深度	1m	2m	3m	4m	5m	6m	7m	8m	9m	10m	气温	湿度
1m	1.000	0.879**	0.878**	0.852	0.689**	0.312**	0.234**	0.940**	0.922**	0.546**	0.805**	0.212**
2m	0.879**	1.000	0.938**	0.906**	0.762**	0.326**	0.271**	0.956**	0.964**	0.533**	0.786**	0.218**
3m	0.878**	0.938**	1.000	0.936**	0.768**	0.354**	0.300**	0.954**	0.932**	0.451**	0.846**	0.304**
4m	0.852**	0.906**	0.936**	1.000	0.768**	0.326**	0.291**	0.941**	0.903**	0.364**	0.891**	0.333**
5m	0.689**	0.762**	0.768**	0.768**	1.000	0.641**	0.294**	0.757**	0.709**	0.188**	0.539**	0.285**
6m	0.312**	0.326**	0.354**	0.326**	0.641**	1.000	0.289**	0.309**	0.291**	0.011	0.219**	0.088
7m	0.234**	0.271**	0.300**	0.291**	0.294**	0.289**	1.000	0.286**	0.266**	0.130*	0.261**	0.063
8m	0.940**	0.956**	0.954**	0.941**	0.757**	0.309**	0.286**	1.000	0.978**	0.576**	0.848**	0.249**
9m	0.922**	0.964**	0.932**	0.903**	0.709**	0.291**	0.266**	0.978**	1.000	0.644**	0.826**	0.173**
10m	0.546**	0.533**	0.451**	0.364**	0.188**	0.011	0.130*	0.576**	0.644**	1.000	0.367**	-0.189**
气温	0.805**	0.786**	0.846**	0.891**	0.539**	0.219**	0.261**	0.848**	0.826**	0.367**	1.000	0.154*
湿度	0.212**	0.218**	0.304**	0.333**	0.285**	0.088	0.063	0.249**	0.173**	-0.189**	0.154*	1.000

注：** 表示在 0.01 水平（双侧）上显著相关；* 表示在 0.05 水平（双侧）上显著相关。

表 4-4　煤矸石日均温、气温和湿度的相关性分析（T3 组）

深度	1m	2m	3m	4m	5m	6m	7m	8m	9m	10m	气温	湿度
1m	1.000	0.973**	0.945**	0.813**	0.799**	0.900**	0.301**	0.784**	0.325**	0.900**	0.902**	0.429**
2m	0.973**	1.000	0.968**	0.775**	0.742**	0.918**	0.234**	0.732**	0.329**	0.908**	0.913**	0.416**
3m	0.945**	0.968**	1.000	0.744**	0.685**	0.887**	0.241**	0.705**	0.298**	0.905**	0.901**	0.340**

（续）

深度	1m	2m	3m	4m	5m	6m	7m	8m	9m	10m	气温	湿度
4m	0.813**	0.775**	0.744**	1.000	0.964**	0.553**	0.572**	0.967**	0.490**	0.567**	0.552**	0.443**
5m	0.799**	0.742**	0.685**	0.964**	1.000	0.576**	0.570**	0.952**	0.443**	0.576**	0.571**	0.408**
6m	0.900**	0.918**	0.887**	0.553**	0.576**	1.000	0.168**	0.538**	0.255**	0.961**	0.973**	0.254**
7m	0.301**	0.234**	0.241**	0.572**	0.570**	0.168**	1.000	0.504**	0.589**	0.164**	0.136*	0.137*
8m	0.784**	0.732**	0.705**	0.967**	0.952**	0.538**	0.504**	1.000	0.661**	0.565**	0.542**	0.390**
9m	0.325**	0.329**	0.298**	0.490**	0.443**	0.255**	0.589**	0.661**	1.000	0.246**	0.241**	0.101
10m	0.900**	0.908**	0.905**	0.567**	0.576**	0.961**	0.164**	0.565**	0.246**	1.000	0.958**	0.286**
气温	0.902**	0.913**	0.901**	0.552**	0.571*	0.973**	0.136*	0.542**	0.241**	0.958**	1.000	0.247**
湿度	0.429**	0.416**	0.340**	0.443**	0.408**	0.254**	0.137*	0.390**	0.101	0.286**	0.247**	1.000

注：** 表示在 0.01 水平（双侧）上显著相关；* 表示在 0.05 水平（双侧）上显著相关。

与 1~3m 相似，煤矸石山 4m 处日均温与其他深度处日均温呈不同程度相关关系，且不同组和不同深度的相关性有所不同。T1 组 4m 深度处煤矸石日均温与其他深度的相关性系数从大到小表现为 1m>5m>3m>9m>7m>8m>2m>6m>10m（$P<0.01$），且仅与 1m、3m 和 5m 的相关性系数大于 0.500。与同组 1m 处相似，4m 处日均温与 10m 处日均温呈显著负相关关系，且前者负相关性更大（$P<0.01$）。对于 T2 组，4m 深度处煤矸石日均温与其他深度均呈显著正相关关系，具体表现为 8m>3m>2m>9m>1m>5m>10m>6m>7m，且仅与 6m、7m 和 10m 的相关性系数小于 0.500（$P<0.01$）。T3 组 4m 深度处煤矸石日均温同样与其他深度均呈显著正相关关系，具体表现为 8m>5m>1m>2m>3m>7m>10m>6m>9m，仅与 9m 的相关性系数小于 0.500（$P<0.01$）。

煤矸石山 5m 深度处日均温同样与其他深度具有明显的相关性关系，且不同组不同深度表现不同。对于 T1 组，除了 2m 和 10m，5m 深度处日均温与其他深度处日均温呈显著正相关关系，具体表现为 4m>7m>8m>3m>9m>6m>1m（$P<0.01$），其中仅与 4m 和 7m 的相关性系数大于 0.500，说明 T1 组 5m 处日均温与其他深度日均温的相关性关系不及 1~4m。与 T1 组不同，T2 组和 T3 组 5m 处日均温与其他深度处日均温均呈显著的正相关关系，且相关性系数普遍大于 T1 组（$P<0.01$）。其中 T2 组的相关性系数具体表现为 3m=4m>2m>8m>9m>1m>6m>7m>10m，且仅与 7m 和 10m 的相关性系数小于 0.500；T3 组则表现为 4m>8m>1m>2m>3m>6m=10m>7m>9m，且仅与 9m 的相关性系数小于 0.500。

T1 组、T2 组和 T3 组煤矸石山 6m 处日均温与其他深度日均温相关性存在差异，相关系数取值范围分别为 0.075~0.637，0.011~0.641 和 0.255~0.961，可见 T1 组和 T2 组的取值范围相似，明显小于 T3 组，可能是因为 T1 组和 T2 组均布设在宁夏羊场湾，而 T3 组布设在内蒙古乌海的缘故。对于 T1 组和 T2 组，除了 10m、6m 处，日均温均与其他组日均温呈显著正相关关系，分别表现为 7m>3m>8m>9m>5m>1m>4m>2m 和 5m>3m>2m=4m>1m>8m>9m>7m，相关性系数大于 0.500 的分别为 3m、7m 和 5m。T3 组 6m 处日均温与其他深度均呈显著正相关关系，具体表现为 10m>2m>1m>3m>5m>4m>8m>9m>7m，且相关性系数仅 7m 和 9m 小于 0.500。因此，内蒙古乌海组此深度处的煤矸石日均温与其他深度温度的关系比宁夏羊场湾密切。

各组煤矸石山 7m 深度处日均温虽然仍与其他深度日均温保持显著的相关关系，但是相关性总体上不及 1~6m。T1 组、T2 组和 T3 组的相关性系数取值范围分别为 0.028~0.637，0.130~0.300 和 0.164~0.589，差异不是很大。对于 T1 组，除了 10m，7m 处日均温均与其他组日均温呈显著正相关关系，且仅与 5m 和 6m 的相关性系数大于 0.500（$P<0.01$）。T2 组 7m 处日均温虽然均与其他组日均温呈显著正相关关系，但是均小于 0.500（$P<0.05$）。与 T2 组相似，T3 组 7m 处日均温与 10m 处在 0.05 水平（双侧）上呈显著正相关，与其他深度在 0.01 水平（双侧）上呈显著正相关；不同的是后者与 4m、5m、8m 和 9m 的相关性系数均大于 0.500。可见，与 6m 处相似，内蒙古乌海组此深度处的煤矸石日均温与其他深度温度的关系比宁夏羊场湾密切。

T1 组煤矸石山 8m 深度处日均温与其他深度的相关关系总体上不及 T2 组和 T3 组，三者的相关性系数取值范围分别为 0.033~0.492，0.286~0.978 和 0.504~0.967，不同组之间差异较大。其中 T1 组，除了 10m、8m 处，日均温与其他深度呈显著的正相关关系，与该组 7m 深度处一致，不同的是 8m 处相关性系数均小于 0.500。T2 组的相关性系数则总体上大于该组 7m 处，且仅 6m 和 7m 处小于 0.500。T3 组的相关性系数同样总体上大于该组 7m 处，且均大于 0.500。

T1 组、T2 组和 T3 组 9m 处日均温与其他深度处的相关关系有所不同，总体上宁夏羊场湾的相关性系数大于内蒙古乌海，三者相关性系数取值范围分别为 0.092~0.879，0.266~0.978 和 0.241~0.661。与 7m 和 8m 相似，T1 组 9m 处日均温与除了 10m 外的其他深度处日均温均呈显著正相关关系（$P<0.01$），相关性系数仅 1m 和 3m 大于 0.500。T2 组和 T3 组 9m 处日均温与其他深度均呈显著正相关关系，且前者的相关性系数仅在 6m 和 7m 处小于 0.500，与 8m 处一致，后者的相关性系数仅在 7m 和 8m 处大于 0.500，与该组 8m 处不同。

综上可知，煤矸石山 10m 深度处日均温与其他深度的相关性关系总体表现为 T3>T2>T1。T1 组仅与 2m 呈显著正相关关系，却与 1m 和 4m 呈显著负相关关系（$P<0.01$），与其他深度相关关系不显著（$P>0.05$）。对于 T2 组，除了 6m、10m 处煤矸石日均温与其他组呈显著正相关关系，且与 1m、2m、8m 和 9m 的相关性系数大于 0.500（$P<0.05$）。T3 组 10m 处日均温与其他深度均呈显著正相关关系，且仅与 7m 和 9m 的相关性系数小于 0.500。可见，内蒙古乌海煤矸石山 10m 处日均温与其他深度日均温的关系比宁夏羊场湾密切。

（2）气温与煤矸石日均温的相关性

气温与不同组不同深度的煤矸石日均温间的相关性存在差异。T1 组、T2 组和 T3 组不同深度煤矸石日均温与气温的相关性系数取值范围分别为 -0.266~0.805，0.219~0.891 和 0.136~0.973，从大到小的顺序分别为 1m>9m>3m>4m>8m>5m>2m>7m>6m>10m，4m>8m>3m>9m>1m>2m>5m>10m>7m>6m 和 6m>10m>2m>1m>3m>5m>4m>8m>9m>7m（$P<0.05$）。对于 T1 组，气温仅与 10m 深度处煤矸石日均温呈显著负相关关系，与其他深度日均温则呈显著正相关关系；其中与 1m、3m 和 9m 的相关性系数大于 0.500，且气温对 1m 处煤矸石温度影响最大。对于 T2 组，气温与各深度处日均温均呈显著正相关关系，且

仅与6m、7m和10m的相关性系数小于0.500，因此该组受气温的影响比T1组显著。这种结果可能是由堆放条件引起的。对于T3组，气温仅与7m和9m的相关性系数小于0.500，且总体上大于T1组和T2组，可见内蒙古乌海不同深度煤矸石温度受气温影响较宁夏羊场湾大。

（3）湿度与煤矸石日均温的相关性

湿度与不同组不同深度的煤矸石日均温间的相关性同样存在差异。T1组、T2组和T3组不同深度煤矸石日均温与湿度的相关性系数取值范围分别为-0.361~0.157，-0.189~0.333和0.101~0.443，虽然相关关系较气温和深度复杂，但是相关性系数普遍小于二者。对于T1组，湿度与1m、4m、6m和7m呈显著正相关关系，而与2m和10m呈显著负相关关系（$P<0.05$），与其他深度无显著相关关系（$P>0.05$）。对于T2组，湿度与1m、2m、3m、4m、5m、8m和9m呈显著正相关关系，而与10m呈显著负相关关系（$P<0.05$），与6m和7m无显著性相关关系（$P>0.05$）。对于T3组，湿度与除了9m外的煤矸石日均温均呈显著正相关关系（$P<0.05$）。由此可见，多数情况下，湿度对煤矸石温度具有提高作用，但是不同试验组之间差异较大，且对内蒙古乌海的提高作用要强于羊场湾。

4.1.6 小结

（1）煤矸石自燃优先发生在5m以下，此研究结果可以为研究区煤矸石的分层碾压间距提供一定的理论支撑，建议研究区煤矸石分层碾压间距控制在5m以内。

（2）三组试验首次监测到自燃经历的时长差异不大，分别为227d、259d和244d；煤矸石山不同深度发生自燃的时间和蓄热过程存在差异，自燃的发生可能经历不止一次的蓄热过程，且自燃能够促进附近煤矸石的蓄热增温，从而引发更大面积的自燃；自燃发生处煤矸石温度波动较大，温度变异系数最高可达3.29，是最小值的14.95倍。

（3）煤矸石山各深度处的日均温几乎均在0℃以上，且总体上大于气温。煤矸石山不同深度的温度变化受气温的影响不同。各深度处的日均温与空气湿度均保持复杂的关系。气温、湿度和不同深度煤矸石日均温之间存在一定的相关关系，且不同指标之间的相关性存在差异。

4.2 防止煤矸石发生自燃的积木式新土体构建技术

根据煤矸石山自燃优先发生在5m以下的结论，通过"隔室"堆储技术构建积木式新土体技术。2019年7月21~30日进行现场试验布设，2019年7月31日开始测量每个"隔室"中心点的温度动态变化特征于2020年4月25日结束试验，监测时长为270d，长于煤矸石自燃发生过程中任何一组煤矸石首次发生自燃的时间，可以有效评价积木式新土体防止煤矸石自燃的效果。监测结束后，该固废存储利用中心规划为工业广场。

4.2.1 5m深度处温度动态变化

试验期间，T1~T6的温度变化范围分别为22.4~45.9℃，31.2~49.8℃，25.1~45.7℃，26.1~44.8℃，22.7~8.0℃和27.0~44.3℃，均小于50.0℃。T1~T6日均温度随

时间总体上呈先减小后增大的趋势，且存在波动，总体变化趋势与季节温度变化趋势相同。由于 T1~T6 测温点所在的位置与地表的距离为 5m，与其进行交换的可能性较大，因而温度在一定程度上受环境温度的影响。试验前期，煤矸石未开始蓄热，"隔室"之间温度变化差异不大，随着试验的进行，T1~T6 之间的差异逐渐增大，总体上 T2 的温度最大。2019 年 11 月以后，T1 的日均温下降趋势逐渐增大，日均温逐渐降为最低。

4.2.2　10m 深度处温度动态变化

T7~T12 的温度变化范围分别为 16.3~41.8℃，15.4~44.8℃，11.1~41.8℃，16.3~42.1℃，15.1~43.2℃和17.5~44.0℃，最高温和最低温均小于 T1~T6。试验期间，T7~T12 日均温总体上呈逐渐降低的趋势，试验即将结束时，有上升的趋势，各测温点的波动均较大。与 T1~T6 相似。试验初期，T7~T12 的差异不大，随着试验的进行，彼此之间差异逐渐增大。由于 T7~T12 距地表 10m，与空气进行交换的可能性较小，因此波动的产生与气温的季节变化几乎没有关系，可能受煤矸石自身性质影响。此外，"隔室"堆储时间为 2017 年 7 月下旬，气温较高，煤矸石暴露在空气中，因此环境温度较高。"隔室"堆储完成后，煤矸石不再吸收地表热量，气温逐渐降低；后期地表温度上升时，日均温虽然有所上升，但是上升幅度较小，且上升时间较 5m 有所滞后。

4.2.3　温度变异性分析

温度变异性分析可以定量表征温度随时间的波动大小，温度变异性系数越大，波动性越大。T1~T12 的温度变异系数结果表明（表 4-5），5m 和 10m 的温度变异系数取值范围分别为 0.12~0.20 和 0.17~0.27。10m 处平均温度变异系数是 5m 的 1.53 倍，日均温随时间的变异性更强，波动性越大。可见，虽然 T1~T6 与地表的距离较小，更容易与空气进行热量交换，但是煤矸石的蓄热增温过程受多种因素的影响，各种因素的综合作用致使 T7~T12 的日均温具有更大的波动性，且 T9 的波动性最大。

表 4-5　各试验组不同深度的温度变异系数

编号	T1	T2	T3	T4	T5	T6	平均值
温度变异系数	0.20	0.12	0.15	0.14	0.19	0.12	0.15±0.04

编号	T7	T8	T9	T10	T11	T12	平均值
温度变异系数	0.26	0.23	0.27	0.21	0.17	0.26	0.23±0.05

4.2.4　小结

（1）以"隔室"堆储技术构建的积木式新土体能够有效防止煤矸石发生自燃。

（2）积木式新土体 5m 深度处的温度受环境影响较 10m 深度处大；受环境和煤矸石性质的综合影响，土体内部不同位置的温度波动存在差异。

4.3　煤矸石自燃风险评价研究

4.3.1　内蒙古乌海海勃湾区

2019 年 11 月 15 日和 2020 年 8 月 3 日分别采用温度计和热像仪对内蒙古乌海海勃湾区排放年限为 4 年的煤矸石山地表温度(39°38′14″N，106°54′20″E)进行了监测，测量间距为 5m(图 4-3)。

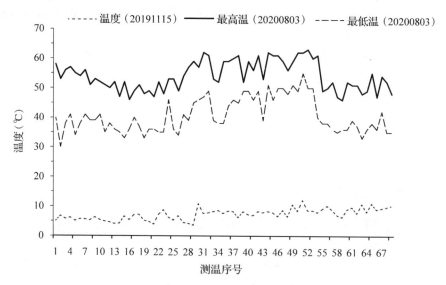

图 4-3　海勃湾煤矸石山地表温度变化特征

由图 4-3 可知，煤矸石山地表不同位置的温度存在差异，可能受地表状况和煤矸石山内部蓄热的综合影响。受气温的影响，2020 年 8 月 3 日的煤矸石山地表温度高于 2019 年 11 月 15 日，相差最高可达 42.4℃。2019 年 11 月 5 日温度计测量和 2020 年 8 月 3 日热像仪测量的最高温和最低温变化范围分别为 3.6~12.1℃，46~63℃ 和 30~42.4℃。现场监测过程中发现，煤矸石山边缘及与其他山体接触的地方更易发生自燃，自燃发生位置地表湿度较大，并出现明显的返盐现象，冬季还可以在地表观测到明显的白烟和裂隙。

4.3.2　内蒙古乌海海南区

2019 年 11 月 15 日和 2020 年 8 月 3 日，利用热像仪对海南工业园固废储存利用中心煤矸石排放 6 年的煤矸石表面进行温度监测(图 4-4)。结果表明，2 次测量煤矸石山地表温度均呈较大的波动，最高可达 76℃，主要发生在煤矸石边缘和与其他山体接缝的地方，这些地方山体紧实度不足，给煤矸石自燃提供了充足和氧气，因此当蓄热条件到达一定程度时便发生自燃，自燃加剧裂隙的产生，因此自燃处经常伴随裂隙存在。

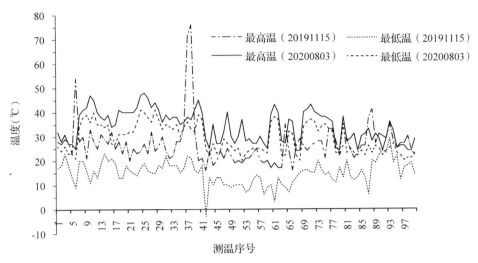

图 4-4　海南区煤矸石山地表温度变化特征

4.3.3　宁夏羊场湾一区排矸场

2019 年 11 月 17 日和 2020 年 9 月 1 日(排矸时间 1 年)分别对羊场湾一区排矸场的地表温度进行了测量,其中 2019 年 11 月 17 日采用的是热像仪,2020 年 9 月 1 日则分别采用无人机和热像仪进行了测量。其中无人机获取的红外图像采用 DJI Thermal Analysis Tool 工具进行分析,获取温度数据。

将同点位热像仪和无人机测量的 50 个测温数据进行对比分析(图 4-5),发先无人机的测量温度较低,具体范围为 1.7~4.8℃,平均为 3.56℃。无人机和热像仪的测量结果如图 4-6 所示。可见热像仪和无人机均可以用来进行煤矸石山自燃风险评价。

结果表明,2020 年 9 月 1 日排矸场地表温度普遍高于 2019 年 11 月 17 日,推测同样受季节因素的影响。2019 年 11 月 17 日,地表温度的波动均较大,最高温可达 61℃,现

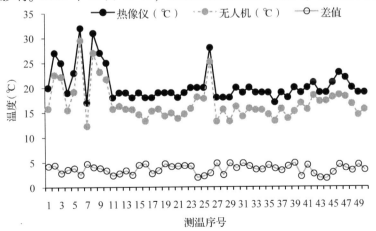

图 4-5　热像仪与无人机测量地表温度对比

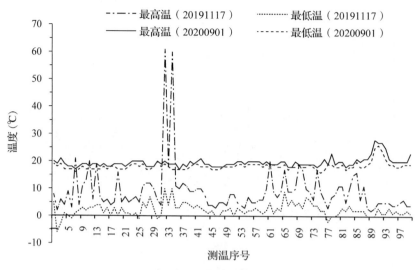

图 4-6　羊场湾矸石山地表温度变化特征（热像仪）

场可以观测到明显的自燃现象，地表湿度明显较大，出现返盐并可观察到白烟。2020 年 9 月 1 日，地表最高温和最低温的差距和波动均较小，可能原因是与 2019 年 11 月 17 日相比，排矸场进行了表土覆盖和植被恢复，煤矸石内部的蓄热增温得到一定控制。

4.3.4　小结

综上可知，发生自燃的煤矸石山地表湿度较大，温度可达 70℃以上；煤矸石山边缘及与其他山体接触的地方更易发生自燃；煤矸石排放一段后，由于内部发生自燃产生裂隙，进一步加剧煤矸石自燃现象。因此，在煤矸石堆放的过程中，应该采用分层碾压的方式有效阻隔氧气进入煤矸石山内部，进而有效防止煤矸石发生自燃。

4.4　自燃煤矸石山新土体构建技术

在进行隔室堆储的过程中，发现乌海市煤矸石自燃情况明显，并决定在内蒙古乌海市进行煤矸石灭火试验。针对内蒙古乌海市海南区发生自燃的煤矸石山，进行了挖除火源、充注浆液、晾晒降温等灭火试验，灭火的过程中采用测温探头实时监测煤矸石和环境温度的动态变化（图 4-7、图 4-8）。充注浆液采用水和粉煤灰、黄土混合的方式，充注深度为 1m。研究结果表明，充注浆液的效果并不理想，虽然前期温度发生明显下降，但是煤矸石有复燃的风险。晾晒降温过程中，虽然温度变化呈现波动，但与地表温度波趋势一样，且明显小于自燃煤矸石山的温度。根据此研究结果并结合研究区实际情况分别构建了土矸分层间隔与矸土混合的新土体。

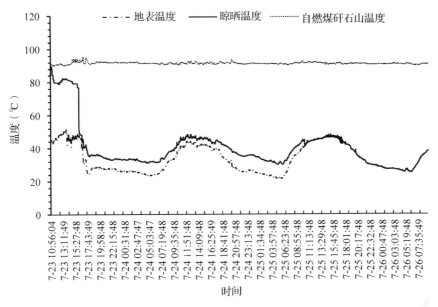

图 4-7　晾晒降温煤矸石温度变化

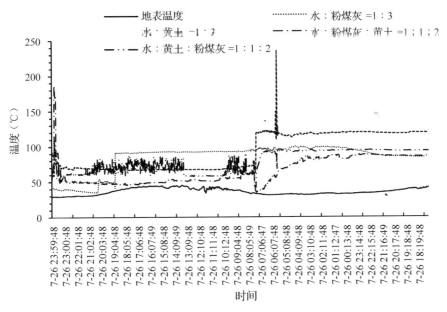

图 4-8　注浆灭火煤矸石温度变化

4.4.1　土矸分层间隔的新土体构建技术

本技术适用于自燃煤矸石山所在处靠近水源且进行了重新规划，需要将煤矸石运送至指定陈旧矿坑进行再利用的新土体构建技术。本研究在内蒙古乌海市海南区进行，构建的新土体用于构建工业广场，具体工艺如下：

（1）推开火源

首先通过现场勘查确定发生自燃的煤矸石山，然后通过铲车从煤矸石山的一侧进行开挖，将自燃的煤矸石挖除。开挖过程中利用洒水车进行洒水，达到洒水防尘的目的，以避免开挖产生的灰尘造成环境污染。

（2）喷灌灭火

开挖过程中实施勘查煤矸石的自燃状况，发现白烟冒出或者有明火时，利用附近水源进行喷灌灭火。当表面明火和白烟消失后，继续开挖，发现明显自燃现象时继续采用喷灌灭火。洒水防尘和喷灌灭火循环往复，直至扑灭火源。同时将灭火后的煤矸石堆放至一旁进行晾晒，监测温度的动态变化，当温度降至与环境相近并保持稳定后，灭火结束，否则继续进行喷灌灭火。

（3）异地填埋构建新土体

灭火晾晒后的煤矸石，通过卡车运送至指定的陈旧矿坑进行分层构建，形成土矸分层间隔的新土体。

4.4.2　砂矸混合的新土体构建技术

本技术适用于自燃煤矸石所在地砂土资源丰富，可以将煤矸石原位回填的新土体构建。本研究在内蒙古乌海市海勃湾区进行，构建的新土体用于光伏发电。具体工艺如下：

（1）推开火源

首先通过现场勘查确定发生自燃的煤矸石山，然后利用挖掘机从煤矸石山的一侧进行开挖，并借助卡车、铲车等将开挖的煤矸石运至附近的空旷处。开挖过程中，对于自燃严重、可以看到明火的区域，首先利用挖掘机将其挖出，然后用砂土进行覆盖进行初步灭火，待明火熄灭后运至空旷处；对于看不到明火的煤矸石，直接开挖运至空旷处。

（2）晾晒降温

开挖出的煤矸石运至空旷处后，平铺进行晾晒，厚度不宜超过2m，同时监测不同位置的煤矸石温度变化。如果温度呈现明显的下降趋势，则说明晾晒效果明显；如果温度保持不变甚至出现上升的趋势，则说明煤矸石自燃现象仍旧很明显，此时需要通过搅拌砂土和降低平铺厚度的方式进行灭火。待降至与环境温度相近并保持稳定时结束。

（3）搅拌砂土

晾晒降温结束后，添加砂土进行搅拌，添加比例根据煤矸石自燃情况调整。

（4）原位回填构建新土体

灭火后的煤矸石搅拌砂土后采用分层碾压的方式进行原位回填。回填之前首先对底部进行基础夯实，然后以5m为间隔进行分层回填。每层回填后均进行碾压夯实，并采用粉煤灰作为隔离层，厚度为0.5m。全部回填结束后，在表层覆盖0.5m的黄土。原位回填后对煤矸石山进行温度定点监测，评价灭火效果。

第5章

基于植被恢复的新土体构建技术

5.1 新土体稳定性分析

试验获取了煤矸石和土体的宏细观力学特性，提出了矸土多尺度定量测定新技术；将矸石料细观组构演化、级配、围压和孔隙等要因素用统一的状态方程描述，结合分型理论建立了煤矸石本构模型，开发了模型的有限元程序，完成了采煤迹地水土保持边坡的稳定性分析；利用矿区废弃物分层构建多种方案的土体，通过土体微量元素的定量检测、土壤指数、土体指数及试验示范优化方案，最终完成了采煤迹地"2+1"新土体构建技术。

5.1.1 新土体稳定构建技术

基于采煤迹地岩土组构、矿物成分和风化特性，以及潜在酸化能力与灌溉后土壤盐渍化风险，采用宏细观结合的方法研究有利于植被水肥供给和边坡长期稳定性，以及防止煤矸石自燃的新土体构建技术。分析新土体的矿物、生物特性，试验研究其物理力学参量，结合矸、土(石)颗粒的形状、大小及其颗粒排列细观组构分析，研究土体构建人造钙积层技术，采用宏细观结合的方法构建新土体的本构模型，根据极限分析原理，运用本构模型分析新土体的稳定性。基于土体稳定性与煤矸石自燃防控要求，研究近自然土体构型的分层排放技术，通过分层剥离、有序堆放、交错回填的采排复一体化技术重构土体，优化新土体组构、粒径级配。通过近自然新土体的构建，使新构土体剖面结构及土壤的理化性质能够满足近自然地形坡体稳定和植被恢复要求。

对灵武和乌海大部分示范、试验场地岩土勘察和取样等工作。完成了矿区矸石、砂土、黄土、沙黄土等矸土类型的采集、分类和资料收集，为该地区新土体近自然构造提供了基本资料；完成了灵武羊场湾煤矿矿区砂土真三轴排水和不排水一系列室内试验，为土体真正三维空间的受力表现的强度规律提供了试验资料；完成砂土、黄土三轴渗透室内试验，为羊场湾矿区土体渗水特性、新土体在降雨条件下强度变化规律提供参考；完成了煤矸石宏观细观图像采集及测定。选定羊场湾煤新堆积矸石山为研究对象，采用用无人不同位置的拍照，用图像处理分析技术测定煤矸石颗粒形状、大小、排列方式等，获取其粒径级配数据；完成了矸石本构模型构建及边坡稳定性分析。基于材料状态相关塑性位势理论完成了堆石料的本构模型的建立，利用堆石料的常规三轴排水试验进行了模型验证，基于ABAQUS开发堆石料模型的有限元程序，并分析了三维空间堆石料边坡的变形规律及稳定性，尤其在不同降雨条件下不同类型边坡的受力特性分析。完成了平地、坡地"2+1"新土体构建的技术方案设计和构建技术规程，为新土体技术推广做了一定准备。

5.1.1.1 矸土物理力学测定技术

矿区岩土工程勘察，结合现有矿区工程地质、煤矸石、土体、土壤、水资源分布、气象资料等研究成果的收集，全面了解采煤迹地新土体构建的关键要素的基本特性。如：矸石的物理、化学、力学特性；土体的物理、化学、力学、渗流、生物等特性。尤其是土体的力学特性，对新土体稳定构建有重要影响。因此，前期工作主要集中在土体的室内试验和室外采样等方面，取得了初步成果。

（1）砂土与黄土的渗流试验

采用室内渗流试验来测定矿区广泛分布的砂土和黄土的渗透性，试验确定同一孔隙比、不同围压条件下渗流量随时间的变化规律，试验确定影响砂土及黄土的渗透系数的主要因素，能为矿区新土体构建及生态修复等工程提供参考；同时考虑到黄土渗透性的各向异性和砂土多粒径的影响，通过试验分析重塑黄土的渗透性差异以及混合粒径砂土影响渗透性的因素，从而使得试验结果更加符合和有利于指导工程实践。通过系列试验得到了矿区广泛分布的砂土和黄土渗透规律。图5-1为系列渗透试验得出的渗透系数随围压变化的规律，图5-2为不同围压同一密实度砂土的渗流关系，这些系列试验可以为不同密实度新土体构建提供参考。

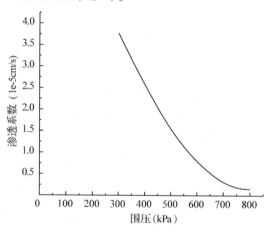

图5-1 渗透系数随围压的变化

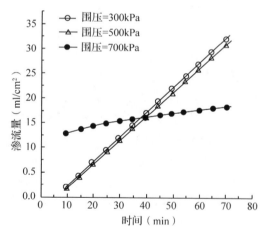

图5-2 不同围压渗透性规律

（2）砂土与黄土的渗流试验

固结试验是通过原状土、砂土和黄土的室内试验，得到土体的干容重、湿容重、干湿密度、含水率、孔隙比等基本参数的基础上，通过固结试验得到随着围压变化土体、变形和孔隙比的变化，最终得到随围压变化孔隙比的变化规律，即得到原状土、砂、黄土的压实规律，为新土体构建提供参数。

原状土为灵武羊场湾煤矿煤矸石排放场的新土体示范区，首次试验的 4 个类型，8 个采样点，32 个试样的试验设计，新土体 2019 年 3 月施工，9 月采样，新土体自然分化 6 个月，土体密实度等物理参数相对稳定。试验设备采用南京土壤设备厂的固结仪。试验的基本物态指标见表 5-1，几个采样点的固结数据如图 5-3 所示，图中（a）、（b）、（c）为试验点的新土体随时间、轴向压力作用下的沉降图，图 5-3(d) 为 e-p 曲线，可以看到新土体不同排比的孔隙比变化区别较大，砂土含量多的新土体压缩性不强，黄土含量多的土体容易压缩，且有较高的密实度。

表 5-1 原状样基本物态指标

试样编号	试样质量(g)	试样体积(cm³)	天然密度(g/cm³)	天然孔隙比	天然含水率(%)
3#1	158.4	100	1.58	0.77	5
4#2	158.0	100	1.58	0.77	5
5#4	161.8	100	1.62	0.73	5
6#4	155.0	100	1.55	0.81	5

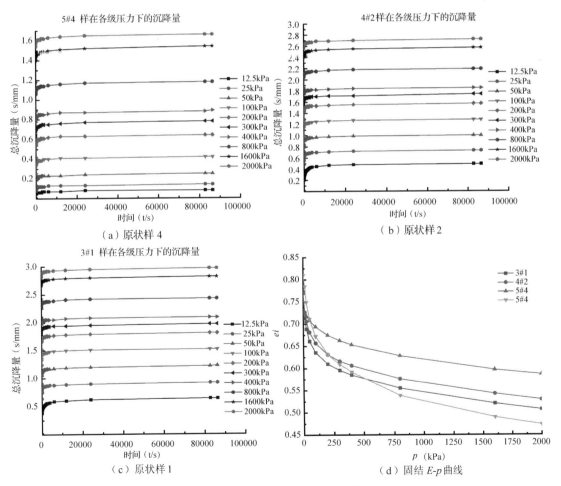

图 5-3 不同围压渗透性规律（原状土）

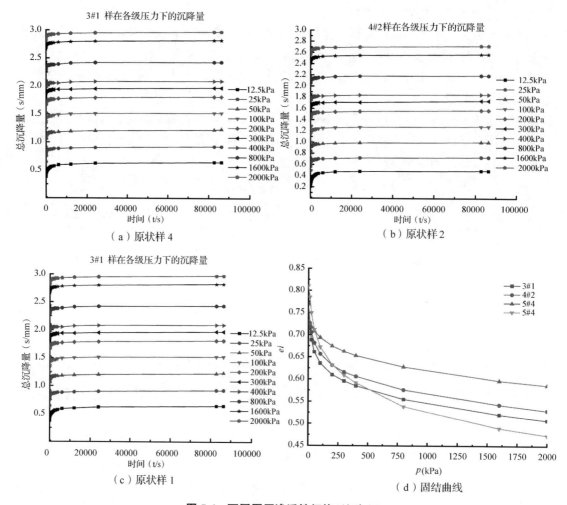

图 5-4　不同围压渗透性规律（纯砂土）

图 5-4 为纯砂土随时间、压力的沉降曲线和 $E-p$ 曲线。这为不同配比砂土含量新土体提供参考数据。

（3）砂土与黄土的渗流试验

用 GDS 真三轴试验仪对矿区砂土做了系列的固结不排水试验，主要内容如下：①对饱和砂土在中主应力系数 $b=0$ 围压不同的条件下进行不排水剪切的真三轴试验（图 5-5）；②对饱和砂土在固结围压相同且中主应力系数不同的条件下进行了不排水剪切的真三轴试验；③对饱和砂土在围压不同且中主应力系数 $b=1$ 的条件下进行了不排水剪切的真三轴试验（图 5-6）。试验结果表明，砂土的强度随着固结围压和中主应力系数的增加而增加，得到了不同围压和中主应力系数下孔隙水压力的变化特性，最后通过对大量试验数据的整理与分析得出了砂土破坏强度临界状态线。

主要的结论为：针对相对密实度为 0.7 的腾格里沙漠风积砂，采用英国 GDS 真三轴测试系统，分别进行了同一围压、不同中主应力系数和同一中主应力系数、不同围压的真三轴不排水试验。通过孔隙水压力、广义剪应力、平均有效正应力、应力比等试验变化规律，

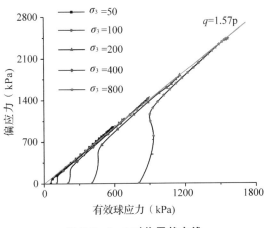

图 5-5　$b=0$ 时临界状态线

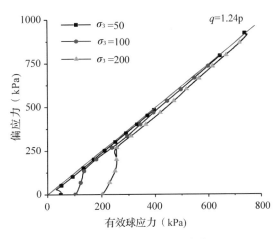

图 5-6　$b=1$ 时临界状态线

获取密实风积砂的三维变形、破坏、剪胀、临界状态和状态转换特征。同一围压、不同中主应力系数剪切试验结果表明：围压 100kPa 条件下，随中主应力系数增加，孔隙水压力由增加到减小的状态转换点增大且提前，密砂的剪缩特性增大，强度增大。同一中主应力系数、不同围压的试验表明：低围时孔隙水压力总体上表现为负向增加，高围压下表现为正向增加，说明风积砂密实砂样在低围压表现为剪胀，高围压表现为减缩。状态转换点随围压增加而增大，但随着变形增加，所有围压都趋于相同的临界状态线和状态转换线。当 $b=0$ 时，临界状态线为 $q=1.57p$，状态转换线为 $q=1.47p$，当 $b=1$ 时，临界状态线为 $q=1.24p$，状态转换线为 $q=1.18p$。试验得到不同的临界状态线可以将不同密实度、不同围压的砂视为一种材料描述，克服其因为力学特性相差大而视为不同材料的不足，试验结果可以为风积砂力学特性和腾格里沙漠地区岩土工程设计、施工和生态保护提供试验依据。

（4）砂土与黄土的渗流试验

用 GDS 真三轴试验仪对矿区砂土进行了一系列不同固结围压、不同中主应力比、排水的真三轴剪切试验，主要内容为：①英国 GDS 真三轴仪采用了刚性板加柔性面的加载方式，仪器主要由主机、压力室、加荷系统等构成通过软件控制加载，实现了自动化、高精度测试；②完善了砂土试样在装样过程中的真空环境获得、试样的密封性，以及在加载过程中加载板互相抵触的问题；③对腾格里沙漠砂进行了饱和密砂土的不同固结围压、不同中主应力系数 的排水剪切试验，并对试验数据进行了相应的分析与探讨。

主要结论为：采集腾格里沙漠的风积砂，用分层落砂法制成 75mm×75mm×150mm 长方体密砂试样，控制相对密实度为 0.7，采用英国 GDS 真三轴仪进行试验。试验采用应变控制，用中主应变系数控制真三轴试样三个方向的应变分配比例，剪切过程实时采集中主应力系数变化规律，结果显示采用应变控制能够保证整个过程中的中主应力系数保持恒定不变，和试验设定的目标值一致。在 σ_3 恒为 100kPa 条件下、b_ε 分别为 0，0.25，0.5，0.75 和 1 的试验结果显示：试样三个正交方向上的应力—应变关系均为硬化型；随着 b_ε 的变化，三个主方向的应力—应变产生了明显的差异，表现出明显的各向异性。广义剪应力的峰值随着 b_ε 的增大而增大，除 $b_\varepsilon=0.75$ 条件下试样表现出先剪缩后剪胀的特性，其他试样整体表现剪缩特性。同一 b_ε 不同围压的试验结果表明：低围压时，三维应力—应变关系表现为硬化型；随着围压的升高，应力应变关系都表现出硬化、峰值、软化、稳定的变形特点。低围压时剪缩特性不明显，主要表现为剪胀；随围压升高，剪缩特性逐渐增加，剪胀特性减弱，试样整体上由剪胀向剪缩过渡，当围压达到 800kPa 时，试样完全表现为剪缩特性。

5.1.1.2 煤矸石及土体的本构描述

采用李小梅等固结排水剪切试验成果，试验设备为大型三轴仪器。采用不同相对密实度的试样，采用 300kPa、600kPa、1000kPa 和 1500kPa 四种围压下进行剪切试验。试样母材为白云质灰岩。其颗粒比重为 $2.77g/cm^3$，粒径均小于 800mm，级配良好，不均匀系数 Cu 和 Cc 分别为 35.48 和 1.35。为了表征不同相对密实度下的堆石料强度特性，采用四种级配试样进行制样，其相对密实度分别为：0.65，0.75，0.90 和 1.0。试样分为 5 个粒组，按照一定比例混合均匀后，得到了不同分形维数、不同级配的试样。其级配参数配置和试验粒径颗粒参数详见表 5-2 和表 5-3。

表 5-2 试验级配参数

级配	曲率系数 C_c	不均匀系数 C_u	初始分形维数 D_0
级配 1	1.18	6.00	2.082
级配 2	1.64	10.55	2.285
级配 3	2.17	17.23	2.425
级配 4 $\nu=0.3$	1.70	18.77	2.531

表 5-3 试验粒径颗粒参数

级配	小于某粒径(mm)颗粒质量百分比含量(%)					
	60.0	40.0	20.0	10.0	5.0	1.0
级配 1	100	75.7	44.3	22.9	10.0	3.0
级配 2	100	81.6	53.5	30.8	17.0	6.5
级配 3	100	85.4	60.8	39.4	24.0	9.5
级配 4 $\nu=0.3$	100	89.4	68.2	48.3	31.0	11.8

从堆石料的颗粒级配参数可知，该试样粒径的颗粒尺寸较大，主要分布在 60mm 至 1mm 之间。研究表明，在一定压力下，堆石料不同粒径颗粒会发生不同程度的破碎，从而引起试样级配的变化，而且这种变化会影响到堆石料颗粒材料的强度特性。考虑到分形维数可以直观、定量反映出堆石料颗粒级配的变化，可间接反映出对堆石料强度特性的影响。

(1)本构模型的建立

基于材料状态塑性相关位势理论建立堆石料的本构模型。使用分形理论，根据矸石颗粒级配及颗粒破碎对分形维数的影响，表征了矸石颗粒分布和载荷作用下颗粒破碎的规律，借助宏细观结合定义的各向异性状态变量和堆石料分形维数的变化规律，建立了堆石料的屈服与破坏准则，结合材料相关概念和堆石料强度试验结果，建立了考虑其细观组构、分形维数、颗粒破碎和应力状态的临界状态方程，基于材料特性组构塑性位势理论推导了矸石的剪胀方程，以及受临界状态影响的硬化准则，在新位势理论框架下建立了一般应力空间的矸石的本构模型。模型的基本特性见图 5-7 至图 5-9。

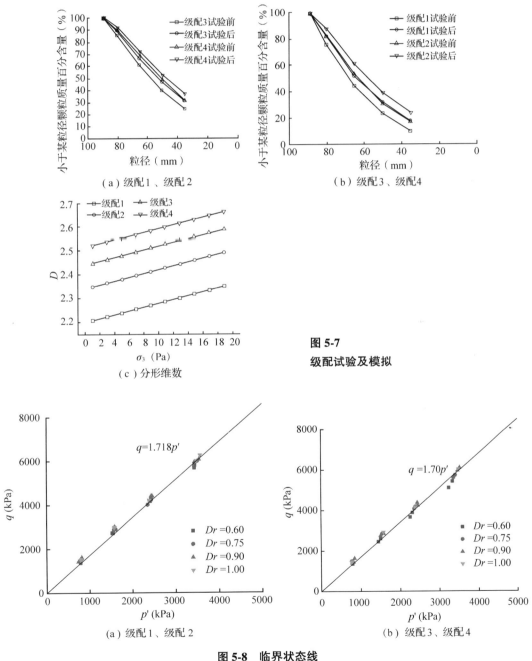

图 5-7
级配试验及模拟

图 5-8　临界状态线

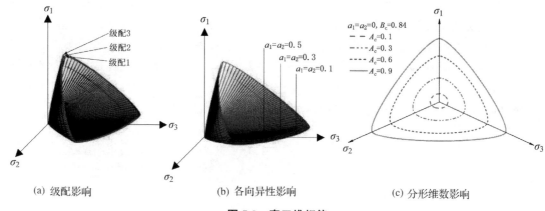

(a) 级配影响　　　　　　(b) 各向异性影响　　　　　　(c) 分形维数影响

图 5-9　真三维规律

（2）矸石本构模型常规三轴排水试验验证

新建模型建立了堆石料细观颗粒和应力状态之间关系，用各向异性状态变量来反映因颗粒排列规律不同而产生的各向异性，即原生各向异性与次生各向异性，反映了应力诱发各向异性与原生各向异性的细观本质，同时考虑了堆石料分形维数、颗粒破碎、级配等因素对其临界状态线的影响，通过堆石料排水强度试验结果验证了模型对各种应力路径下临界状态描述的性能，模拟了其三维空间强度变化及其在 平面上强度变化规律，对应力应变关系模拟验证模型有效性和合理性。

图 5-10(见链接)中分别为三种堆石料级配在 $Dr=0.75$ 的模型试验结果和模拟预测结果对比图。从应力—应变曲线可以看出，本文建立的本构方程可以较好地预测堆石料的剪胀特性，①级配不均匀系数和初始分形维数对堆石料体胀的影响具有正相关性，而且随着剪应力 峰值的增大，堆石料的软化现象越明显；②试验结果表明，围压对堆石料软化向硬化的状态过程转化具有重要影响，具体体现在剪应力峰值的增大，使得堆石料体胀向体缩转变越来越明显；③级配越细(即初始分形维度越大)，剪应力峰值越大，由硬化型向软化型转变，由体缩向体胀转变。

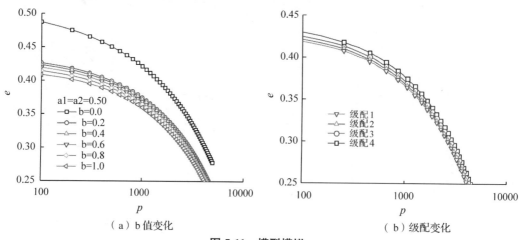

（a）b 值变化　　　　　　　　　　　（b）级配变化

图 5-11　模型模拟

图 5-11 为孔隙比与中主应力系数的关系图。从堆石料颗粒的微观特性来看，图 5-11a 中表明，随着中主应力系数的增大，堆石料材料的各向异性程度减弱；但宏观上表现出临界孔隙比减小、屈服强度增强的特性；图 5-11b 中，在同等压力下，级配的不均匀系数和初始分形维数越大，堆石料材料微观上表现出颗粒排列越密集的特性，表明临界孔隙比增大，其屈服强度增强。

（3）基于 ABAQUS 本构模型的有限元二次开发

本程序基于 Visual Studio 开发工具平台，利用 Fortran 语言编写二次开发。利用 ABAQUS 提供的二次开发端口，定义材料属性，并将前文建立的本构模型添加进去，根据 ABAQUS 主程序传入的应变增量更新应力增量和状态变量，并给出材料的雅克比矩阵供 ABAQUS 求解使用。本文中的子程序，反映了堆石料强度包络线为非线性、模量和强度呈压硬性、变形符合剪胀特性和材料具有各向异性等宏观变形特性及其细观几何特性。

子程序参照 ABAQUS 用户材料子程序的接口规范，应用 Fortran 语言进行 UMAT 的编程。由于 UMAT 在单元的点积分上的调用，增量步开始时，主程序路径将通过 UMAT 的接口进入 UMAT，单元当前积分点必要变量的初始值将随之传递给 UMAT 的相应变量。在 UMAT 结束时，变量的更新值将通过接口返回主程序。整个 UMAT 流程图如图 5-12 所示：

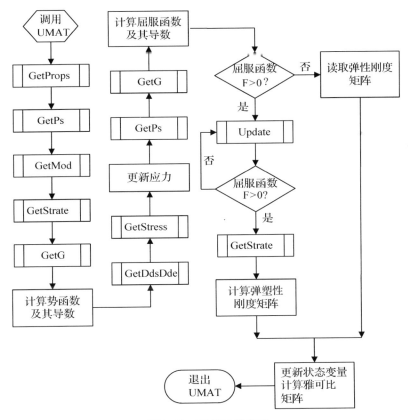

图 5-12　UMAT 流程图

建立了双轴、三轴试验的有限元模型，应力应变关系显示开发程序能够抓住堆石料的强度变形特性，同时能够较好模拟不同分形维数、颗粒破碎、级配和细观正交各向异性等因素对堆石料变形规律描述，也可以描述主力轴旋转等复杂应力状态下堆石料的变形规律，结果见图5-13（见链接）。

模型尺寸为20cm×10cm，底端固定，上端及左右两边自由，由上端及两边施加载荷。模型以边长为2cm的正方形进行网格划分，为总共划分50个单元，66个节点。模型参数见表5-4。

表5-4　本构模型参数汇总表

弹性参数	分形理论参数	临界状态参数	状态相关参数
$G_0 = 190$ $v = 0.3$	$l = 0.744$ $\kappa = 0.008$ $\beta = 0.699$	$M_{cs} = 1.727$ $a' = 0.032$ $b = 0.527$ $c = 0.313$ $k_h = 0.12$ $\lambda_c = 0.14$	$d_0 = 2.267$ $c_\psi = 0.98$ $h_1 = 0.46$ $h_2 = 0.78$ $k_p = 4.95$ $k_d = 0.458$

5.1.1.3　水土保持边坡稳定性分析及构建

（1）工程背景

宁夏某煤矿改扩建规模由原来2.4Mt/a改扩建到4.0Mt/a。改扩建后，生产期煤矸石年总产量为10.29万m³（其中原煤矿矸石产量为5.3万～10.29万m³/a，选煤厂产矸石量为1.34万m³/a）。原排矸场占地7.12hm²，设计堆高16m，排矸场容量约为113.9～210.29万m³。排矸场占地属于原煤矿，设计矸石堆放达到标准标高后，采取覆土措施，并播撒草籽恢复植被。

项目所在地区属缓坡丘陵地貌，气候类型属于中温带干旱气候区，年平均气温8.9℃，年平均降水量192.9mm；平均风速2.6m/s。土壤类型主要为灰钙土与风沙土，植被以荒漠草原植被为主，林草覆盖率约为25%，原地貌风力侵蚀模数为2700t/(km²·a)，水力侵蚀模数为1000t/(km²·a)，以风力侵蚀为主，侵蚀强度为中度，项目所在区域为国家水土流失严重监督区。

（2）水土保持边坡结构特征

斜坡中的物质主要为称之为土的风化岩石，长时间内，入渗是土形成中的一个重要因素。由于地理位置、气候条件、土的来源与历史不同，土的化学组成和水力特征在不同地方差别很大，很少有不同的地方的土，其化学组成、力学性质与水文特征相同。因此，土的水文和力学特征对土的稳定性或者滑坡具有很大影响。因此，对土进行科学分类非常重要。

水土保持边坡根据其水文特征依次向下分为：A.草植层、B.渗流层和C.过滤层（图5-14）。

边坡模型的建立按照水土保持边坡结构建立。最外层为草植层，厚度约为1m，中间为渗流层，厚度约为2m，边坡基层为过滤层尺寸按边坡规格给出，保证边坡尺寸基本一

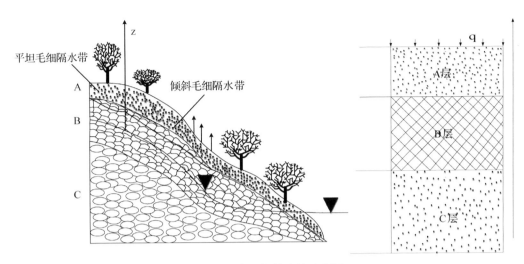

图 5-14　水土保持边坡示意图

致，边坡基层宽度为 36m，边坡长度均为 50m。以重力加载，重力加速度 9.8m/s。

由于草植层和渗流层相对边坡整体而言尺寸较小，为增加计算精度，在草植层和渗流层网格划分时以 0.2m 为单位长度划分实体网格，为加快计算速度，在边坡基层以 1m 为单位长度划分实体网格。(a)模型截面划分 1963 个节点，1868 个单元，模型总共划分 21593 个节点，18680 个单元。(b)模型截面划分 1949 个节点，1842 个单元，模型总共划分 21439 个节点，18420 个单元。(c)模型截面划分 3481 个节点，3347 个单元，模型总共划分 38291 个节点，33470 个单元。

(3)矸石边坡变形规律与稳定性分析

分析三维空间堆石料边坡的变形规律及稳定性。建立了对考虑三维空间边坡有限元分析模型，考虑边坡和土石坝实际结构组成，边坡分三层构建，每层材料参数都根据工程背景设定模型参数，分层计算，同时考虑水土保持对边坡设计要求，使用堆石料本构模型对边坡的稳定性和变形进行分析，利用软件中固液耦合功能对雨后煤矸石边坡稳定进行模拟探究，模拟结果能够抓住边坡的关键变形和渗透特性。

5.1.2　新土体构建及示范

5.1.2.1　构建方法

新土体是为生物生存和生长创造基本的土壤环境而人为配比而成的土体，可根据农业、林业、草业、牧业、渔业和建筑业等不同土地用途，采用不同土体构建方法。本专题针对西北矿区干旱少雨(蒸发量远大于降雨量)、土壤贫瘠、生态脆弱等特点，以"涵养水分"为核心，秉持长效、稳定、经济、适用的新土体构建理念，因地制宜，重点利用以当地土壤条件和和矿区废弃物为原材料，为矿区环境保护和生态恢复构建新土体。

(1)构建思路

总体而言，构建需要考虑土体的粒度、湿度、重度、构度四个土壤力学物理特性，土壤化学组成、生物和西北矿区环境特性。对于西北干旱区土体而言，水分蒸发受土体参数影响，即受含水率、密实度、矿物组成、温度梯度、吸力等共同作用，在蒸发减速阶段受土体自身的水理性质和结构特征的影响，如孔隙大小、连通性、饱和度以及水-土相互作用等。外部气象影响因素有：温度、相对湿度、太阳辐射、风速。内部受自身水理性质、结构特性及现场地质条件因素影响。研究方向：减速阶段蒸发机制问题，土性参数与蒸发速率之间的量化关系，黏性土中水分蒸发和迁移问题(土中水分场、吸力场、变形场规律与水分蒸发迁移的耦合作用)，原位土体水分蒸发测量的精度问题，构建通用性土体水分蒸发理论模型。土质成分、含水率、地下水埋深、土体类别、孔隙大小和土壤色泽。增加黏粒含量、密度、含盐量、孔隙气体、变化土体颜色来减小蒸发率(图5-15)。这些都是新土体构建所需要素，结合平地、坡地特点，在基本思路和影响要素先制定新土体技术流程。

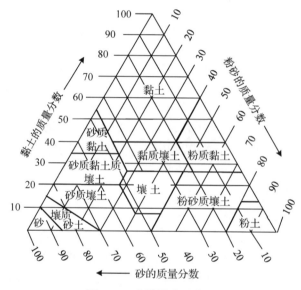

图 5-15 土壤混合组分图

（2）新土体矿物成分分析

本次试验土样材料来源于宁夏宁东镇羊场湾煤矿，共有3类土：砒砂岩、沙黄土、风化煤。

砒砂岩是一种松散岩层，具体指古生代二叠纪(约2.5亿年)和中生代三叠纪、侏罗纪和白垩纪的厚层砂岩、砂页岩和泥质砂岩组成的岩石互层。砒砂岩为陆相碎屑岩系，由于其上覆岩层厚度小、压力低，造成其成岩程度低、沙粒间胶结程度差、结构强度低。岩性为砾岩、砂岩及泥岩，交错层理发育，且颜色混杂，通常以粉红色、紫色、灰白色、灰绿色互相间而存在，所以也叫"五花肉"。其主要成分主要为石英、钙蒙脱石、钾长石和方解石，其他含量较低。由于其成岩程度低、沙粒间胶结程度差、结构强度低，遇水如泥、遇风成砂，被中外专家称为"地球上的月球"、"地球生态癌症"。它被称之为黄河流域粗沙主要来源区之一，也是黄河下游河床淤积抬高酿成洪水灾害的主要发源地之一。

沙黄土形成在地质时代中的第四纪期间，以风力搬运的黄色粉土沉积物。它是原生的、成厚层连续分布，掩覆在低分水岭、山坡、丘陵，常与基岩不整合接触，无层理，常含有古土壤层及钙质结核层，垂直节理发育，常形成陡壁。广泛分布在西北黄土高原地区。其组成成分均一，以含高量粉土颗粒(0.05—0.005mm)为特征，其中粗粉粒(0.05—0.01mm)含量在 50% 以上，黏土颗粒(0.25mm 的颗粒)，各地区略有差别。

风化煤成煤阶段属于高于褐煤的一种煤。俗称"露头煤"、"煤逊"、"引煤"等。是地表或浅层的褐煤、烟煤和无烟煤长期经受大气、阳光、雨雪、地下水以及矿物质侵蚀等综合作用(通称"风化作用")的产物。风化了的煤，水分增加，颜色变浅，光泽变暗，挥发分增加，机械强度、黏结性、发热量、着火点都降低。元素组成发生了重大变化，氧增加，碳和氢含量减少；出现了再生腐殖酸。风化煤中的腐殖酸总含量一般在 30%~70% 之间，最高可达 80% 以上。风化煤的主要作用体现在：改善土壤的理化性状、改良盐碱土、增强土壤蓄水保土能力、提高营养元素供给水平。

为了充分了解和掌握矿区土壤矿物成分对植被恢复的影响，指导和补充新土体构建的思路，先对矿区原状土、砒砂岩、沙黄分化煤，以及不同比例的新土体的矿物充分进行定量检测。依据新构体，确立了 12 种新土体方案，新土体矿物成分试验方案见表 5-5。

表 5-5　新土体成分分析方案

方案	新土体	配比	方案	新土体	配比
1	砒砂岩(粗粒)∶沙漠土∶风化煤	200∶0∶0	7	砒砂岩∶沙黄土∶风化煤	2∶2∶1
2	砒砂岩(细粒)∶沙漠土∶风化煤	200∶0∶0	8	砒砂岩∶沙黄土∶风化煤	1∶4∶5
3	砒砂岩∶沙黄土∶风化煤	0∶200∶0	9	砒砂岩∶沙黄土∶风化煤	1∶2∶2
4	砒砂岩∶沙黄土∶风化煤	0∶0∶200	10	砒砂岩∶沙黄土∶风化煤	3∶5∶2
5	砒砂岩∶沙黄土∶风化煤	3∶2∶0	11	砒砂岩∶沙黄土∶风化煤	3∶4∶3
6	砒砂岩∶沙黄土∶风化煤	7∶3∶0	12	砒砂岩∶沙黄土∶风化煤	5∶4∶1

新土体的成分分析前需进行采样和样品制备。具体步骤有：①分别采样砒砂岩、沙黄土和风化煤若干，并用专用包装袋包装封存好。土样的采集过程应注意保持样品纯净，避免混入泥土、有机物质和其他材料。土样的有机质含量不宜大于土样质量的 5%；②用打碎机将采样的部分砒砂岩、沙黄土和风化煤破碎至粉末，平均粒径小于 1mm；③按照表 5-5 中的配比，进行称重配样。所有土样总重 200g，称取土样过程中要严格按照配比方案进行配样，土样配好后放在指定容器中均匀混合后封存在试样袋中，依次做好标；④矿物成分测量仪分别对试验进行土样矿物成分测试，并记录测试结果。

试验设备采用美国 X 荧光重金属分析仪 E-max。该仪器采用 X 射线荧光光谱法可用于土壤、农作物、污染水等重金属快速检测，满足 GB15618-2018 农用地土壤污染风险筛选值的要求，可精确测量镉、汞、砷、铅、镍、铬等 40 余种重金属污染元素，为新土体构建提供依据和支持。该仪器仅可以对粉末状的土体进行测试，故实际新土体测试为 11 种。

新建土体界限含水率的测定参照《土工试验方法标准》(GB/T 50123-2019)，采用液塑限联合测定法和搓滚塑限法。其中，液塑限测定采用南京宁曦土壤仪器有限公司 SYS 数显液塑限测定仪。

综合各方案新建土体成分构成及液塑限实验，从测试结果图 5-16 及表 5-6 可以看出，推荐方案 6 比例，即砒砂岩：沙黄土：风化煤比例为 2：2：1。新土体液塑限指数范围为 $20 \leqslant I_p \leqslant 25$，塑性指数范围为 $0.61 \leqslant I_L \leqslant 0.70$，即新建土体则处于可塑状态，可为复垦需要提供植物生长必备的基本条件。

表 5-6　联合液塑限法测土体液塑限结果

方案编号	塑性指数 I_p	液性指数 I_L	液性评价	砒砂岩：沙黄土：风化煤
方案 1	15.65	1.30	流塑	200：0：0
方案 2				碎块
方案 3	0.87	0.76	软塑	0：200：0
方案 4	11.36	0.69	可塑	0：0：200
方案 5	22.484	0.61	可塑	3：2：0
方案 6	29.86	0.62	可塑	7：3：0
方案 7	20.87	0.68	可塑	2：2：1
方案 8	16.22	0.69	可塑	1：4：5
方案 9	11.13	0.72	接近软塑	1：2：2
方案 10	11.71	0.65	可塑	3：5：2
方案 11	1.68	0.74	接近软塑	3：4：3
方案 12	20.01	0.50	可塑	5：4：1

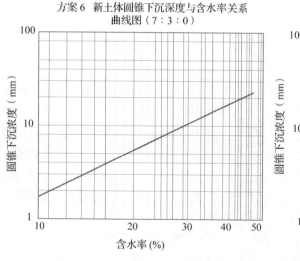
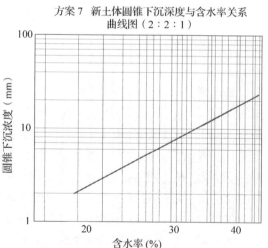

图 5-16　方案 6 和方案 7 新土体界限含水率试验结果

（3）技术流程

新土体构建技术流程如图 5-17 所示，底层为隔水层，中间为改良层，植物种植后，表层覆盖抑制蒸发层，以当地土为原材料的"2+1"三层土体构建技术。①隔水层是针对新土体地下水源被割断，为了涵养土体表层水分、避免大量水渗入煤矸石造成地下水污染而设计的土层，它直接和煤矸石接触，直接接触的煤矸石颗粒需要有良好的级配和较好压实效果，隔水层不但要求土体具有较好的强度，能够作为持力层，而且还要有较好的涵养水分和隔热的作用，因此，土体黏粒含量要求高、密实度大、级配和接触的煤矸石级配过渡自然等特点；②改良层是为了生态恢复和重构提供基本的土壤条件，要求土体黏粒和沙粒配比及其矿物组成合理、酸碱度合适、有机物含量高等特点；③抑制蒸发层主要是针对当地蒸发量远大于降雨量、多风少雨等特点，为了抑制水分蒸发，减少表层土体的水土流失而设计。

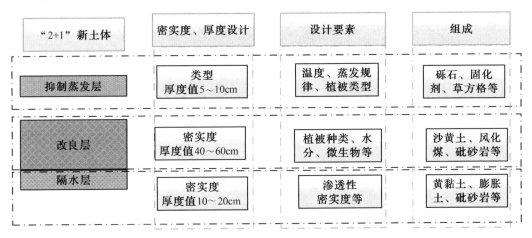

图 5-17　"2+1"新土体分层构建技术流程

（4）技术方案

总体构建方案　底层为隔水层，中间为改良层。植物种植后，表层覆盖抑制蒸发层，以当地土壤为原材料的"2+1"三层土体构建技术。新土体构建基本要求及设计方案：隔水层厚度设计需要根据土体渗透性和物理化学性质来决定，因地制宜，选取当地黄黏土、膨胀土、砒砂岩等渗透性差的土，通过单独、土体混合和工程防渗布设计 4 个对比方案，依据他们密实度、渗透性和密实度的关系设计隔水层，一般设计的厚度为 20cm。改良层为植被恢复和重建的核心部分，主要根据采煤迹地实际土体条件设计，采用沙黄土、风化煤、砒砂岩的相互混合设计 4 个新土体方案，依据选取植被恢复的种类设计其密实度和厚度，设计厚度一般为 60cm；抑制蒸发层主要是根据西北地区年降雨量远远小于蒸发量的实际特点来设计，采用砾石、秸秆、固化剂等能够较好抑制水分蒸发的材料设计，如对于树木、灌木等完成栽种后，可以用砾石作为抑制蒸发层，对于低矮植被可以采用草方格作为抑制蒸发层，抑制蒸发层一般在植物种植、栽培完成之后添加。

平地新土体构建方案　隔水层：主要采用黄黏土，有条件时可以适当掺入膨润土或是砒砂岩等增加土体的防渗效果，设计压实土层厚度为 20cm，土体的相对密实度需要得到 68□以上，其目的是有效防止灌溉水流失和地下水的二次污染；改良层：采用乌海当地沙黄土、河滩沉积土等有机物含量丰富的土壤，自然堆放 60cm；抑制蒸发层：当种植完树木、灌木之后，在表层覆盖 8cm 砾石或者固化剂作为抑制水分蒸发的土层（图 5-18）。对于草地可以选用生态网或者草方格作为抑制蒸发层。抑制蒸发层不但可以有效降低新土体水分蒸发，同时可以有效降低城市粉尘的扩散与传播。

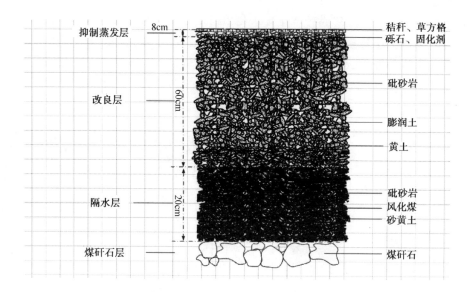

图 5-18　"2+1"新土体分层构建示意图

土坡新土体构建方案　焦化厂场地相对平坦，土坡坡度一般不超过 15°（图 5-19），新土体构建仍然采用"2+1"分层构建模式。隔水层：采用黄黏土为主要，有条件时可以适当掺入膨润土或是砒砂岩等增加土体的防渗效果，设计压实土层厚度为 20cm，土体的相对密实度需要得到 68 □以上，其目的是有效防止灌溉水流失和地下水的二次污染；改良层：采用乌海当地砂黄土、河滩沉积土等有机物含量丰富的土壤，自然堆放 60cm；抑制蒸发层：当种植完树木、灌木之后，在表层覆盖 8cm 砾石或者固化剂作为抑制水分蒸发的土层（图 5-20）。对于草地可以选用生态网或者草方格作为抑制蒸发层。抑制蒸发层不但可以有效降低新土体水分蒸发，同时可以有效降低城市粉尘的扩散与传播。

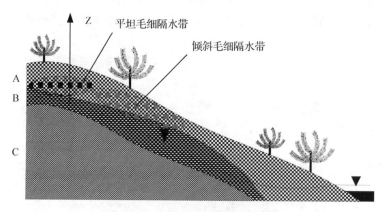

图 5-19　"2+1"新土体坡面示意图

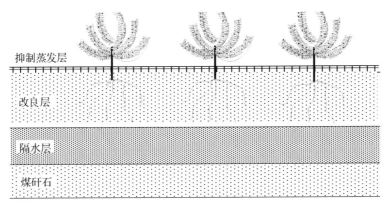

图 5-20 "2+1"新土体分层构建剖面示意图

5.1.2.2 技术示范

(1)工程示范区概况

灵武羊场湾矿区土壤分布：土壤类型为灰钙土和风沙土，土壤黏粒含量低，胶结力弱，易于产生土壤腐蚀。

(2)示范方案

隔水层：采用黄黏土为主要，有条件时可以适当掺入膨润土或是砒砂岩等增加土体的涵水效果，设计压实土层厚度为 20cm，土体的相对密实度需要得到 68%以上，其目的是有效防止灌溉水流失和地下水的二次污染；改良层：采用乌海当地砂黄土、河滩沉积土等有机物含量丰富的土壤，自然堆放 60cm；抑制蒸发层：当种植完树木、灌木之后，在表层覆盖 8cm 砾石或者固化剂作为抑制水分蒸发的土层(图 5-21，见链接)。对于草地可以选用生态网或者草方格作为抑制蒸发层，同时，抑制蒸发层不但可以有效降低新土体水分蒸发，同时可以有效降低城市粉尘的扩散与传播。

新土体构建方案：隔水层厚度设计需要根据土体渗透性和土力学特征来设计，因地制宜，选取当地黄黏土、膨胀土、砒砂岩等黏粒含量丰富的土，通过单独、不同程度的混合排比及其最优含水率的测定来设计，就近取材，可以设计多种方案，依据他们渗透性、粒径级配和压实的最优含水率设计隔水层，一般设计的厚度为 20~30cm，如图 5-22(见链接)。

改良层为植被恢复和重建的核心部分，主要根据采煤迹地实际土体条件设计，采用砂黄土、风化煤、砒砂岩的相互混合设计 4 个新土体方案，依据选取植被恢复的种类设计其密实度和厚度，设计厚度一般为 60cm。

抑制蒸发层主要是根据西北地区年降雨量远远小于蒸发量的实际特点来设计，采用砾石、秸秆、固化剂等能够较好抑制水分蒸发的材料设计，如对于树木、灌木等完成栽种后，可以用砾石作为抑制蒸发层，对于低矮植被可以采用草方格作为抑制蒸发层，抑制蒸发层一般在植物种植、栽培完成之后添加。

土坡新土体构建方案。焦化厂场地相对平坦，土坡坡度一般不超过 15%，新土体构建仍然采用"2+1"分层构建模式。隔水层：采用黄黏土为主要，有条件时可以适当掺入膨润土或是砒砂岩等增加土体的涵水效果，设计压实土层厚度为20cm，土体的相对密实度需要得到68%以上，其目的是有效防止灌溉水流失和地下水的二次污染；改良层：采用乌海当地沙黄土、河滩沉积土等有机物含量丰富的土壤，自然堆放60cm；抑制蒸发层：当种植完树木、灌木之后，在表层覆盖8cm砾石或者固化剂作为抑制水分蒸发的土层。对于草地可以选用生态网或者草方格作为抑制蒸发层。抑制蒸发层不但可以有效降低新土体水分蒸发，同时可以有效降低城市粉尘的扩散与传播。

（3）示范效果分析

灵武羊场湾煤矿排土场示范区新土体构建于2019年9月完成。示范区设计两种新土体类型，即坡地和平地构造类型。坡地设计了在示范区的阳面，初次设计坡面为土体自然休止角，约32°，在降雨、灌溉等条件下属于不稳定土体，因此后来做了削平处理，设计稳定的坡角18°，主要的目的是检验新土体构建后土体自然分化和融合的效果。实际的实际方案为：①隔水层：采用当地灰钙土添加少量的黄黏土，设计压实土层厚度为20cm，土体的相对密实度需要得到68%以上，其目的是有效防止灌溉水流失和地下水的二次污染；②改良层：采用当地沙黄土和灰钙土为主，混合堆放60cm；抑制蒸发层：草方格等作为抑制蒸发层。

示范区平地构建2019年设计了三种方案。采集矿区典型砒砂岩富集区的不同类型的砒砂岩、分化两年以上的分化煤和当地沙黄土作为原料，实施了3种典型改良层配比方案。方案1，砒砂岩∶沙黄土＝6∶4；方案2，砒砂岩∶沙黄土＝7∶3；方案3，砒砂岩∶沙黄土∶分化煤＝4∶4∶2；方案3主要考虑分化煤对增加土壤孔隙度的作用。三套示范方案采用人工混合，自然分化的方式进行示范试验。

5.2 基于植被恢复的新土体分层构建技术

5.2.1 煤矸石分级及其物理性质

5.2.1.1 范围连续级配煤矸石物理性质

表5-7 范围连续级配

分级	容重	沉降率	田间持水量	总孔隙度	体积占比
100~50mm	1.21±0.37	—	3.65±0.60g	47.23±1.59b	11.59
50~20mm	1.30±0.24	—	5.21±0.83f	45.22±1.38c	24.47
20~10mm	1.30±0.26	—	8.94±0.43e	45.77±0.82bc	2.58
10~5mm	1.27±0.24	6.33±0.29d	9.83±0.36e	48.40±1.19ab	16.75
5~2mm	1.22±0.51	7.83±0.29b	13.27±0.36d	48.83±0.65ab	15.46
2~1mm	1.33±0.15	9.67±0.36a	16.39±0.40c	49.12±0.74a	6.44
1~0.5mm	1.29±0.11	7.17±0.29c	21.77±0.13b	46.14±0.28bc	9.02
0.5~0.25mm	1.25±0.15	6.17±0.17e	24.46±0.32a	46.32±1.13bc	6.44

（续）

分级	容重	沉降率	田间持水量	总孔隙度	体积占比
砂土	1.20~1.80	—	8.45~11.30	35~45	
壤土	1.20~1.60	—	11.49~26.90	45~52	
黏土	1.10~1.50		24.83~32.53	45~60	

注：同一列数据中不同小写字母表示差异显著（$P<0.05$）

（1）体积占比

体积占比是指各粒径煤矸石体积占煤矸石总体积的百分比，由表 5-7 可见，粒径为 50—20mm 的煤矸石占比最高，达 24.47%。其次是粒径 10—5mm 和 5—2mm，分别占比 16.75% 和 15.46%。以上三种粒径占比达 56.68%。占比最少的是 20—10mm 粒径的煤矸石，只有 2.58%。体积占比对煤矸石山土体重塑有重要意义，从工程量和工程预算考虑，如果选定粒径的煤矸石体积占比越多。

（2）容重和沉降率

沙土容重在 $1.1~1.8 g/cm^3$ 之间，壤土容重在 $1.1~1.6 g/cm^3$ 之间，土壤容重越小说明土壤结构、透气透水性能越好。由表 5-7 可见，范围连续级配得到的煤矸石容重在 $1.21~1.33 g/cm^3$ 之间，优于煤矸石原样，处于砂土和壤土容重的范围内，说明范围连续级配使煤矸石容重降低，使其更接近壤土的容重，可能更有利于植物生长。其中粒径 100-50mm 的容重最小，是因为该粒径煤矸石孔隙过大的原因，结合实际情况不能给植物提供合适的生长基质；粒径 10—5mm、5—2mm 和 0.5—0.25mm 的容重分别为 $1.27±0.24 g/cm^3$，$1.22±0.5 g/cm^3$，$11.25±0.15 g/cm^3$，差异不明显，从工程角度考虑粒径 10—5mm 和 5—2mm 即可满足要求。粒径 100—50mm、50—20mm 和 20—10mm 没有出现沉降，可能是因为此粒径煤矸石间空隙较大，矸石之间不存在沉降物，说明结构良好，在土体构建时可以考虑作为底层结构，起到支撑土体的作用。

（3）田间持水量

田间持水量随粒径减小而增大，结果如图 5-23 显示，粒径 100—50mm 的煤矸石田间持水量最小为（$3.65±0.60$）%，说明保水能力较差，粒径 0.5—0.25mm 的煤矸石田间持水量最大为（$24.46±0.32$）%，两者田间持水量相差 6.7 倍，对田间持水量进行显著性检验，范围连续级配得到的各粒径煤矸石田间持水量差异显著，说明粒径大小对煤矸石田间持水量有非常大的影响。粒径 20—10mm 和 10—5mm 的田间持水量处于沙土 8.45%~11.30% 范围内，而粒径 5—2mm、2—1mm、1—0.5mm 和 0.5—0.25mm 的田间持水量已达到壤土 11.49%~26.90% 的范围内。田间持水量越大，但并不表示可为植物生长提供的水分越多，因为对植物而言，土壤所含水分为可利用水和不可利用水。由种植试验可以看出，粒径 100—50mm 玉米不能生长，粒径 50—20mm 和 20—10mm 含水量较低，玉米生长情况也较差。虽然随着粒径减小，田间持水量增加，但是从玉米生长情况来看基本相同，粒径 0.5—0.25mm 虽然含水量最高，但是玉米生长高度并没有明显优势，说明其所含水不能为植物所利用，这是因为颗粒之间的薄膜作用增强，使煤矸石内积聚了很多因表面引力和薄膜作用产生的不可利用的束缚水。从植物生长情况分析，粒径在 5—2mm 的煤矸石即可为玉米提供生长。

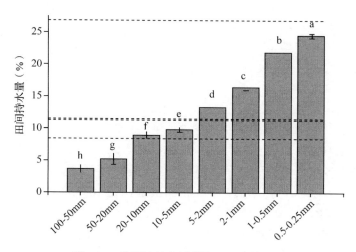

图 5-23　范围连续级配煤矸石田间持水量

（4）总孔隙度

适合作物生长的土壤孔隙状况为"上松下紧"的土体孔隙构形。影响土壤孔隙状况的因素有土壤质地、土壤结构、有机质含量和农业耕作措施等。结构良好的壤土和黏土的孔隙度高达 55%～65%，甚至在 70%以上，由图 5-24 可知，范围连续级配得到的煤矸石的孔隙度在 45.22%～49.12%之间，孔隙发达，全部达到壤土 45%～52%的孔隙度范围内。粒径 5—10mm、2—5mm 和 1—2mm 的总孔隙表现最佳。决定煤矸石孔隙大小的主要原因是煤矸石粒径大小和所占的比例，改变以上两个因素可改变孔隙体积的总和和占土壤体积的比例，进而影响到煤矸石的通透性。

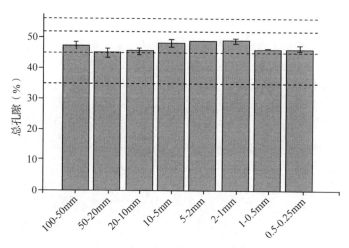

图 5-24　范围连续级配煤矸石总孔隙度

（5）凋萎系数

凋萎系数是重要的土壤水分常数之一，指生长在湿润土壤上的作物经过长期的干旱后，因吸水不足以补偿蒸腾消耗而叶片萎蔫时的土壤含水量。由图 5-25 可知，随着粒径减小，凋萎系数逐渐增加，从 0.83%增长至 1.96%。粒径 20—50mm 和 10—20mm 的凋萎系数最低，凋萎系数越低，说明植物凋萎时基质中的含水量越少，但是考虑到这两种粒径较大，远远超出了正常土壤的粒径，所以凋萎系数偏低有可能与煤矸石蒸发量和水分流失量大有关。粒径 2—5mm 和 1—2mm 凋萎系数分别为 1.24% 和 1.59%，比 0.5—1mm 和 0.25—0.5mm 的凋萎系数小，而且与对照组较为接近，说明这两种粒径优于其他粒径的煤矸石基质。

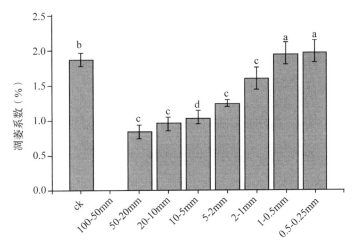

图 5-25　范围连续级配煤矸石凋萎系数

注：不同小写字母表示差异显著（$P<0.05$）

5.2.1.2　混合连续级配煤矸石物理性质

（1）容重和沉降率

混合连续级配得到的煤矸石物理性质见表 5-8。与砂土容重 1.1~1.8g/cm³ 和壤土容重 1.1~1.6g/cm³ 相比，除去粒径 <50mm 和 <0.25mm 的煤矸石没达到壤土的容重范围，其他 6 种粒径均在壤土容重范围内。粒径 <1mm、<0.5mm 和 <0.25mm 的煤矸石沉降率分别达 12.33%、12.50% 和 12.33%，说明这三种粒径的煤矸石所含沉降物较多，不宜作为种植基质使用。

表 5-8　混合连续级配

分级	容重	沉降率	田间持水量	总孔隙度	体积占比
<50mm	1.67±0.41	1.67±0.29c	9.16±0.70g	27.46±0.79h	85.02
<20mm	1.55±0.38	7.67±1.04b	9.63±0.23g	30.63±0.26f	54.10
<10mm	1.54±0.23	6.33±0.36b	12.92±0.18f	29.32±0.09g	54.10
<5mm	1.50±0.27	6.67±0.36b	16.78±0.10e	33.13±1.19e	45.08
<2mm	1.41±0.11	7.33±0.29b	20.38±0.29d	35.88±0.53d	32.20
<1mm	1.34±0.11	12.33±0.26a	22.02±0.24c	40.14±0.94c	24.47
<0.5mm	1.22±0.15	12.50±0.50a	25.52±0.15b	43.49±0.50b	16.75
<0.25mm	1.12±0.23	12.33±1.53a	31.12±0.21a	44.80±2.67a	11.59

（续）

分级	容重	沉降率	田间持水量	总孔隙度	体积占比
沙土	1.20~1.80		8.45~11.30	35~45	
壤土	1.20~1.60		11.49~26.90	45~52	
黏土	1.10~1.50		24.83~32.53	45~60	

注：同一列数据中不同小写字母表示差异显著（$P<0.05$）

（2）田间持水量

田间持水量如图 5-26 所示，随着粒径范围越小，田间持水量越大。粒径<50mm 和<20mm 的煤矸石田间持水量在沙土范围内，其他粒径均在壤土范围内，甚至粒径<0.25mm 的煤矸石的田间持水量超过了壤土，达到黏土的田间持水量。随着大粒径的煤矸石数量减少，田间持水量持续增加，从 9.16±0.70% 增长至 31.12±0.21%，增长了 3 倍，说明土体结构在逐渐改善，孔隙由大孔隙变为小孔隙，再由小孔隙变为毛管孔隙。但并不表示可为植物生长提供的水分更多，因为对植物而言，土壤所含水分为可利用水和不可利用水。由种植试验可知，虽然各粒径田间持水量差异显著，但是从玉米生长情况来看差异并不明显，粒径<50mm、<20mm 和<10mm 的煤矸石中玉米生长相对较低，粒径<5mm 和<2mm 的煤矸石中玉米生长最高，说明本实验中粒径<5mm 煤矸石可以玉米提供最优的生长条件，这与范围连续级配得到的结果一致。

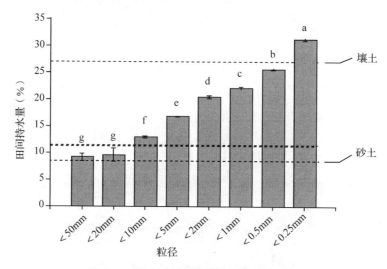

图 5-26　混合连续级配煤矸石田间持水量

注：不同小写字母表示差异显著（$P<0.05$）。

（3）总孔隙度

总孔隙度呈现出明显的梯度，随着筛网的孔径变小，总孔隙度逐渐变大，说明粒径大小对孔隙度的形成有重要的影响作用（图 5-27）。粒径<50mm、<20mm、<10mm 和<5mm 的煤矸石孔隙度不及砂土孔隙度，只有粒径<0.25mm 的煤矸石孔隙度勉强达到壤土孔隙度，说明混合连续级配不如范围连续级配得到的煤矸石的孔隙度，孔隙度不够发达。

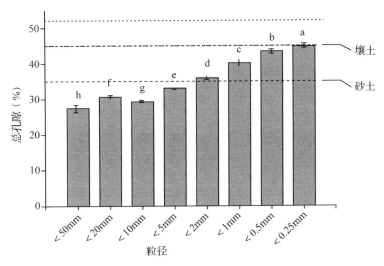

图 5-27 混合连续级配煤矸石总孔隙

注: 不同小写字母表示差异显著($P<0.05$)。

(4) 凋萎系数

混合连续级配得到的煤矸石凋萎系数如图 5-28 所示, 实验结果均高于对照组, 且随着粒径范围变小, 凋萎系数逐渐增大, 由 3.74% 增加至 5.88%, 增长了 1.6 倍。凋萎系数越大说明植物枯萎时种植基质中的水分含量越大, 这是因为颗粒之间的薄膜作用增强, 使煤矸石内积聚了很多因表面引力和薄膜作用产生的植物不可利用的束缚水。实验组中凋萎系数最小的是粒径<50mm, 也是出现干枯最早的组。说明粒径<50mm 的煤矸石保水能力较差, 粒径<0.5mm 的田间持水量和凋萎系数都最大, 但是出现枯萎的时间也较早, 说明因表面引力和薄膜作用产生了植物不可利用的束缚水, 粒径<5mm 的煤矸石凋萎系数相对较低, 而且出现凋萎也较晚, 说明<5mm 的煤矸石在凋萎过程中表现最佳。

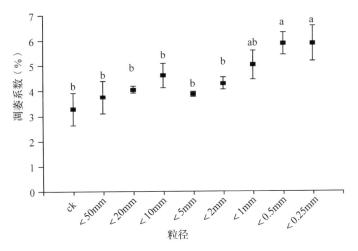

图 5-28 混合连续级配煤矸石凋萎系数

注: 不同小写字母表示差异显著($P<0.05$)。

5.2.2 种植层粒径级配种植试验

5.2.2.1 范围连续级配

(1) 出苗率

范围连续级配的玉米出苗率如图 5-29 所示,从 3d 出苗率来看,与对照组相比粒径 10—5mm 和 5—2mm 出苗率最高,粒径 1—0.5mm 和 0.5—0.25mm 的出苗率与对照组相同,说明粒径 10—5mm、5—2mm、1—0.5mm 的种植基质在 3d 内为玉米种子萌发提供的条件与对照组最接近。最低的为粒径 20—10mm 的种植基质,与粒径 10—5mm 相比减少了 3 倍,可能是由于该粒径较大,导致种植基质结构和保水性差。粒径 50—20mm 的种植基质里的玉米没有发芽,原因可能与播种深度和种子个体差异有关,尽管在种植中已经控制了播种深度,但是浇水导致土体结构下沉可能使种子位置发生变化;也可能与粒径较大有关,煤矸石粒径较大会导致极低的毛管孔隙度,这样的煤矸石作为种植基质会使结构和保水性变差。从 7d 出苗率来看,粒径 10—5mm 的种植基质出苗率最高,其次是粒径 5—2mm 和 1—0.5mm,这些粒径段的出苗率均高于对照组,说明在出苗过程中,以上粒径的种植基质可以提供充足的水分和温度。从出苗率差异的显著性来看,虽然不同粒径存在差异,但综合分析认为煤矸石粒径对出苗率影响不大,且最终出苗率基本达到 90% 以上说明种子质量没有问题。

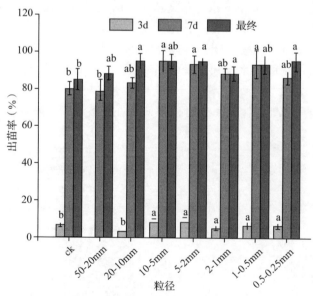

图 5-29 范围连续级配玉米出苗率

注:不同小写字母表示差异显著($P<0.05$)。

(2) 生长高度

由图 5-30 可知,粒径 10—5mm 的基质中玉米生长最高,达 57cm,其次为粒径 5—2mm 和 1—0.5mm 的煤矸石基质。粒径 50—20mm 的盆中玉米生长高度最低,而且该粒径的田间持水量也最低，都因为该粒径导致基质孔隙较大，水分和温度容易流失，致使出苗速度和出苗率降低，最终使得玉米高度最低。在土体构建过程中，工程量和成本是主要考虑的问题，所以从考虑筛孔大小和粒径占比情况考虑，以 10—5mm 或 5—2mm 的煤矸石组成的种植基质结构能提供最佳的土壤孔径并且能保持充足的水分供植物生长。

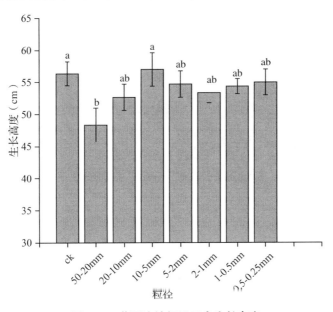

图 5-30　范围连续级配玉米生长高度

注：不同小写字母表示差异显著（$P < 0.05$）。

5.2.2.2　混合连续级配

（1）出苗率

关于玉米出苗率，由图 5-31 可知，从 3d 出苗率来看，对照组出苗率最高，其次是粒径<50mm、<10mm、<1mm、<0.25mm 的种植基质，与对照组相比均减少了 3%，但是差异不显著，出现这个现象可能说明粒径<50mm 的种植基质在 3d 内为玉米种子出苗提供的条件与对照组最接近。出苗率最低的为粒径<0.5mm 的种植基质，与对照组相比减少了 10%，可能是由于前期煤矸石比较干燥，优先吸取了水分，导致玉米没有充足的水分用于萌发。粒径<20mm 和<5mm 的种植基质里的玉米 3d 时没有发芽，原因可能与播种深度和种子个体差异有关，尽管在种植过程中已经控制了播种深度，但是浇水和土体结构下沉可能使种子位置发生变化。从 7d 出苗率来看，粒径<5mm 的种植基质出苗率最高，且高于对照组，说明在出苗和后期生长中，粒径<5mm 的种植基质可以提供充足的水分和温度。粒径<2mm、<1mm、<0.25mm 的种植基质在实验组中出苗率较高，如果从成本和施工方面考虑，选择粒径<5mm 的煤矸石作为种植基质可达到 90% 以上的出苗率。而且不论是 3d 还是 7d 出苗率，虽然出苗率有所差异，但是差异并不显著（$P < 0.05$），尤其是 7d 出苗率，说明以上粒径的煤矸石对出苗率影响不大，都可以保证种子出苗，且最终出苗率基本达到 90% 说明种子质量没有问题。

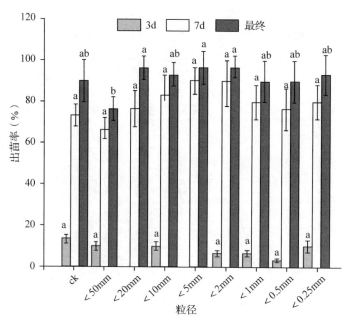

图 5-31　混合连续级配玉米出苗率

注：不同小写字母表示差异显著($P<0.05$)

（2）生长高度

由图 5-32 可知，除对照组玉米生长最高外，实验组中粒径<10mm 的煤矸石基质中的玉米生长最高，其次为粒径<50mm 和<5mm 的煤矸石基质，粒径<0.25mm 的盆中玉米生长高度最低。粒径的大小会影响基质的保水、供水能力和温度，进而影响植物生长。结合凋萎系数，粒径<0.25mm 的煤矸石凋萎系数最高，说明可供水分较少，导致生长缓慢。在土体构建过程中，成本是重要影响因素，所以从考虑筛孔大小和粒径占比情况考虑，以

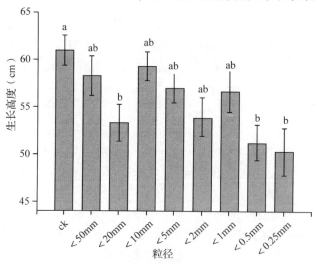

图 5-32　混合连续级配玉米生长高度

注：不同小写字母表示差异显著($P<0.05$)

<10mm 或<5mm 的煤矸石组成的种植基质结构能提供最佳的土壤孔径并且能保持充足的水分供植物生长。

5.2.3　基于盆栽实验的土体构建研究

在分层构建的土体中，水分充足的情况下，除了 H0，其他各组内所选植物皆出苗且生长良好。从 2020 年 8 月 20 日开始停止浇水，H1 保存天数最少，5d 出现枯萎，8d 完全枯萎，可能是因为 H1 种植基质层薄，蒸发较快。H10 保存天数最多，42d 出现枯萎，98d 完全枯萎，说明种植基质的厚度对保存天数影响非常大。良好的土壤结构可以减少土壤中水分的蒸发，保存更多的水分用以供给植物生长。随着种植基质层厚度的增加。植物保存的天数也逐渐增加，当种植基质层厚度从 5cm 增加至 50cm 时，保存天数由 8d 增加至 98d，增长了 12.25 倍(图 5-33)。

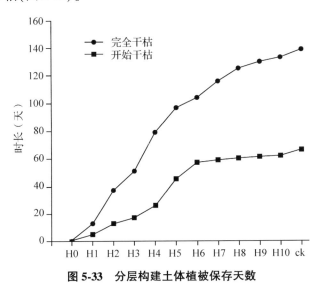

图 5-33　分层构建土体植被保存天数

5.2.4　基于野外试验的土体构建试验

5.2.4.1　苗木存活率

不同土体构建类型的苗木成活率表明(表 5-9)，不同植被的存活率不同。桑树、白刺花、丝棉木、山杏、荆条、侧柏、花木蓝、连翘、榆树、芦荻草、扶芳藤和胶东卫矛的存活率变化范围分别为 36.67%~66.67%、0.00%~6.67%、3.33%~53.33%、0.00%~33.33%、43.33%~60.00%、53.33%~93.33%、0.00%~10.00%、0.00%~5.67%、26.67%~66.67%、0.00%~58.50%、0.00%~26.67%和 10.00%~66.67%。可见侧柏的存活率最高，且最低存活率大于 50.00%。其次是桑树、荆条和榆树，最高可达 60.00%以上，且最低存活率以荆条为最大。再次是丝棉木和胶东卫矛，虽然每种处理均有存活，但是变化范围较大；而芦荻草的变化范围最大，且仅在个别处理中存活。山杏虽

表5-9 不同土体构型建类型植物的成活率

%

处理	桑树	白刺花	丝棉木	山杏	荆条	侧柏	花木蓝	连翘	榆树	芦荻草	扶芳藤	胶东卫矛
T0	40.00±10.00	6.67±5.77	40.00±17.32	0.00±0.00	60.00±0.00	73.33±5.77	0.00±0.00	0.00±0.00	63.33±30.55	58.50±12.02	26.67±25.17	20.00±10.00
T1	40.00±10.00	0.00±0.00	50.00±30.00	33.33±15.28	43.33±5.77	83.33±5.77	10.00±17.32	5.67±9.81	66.67±5.77	42.33±21.36	10.00±10.00	10.00±10.00
T2	50.00±10.00	0.00±0.00	26.67±11.55	23.33±15.28	46.67±11.55	76.67±20.82	0.00±0.00	0.00±0.00	53.33±11.55	0.00±0.00	6.67±11.55	26.67±11.55
T3	36.67±5.77	3.33±5.77	20.00±17.32	26.67±20.82	60.00±0.00	76.67±15.28	0.00±0.00	0.00±0.00	43.33±25.17	0.00±0.00	3.33±5.77	30.00±0.00
T4	66.67±5.77	0.00±0.00	40.00±10.00	30.00±30.00	50.00±10.00	73.33±15.28	0.00±0.00	0.00±0.00	66.67±5.77	0.00±0.00	13.33±15.28	20.00±10.00
T5	60.00±30.00	0.00±0.00	26.67±11.55	26.67±11.55	53.33±11.55	93.33±5.77	0.00±0.00	0.00±0.00	50.00±17.32	10.00±17.32	6.67±11.55	36.67±15.28
T6	63.33±11.55	0.00±0.00	46.67±25.17	23.33±15.28	60.00±0.00	83.33±11.55	0.00±0.00	0.00±0.00	50.00±30.00	0.00±0.00	0.00±0.00	66.67±5.77
T7	63.33±20.82	3.33±5.77	40.00±26.46	26.67±5.77	60.00±0.00	66.67±11.55	0.00±0.00	0.00±0.00	33.33±15.28	10.00±17.32	0.00±0.00	43.33±5.77
T8	46.67±5.77	0.00±0.00	53.33±35.12	6.67±11.55	60.00±0.00	53.33±20.82	0.00±0.00	0.00±0.00	26.67±25.17	0.00±0.00	0.00±0.00	13.33±11.55
T9	50.00±17.32	0.00±0.00	3.33±5.77	10.00±10.00	60.00±0.00	80.00±0.00	0.00±0.00	0.00±0.00	60.00±10.00	22.33±38.68	16.67±11.55	30.00±26.46

注：表中数据均为平均值±标准差。

然几乎在所有处理中均有存活，但是总体上存活率较小。扶芳藤虽然在一半以上的处理中有存活，但是最高存活率仅为 26.67 %，可见不宜作为研究区植被恢复植物。白刺花、花木蓝、连翘和扶芳藤的最高存活率均不高于 10.00 %，且在多数小区中不能存活，同样不能作为研究区植被恢复植物。

同种新土体类型能够种植的植被不同，且每种土体均有不能存活的植物（表 5-9）。对照组（T0）中不能存活的植物有 3 种，分别为山杏、花木蓝和连翘。T1 不能存活的植物有 1种，为白刺花。T2 和 T4 不能存活的植物有 4 种，均为白刺花、花木蓝、连翘和芦荻草。T3 不能存活的植物有 3 种，分别为花木蓝、连翘和芦荻草。T5 和 T9 不能存活的植物有 3种，均为白刺花、花木蓝和连翘。T6 不能存活的植物有 5 种，分别为白刺花、花木蓝、连翘、芦荻草和扶芳藤。T7 不能存活的植物有 3 种，分别为花木蓝、连翘和扶芳藤。T8不能存活的植物有 5 种，分别为白刺花、花木蓝、连翘、芦荻草和扶芳藤。可见植物能存活种类从多到少的顺序为，T1>T0=T3=T5=T7=T9>T2=T4>T6=T8。

同种植被在不同土体重构类型中的成活率存在差异（表 5-9）。桑树的成活率 T4>T6=T7>T5>T2=T9>T8>T1=T0>T3，可见 T1 的存活率不及对照组。白刺花仅在 T0、T3 和 T7种有存活，且 T0 的存活率最大，说明部分土体重构技术并不利于提升白刺花的存活率，反而会起到相反作用。丝棉木的存活率 T8>T1>T6>T4=T7=T0>T2=T5>T3>T9，可见仅T1、T6 和 T8 对丝棉木的存活率较对照组有所提升。山杏的存活率 T1>T4>T3=T5=T7>T2=T6=T9>T0，与对照组相比，各处理对山杏的存活率虽然均有提高作用，但是山杏的存活率总体不高，最高仅为 33.33 %。荆条的存活率 T3=T6=T7=T8=T9=T0>T5>T4>T2>T1，可见与白刺花相似，改变废弃矿渣的粒径组成和堆积方式同样无利于荆条存活，且会起到相反的效果。侧柏的存活率 T5>T1=T6=T9>T2=T3>T4>T0>T8，可见 T8 的存活率不及对照组。花木蓝和连翘仅在 T1 中存活，存活率分别为 10.00 % 和 5.67 %，可见二者不宜在研究区种植。榆树的存活率 T1=T4>T0>T9>T2>T5=T6>T3>T7>T8，可见仅 T1 和T4 对榆树的存活率有提高作用，但是提高作用并不明显，因此改变废弃矿渣的粒径组成和堆积方式对榆树的促进作用不显著。芦荻草仅在 T0、T1、T5、T7 和 T9 中有存活，且T0 的存活率最高，可见此改变废弃矿渣的粒径组成和堆积方式降低了芦荻草的存活率。同样，扶芳藤的存活率对照组最高，且在 T6、T7 和 T8 中不能存活，所构建的新土体不利于其存活。胶东卫矛的存活率 T6>T7>T5>T3=T9>T2>T4=T0>T8>T1，可见所构建的部分新土体不利于胶东卫矛的存活。

5.2.4.2　新梢生长量

由于各苗木种植前的地径和株高差异较大，为了运输方便，有些苗木还进行了修剪。为了较好地评价不同土体重构类型对苗木生长作用的影响，选取新梢生长量，即新枝生长长度作为评价指标。

不同植被的新梢生长量存在差异。由于部分新土体类型并非适合所有植被生长，因此存在新梢生长量为 0cm 的情况。桑树、白刺花、丝棉木、山杏、荆条、侧柏、花木蓝、连翘、榆树、芦荻草、扶芳藤和胶东卫矛的存活率变化范围分别为 8.67~20.33cm、0~9.33cm、3.67~13.97cm、0~18.33cm、12.27~16.13cm、4.77~7.67cm、0~1.33cm、0~

7.67cm、6.83~16.67cm、0~14.00cm、0~7.43cm 和 3.50~13.83cm。可见荆条的新梢生长量均在 10.00cm 以上，且在各新土体类型中的新梢生长量变化相对较小。侧柏的新梢生长量在各新土体类型中变化同样较小，且其生长特性决定了其具有较小的新梢生长量。桑树、丝棉木和胶东卫矛的最大和最小新梢生长量差值大于 10.00cm，榆树的最大和最小新梢生长量差值为 9.84cm，可见新梢生长量受土体构建类型的影响。山杏和芦荻草最大和最小新梢生长之间较大的差值可能是因为部分新土体类型中没有存活植株的影响。白刺花、花木蓝、连翘和扶芳藤同样不能在所有土体中存活，且最大新梢生长量均低于 10.00cm，其中花木蓝的最小，仅为 1.33cm，可能因为其难以在研究区存活的原因（仅在 T1 中存活）。

同种植被在不同新土体类型中的新梢生长量存在差异。桑树的新梢生长量 T2>T3>T1=T5>T4=T7>T6>T8>T0>T9，成活率最高的 T4 新梢生长量居中，存活率最低的 T3 新梢生长量仅次于 T2，成活率居中的 T2 新梢生长量最大，而对照组的新梢生长量与存活率均居倒数第二，可见桑树的存活率和新梢生长量在各新土体类型中的趋势存在差异。白刺花仅在 T0、T3 和 T7 种有存活，且 T0 的新梢生长量最大，其次是 T3，T7 的最小，与存活率的变化趋势差异不大。丝棉木的新梢生长量 T0>T8>T7>T4>T5>T2>T6>T1>T3>T9，可见虽然 T8 的存活率和新梢生长量均较大，但是新土体构建并不利于丝棉木的生长。山杏的新梢生长量 T6>T3>T2=T5>T1>T4>T7>T9>T8>T0，由于对照组中没有山杏存活，因此所有新土体中的新梢生长量均高于对照组。荆条的新梢生长量 T1>T2=T7>T6>T3>T5>T9>T0>T8>T4，存活率最低的 T1 却具有最大的新梢生长量，存活率倒数第二的 T2 新梢生长量却居第二，可见与桑树相似，荆条的存活率和新梢生长量在各新土体类型中的趋势同样存在差异。侧柏的新梢生长量 T1>T2>T4>T3>T5>T7>T6>T0>T9>T8，虽然 T8 的新梢生长量和存活率均最低，而 T1 的存活率和新梢生长量均较高，但是其存活率和新梢生长量在各新土体类型中仍存在一定的差异。花木蓝和连翘仅在 T1 中存活，新梢生长量分别为 1.33cm 和 7.67cm，均较小。榆树的新梢生长量 T3>T4=T5>T0>T1=T2>T7>T9>T6>T8，可见与对照组相比，仅 T3、T4 和 T5 能够促进榆树的生长，且仅 T4 的存活率和新梢生长均高于对照组，因此改变废弃矿渣的粒径组成和堆积方式对榆树生长的促进作用不明显。芦荻草仅在 T0、T1、T5、T7 和 T9 中有存活，新梢生长量 T0>T1>T7>T9>T5，可见此改变废弃矿渣的粒径组成和堆积方式抑制了芦荻草的生长。扶芳藤在 T6、T7 和 T8 中不能存活，新梢生长量 T9>T0>T2>T1>T4>T5>T3，仅 T9 的新梢生长量大于对照组，可见所构建的新土体不利于其生长。胶东卫矛的新梢生长量 T5>T7>T6>T2>T3>T0>T4>T9>T1>T8，与成活率相似，T1 和 T8 的新梢生长量小于对照组，但是存活率不低于对照组的 T4 和 T9 新梢生长量却低于对照组，可见所构建的新土体对胶东卫矛的生长的促进作用不及存活率，且部分新土体不利于胶东卫矛的存活和生长。

第 6 章

以微生物为主要手段的培肥技术

6.1 采煤迹地真菌的群落组成及其分布规律

6.1.1 露天煤矿采煤迹地真菌群落组成及其分布规律

6.1.1.1 植被覆盖状况

总体而言，露天煤矿采煤迹地植被破坏极其严重。其中，开采区和煤矸石堆放区几乎完全裸露，无任何植被覆盖；草本恢复区和自然植被区分布少量草本植被；林木恢复区除人工种植的杨树以外还有少量草本植被的分布；所有区域类型中均无灌木的分布(图6-1)。

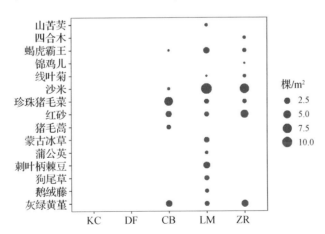

图 6-1 内蒙古乌海市露天煤矿采煤迹地植被覆盖状况

注：KC、DF、CB、LM 和 ZR 分别表示开采区、煤矸石堆放区、草本恢复区、林木恢复区和未开采区；下同。

6.1.1.2 土壤养分状况

采用 Vegan 程序包中的 adonis( )函数分析结果表明,露天煤矿采煤迹地的土壤养分状况在不同区域类型间差异显著($P<0.001$)。主成分分析结果进一步表明,沿第一主成分开采区的土壤养分状况与其他区域类型显著不同($P<0.05$),沿第二主成分草本恢复区和煤矸石堆放区的土壤养分状况与未开采区显著不同,而未开采区与林木恢复区、煤矸石堆放区与草本恢复区间土壤养分状况差异不显著。

方差分析结果表明,土壤有机质、全氮、全钾、速效磷、速效钾和铵态氮的含量及土壤湿度在不同区域类型间差异显著(表6-1)。其中,开采区的有机质、全氮和铵态氮含量显著高于其他区域类型;煤矸石堆放区的全钾含量最高,草本恢复区最低;未开采区的速效磷和速效钾含量最高,开采区和煤矸石堆放区较低。

表 6-1 乌海市露天煤矿采煤迹地不同区域类型土壤的养分状况

区域类型	土壤湿度 (%)	有机质 (g/kg)	全氮 (g/kg)	全磷 (g/kg)	全钾 (g/kg)	速效磷 (mg/kg)	速效钾 (mg/kg)	硝态氮 (mg/kg)	铵态氮 (mg/kg)
KC	1.89b	336.31a	1.90a	1.51	14.31bc	5.51c	44.35c	9.31	9.34a
DF	1.31b	72.72b	0.71b	1.21	20.45a	4.49c	47.17c	7.99	6.96b
CB	1.24b	22.01b	0.41b	1.31	10.59c	6.36bc	37.94c	6.25	6.16b
LM	7.17a	32.53b	0.50b	1.46	16.24ab	11.29b	59.40b	1.61	6.91b
ZR	1.59b	45.68b	0.64b	1.95	16.86ab	17.45a	71.59a	6.34	6.41b
P 值[$]	<0.001	<0.001	<0.001	0.37	0.0039	<0.001	<0.001	0.12	0.033

注:KC、DF、CB、LM 和 ZR 分别表示开采区、煤矸石堆放区、草本恢复区、林木恢复区和未开采区;[$] 表示单因素方差分析的结果;同一指标的不同字母表示不同区域类型间差异显著($P<0.05$);下同。

6.1.1.3 土壤盐碱特性

分析结果表明,乌海市露天煤矿采煤迹地土壤 pH 值和水溶性盐总量在不同区域类型间差异显著(图6-2)。其中,林木恢复区(8.5±0.2)、未开采区(7.8±0.1)和草本恢复区(8.1±0.2)的土壤 pH 值显著高于开采区(6.5±1.7)和煤矸石堆放区(7.0±1.0);未开采区的土壤水溶性盐总量(5.9±2.8 g/kg)显著高于开采区(3.1±3.5 g/kg)和林木恢复区(1.8±0.6 g/kg),而与草本恢复区(5.1±4.0 g/kg)和煤矸石堆放区(3.9±2.4 g/kg)无显著差异。由此可知,与未开采区相比,通过人工造林或自然植被养护等措施恢复采煤迹地植被并未致使土壤盐碱化问题的加剧。

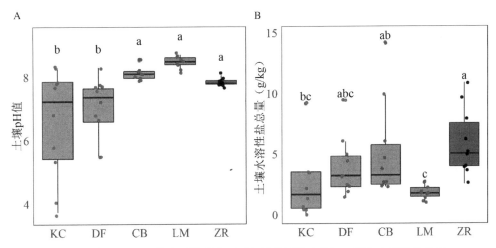

图 6-2 乌海市露天煤矿采煤迹地不同区域类型的土壤 pH 值和水溶性盐总量

注：不同字母表示在不同区域类型间差异显著（$P<0.05$）；下同。

6.1.1.4 土壤酶的活性

单因素方差分析结果表明，土壤碱性磷酸酶、脲酶、蔗糖酶、蛋白酶和脱氢酶的活性在不同区域类型间差异显著（表 6-2）。总体而言，各土壤酶的活性在不同区域类型间的变化趋势基本相同。即林木恢复区土壤酶的活性最高，未开采区次之，草本恢复区较低，开采区和煤矸石堆放区最低。

表 6-2 乌海市露天煤矿采煤迹地不同区域类型土壤酶的活性

区域类型	碱性磷酸酶 µg/(g·h)	脲酶 µg/(g·h)	蔗糖酶 mg/(g·h)	蛋白酶 mg/(g·h)	脱氢酶 µg/(g·h)
KC	6.43d	34.62bc	0.29b	1.40c	2.17c
DF	8.13d	33.78c	0.07b	1.47c	2.27c
CB	18.96c	42.41ab	0.19b	1.76bc	2.94c
LM	45.98a	50.28a	0.96a	2.40a	12.11a
ZR	38.49b	50.17a	0.73a	2.08ab	7.42b
P 值	<0.001	<0.001	<0.001	<0.001	<0.001

6.1.1.5 微生物生物量

土壤微生物量是土壤有机质最活跃和最易变化的部分，与土壤碳、氮、磷、硫等养分的循环密切相关，土壤微生物量的变化可直接或间接反映土壤肥力和土壤环境质量的变化。分析结果表明，开采区、煤矸石堆放区和草本恢复区的微生物量较低，林木恢复区和未开采区较高（图 6-3）。这一结果表明，煤矿的露天开采导致土壤肥力和土壤环境质量下降，人工养护自然草本植被并未显著缓解这一降低的趋势，而人工造林则具有较好的效果。

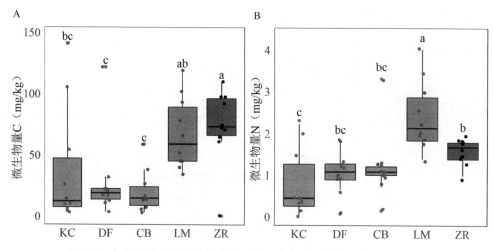

图6-3　乌海市露天煤矿采煤迹地不同区域类型土壤中的微生物生物量

6.1.1.6　球囊霉素的含量

一般而言，球囊霉素对维持土壤团聚体稳定性具有明显的作用。分析结果表明，总球囊霉素和易提取球囊霉素含量在不同区域类型间差异显著(图6-4)。其中，未开采区的总球囊霉素和易提取球囊霉素含量最高，林木恢复区次之，草本恢复区、开采区和煤矸石堆放区均处于较低的水平。这一结果表明，与人工养护自然草本植被相比，人工造林更易提高球囊霉素的含量，对土壤结构的潜在恢复效应可能更佳。

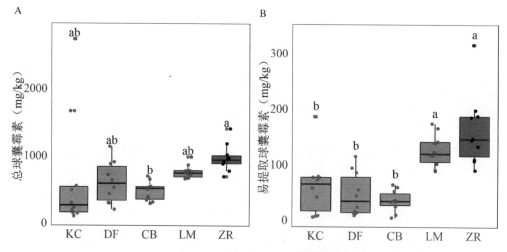

图6-4　乌海市露天煤矿采煤迹地不同区域类型土壤中总球囊霉素和易提取球囊霉素的含量

6.1.1.7　真菌的群落结构及其影响因子

研究发现，不同区域类型采煤迹地土壤真菌的优势科存在一定的差异(图6-5，见链接）。具体而言，开采区、煤矸石堆放区、草本恢复区及未开采区的优势科为小囊菌科（Microascaceae），而林木恢复区的优势科为粪壳科（Sordariaceae）。就真菌的多样性（Chao1指数和 Shannon 指数）而言，分析结果也发现不同区域类型土壤真菌多样性存在显著差异（图 6-6）。其中，林木恢复区的真菌多样性最高，草本恢复区和未开采区次之，开采区和煤矸石堆放区较低。

当前，unweighted unifrac 和 weighted unifrac 是衡量样品间物种相异性最为常用的指标，其值越小，表示样品间物种多样性差异越小。分析结果表明，乌海市露天煤矿采煤迹地真菌的 unweighted unifrac（$P = 0.001$）和 weighted unifrac（$P = 0.001$）在不同区域类型间差异显著。利用基于距离的冗余度分析（distance-based redundancy analysis，db-RDA）进一步评估土壤理化性质对土壤真菌群落组成的影响时发现，乌海市露天煤矿采煤迹地真菌群落组成主要与土壤湿度、pH 值及全钾、速效钾和有机质的含量有关（图 6-7，见链接）。

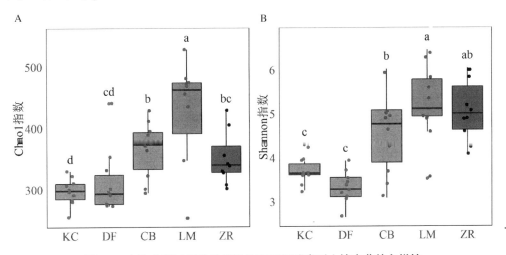

图 6-6　乌海市露天煤矿采煤迹地不同区域类型土壤真菌的多样性

方法简述如下：以 unweighted unifrac（或 weighted unifrac）距离矩阵表征真菌群落结构，以土壤理化性质为环境变量（即解释变量），分析真菌群落组成与环境梯度间的关系；另外，为精简解释变量，寻求简约模型，在分析中已利用前向选择（$P<0.05$，permutations = 999）对解释变量进行了筛选，因此所有呈现于图中的解释变量均为对真菌群落结构具有显著影响的变量。

如前所述，露天煤矿采煤迹地植被破坏极其严重，尤其是开采区和煤矸石堆放区植被破坏殆尽，土壤中的菌根真菌难觅宿主，菌根真菌生长发育受阻，若直接对土壤中菌根真菌进行测序分析则多数效果不佳（检测不到菌根序列或序列数极低），难以满足下游分析。因此，本研究首先利用 Illumina Miseq 高通量测序技术平台对真菌序列进行分析，然后再利用 FUNGuild 对真菌序列进行功能分析，确定并筛选菌根真菌序列，并以此序列为基础计算菌根真菌的多样性和相对丰度。分析结果表明，林木恢复区内菌根真菌相对多度和多样性均显著高于其他区域类型（图 6-8）。

与此同时，通过在显微镜下直接观察土壤和植物根内 AM 真菌的菌丝和侵染结构亦进一步证实了采煤迹地内确有 AM 真菌的分布，但其分布状况与区域类型密切相关。其中，孢子密度在未开采区内最高，林木恢复区次之，其余各区均相对较低；菌丝密度在林木恢复区内最高，其余各区均相对较低(图6-9)。

相关分析结果表明，菌根真菌的多样性与有机质、全氮和硝态氮呈显著或极显著负相关，与土壤湿度、碱性磷酸酶、蔗糖酶、脱氢酶、蛋白酶、脲酶、速效磷、速效钾、微生物量C、微生物量N、总球囊霉素和易提取球囊霉素呈显著或极显著正相关；菌根真菌的相对丰度与有机质和硝态氮呈显著或极显著负相关，与土壤湿度、微生物量N、碱性磷酸酶、蔗糖酶、脱氢酶、蛋白酶、脲酶和易提取球囊霉素呈显著或极显著正相关；孢子密度与全氮呈显著负相关，与蔗糖酶、脱氢酶、易提取球囊霉素、微生物量C、总球囊霉素、速效磷和速效钾呈显著或极显著正相关；菌丝密度与土壤pH值呈极显著负相关，与有机质和全氮呈极显著正相关(图6-10，见链接)。

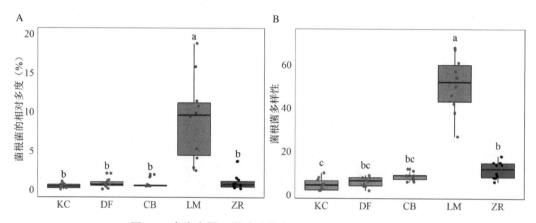

图6-8　乌海市露天煤矿采煤迹地不同区域类型土壤中菌根菌的相对多度和多样性

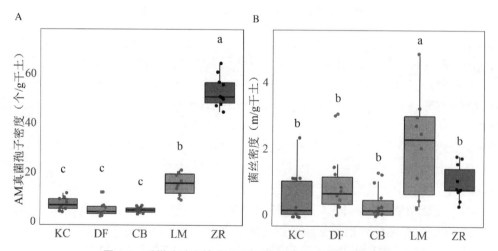

图6-9　采煤迹地土壤中AM真菌的孢子密度和菌丝密度

6.1.2　井工煤矿采煤迹地真菌群落组成及其分布规律

6.1.2.1　植被覆盖状况

调查研究发现,从宁夏灵武羊场湾煤矿废物排放地(圆疙瘩湖)的排污区经过渡区到周边自然区,其植被类型亦从以冰草为主的植被类型逐渐演替为以沙蒿为主的植被类型(图6-11)。一般而言,沙蒿喜氮,其对水蚀风蚀条件下氮素的固定能力较强;冰草喜湿,其对潮湿的环境具有较强的适应性。宁夏灵武羊场湾煤矿废物排放地(圆疙瘩湖)滨岸植被演替状况表明,矿区废物排放已对排放地及周边植被产生了持续而稳定的影响。

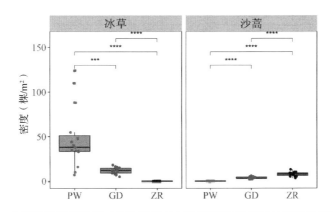

图6-11　宁夏灵武羊场湾煤矿废物排放地(圆疙瘩湖)及周边冰草和沙蒿生长状况

注:PW、GD 和 ZR 分别表示排污区、过渡区和自然区;＊＊＊表示在 $P<0.001$ 水平下差异显著;下同。

6.1.2.2　土壤养分状况

采用 Vegan 程序包中的 adonis( )函数分析结果表明,宁夏灵武羊场湾煤矿废物排放地(圆疙瘩湖)周边自然区域经过渡区到排污区的土壤养分状况发生了显著变化($P=0.001$)。主成分分析结果进一步表明,沿第一主成分排污区的土壤养分状况与过渡区显著不同($P<0.05$),沿第二主成分排污区和自然区的土壤养分状况显著不同($P<0.05$),而过渡区与自然区在第一和第二主成分间的差异均不显著(图6-12,见链接)。

方差分析结果表明,土壤湿度、全磷、全钾和铵态氮在不同区域类型间差异显著(表6-3)。与过渡区和自然区相比,排污区的土壤湿度以及全磷和全钾含量较高,而其铵态氮

表6-3　宁夏灵武羊场湾煤矿废物排放地(圆疙瘩湖)不同区域类型土壤的养分状况

区域类型	土壤湿度 (%)	有机质 (g/kg)	全氮 (g/kg)	全磷 (g/kg)	全钾 (g/kg)	速效磷 (mg/kg)	速效钾 (mg/kg)	硝态氮 (mg/kg)	铵态氮 (mg/kg)
PW	12.2a	6.1a	0.23a	5.02a	15.47a	0.62a	60.76a	2.58a	3.16b
GD	4.27b	4.65a	0.18a	3.82b	15.58a	0.58a	64.37a	3.24a	4.59a
ZR	2.6b	4.84a	0.17a	3.85b	14.73b	0.62a	61.27a	2.89a	5.1a
P 值 \$	<0.001	0.23	0.24	<0.001	<0.001	0.93	0.79	0.29	0.015

注:PW、GD 和 ZR 分别表示排污区、过渡区和自然区;\$ 表示单因素方差分析的结果;同一指标的不同字母表示不同区域类型间差异显著($P<0.05$);下同。

含量却相对较低。

6.1.2.3 土壤盐碱特性

总体而言,宁夏灵武羊场湾煤矿废物排放地(圆疙瘩湖)土壤偏碱,但土壤碱化程度在排污区(8.64±0.36)、过渡区(8.66±0.29)和自然区(8.77±0.29)间无显著差异。就土壤盐度而言,虽然排污区(0.63±0.48mg/kg)的土壤水溶性盐总量显著高于过渡区(0.33±0.25mg/kg)和自然区(0.26±0.22mg/kg),但灵武羊场湾煤矿废物排放地(圆疙瘩湖)土壤盐化程度总体上处于一个较低的水平(图6-13)。

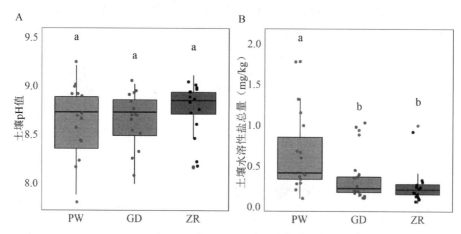

图6-13 宁夏灵武羊场湾煤矿废物排放地(圆疙瘩湖)**不同区域类型的土壤 pH 值和水溶性盐总量**

6.1.2.4 土壤酶的活性

单因素方差分析结果表明,宁夏灵武羊场湾煤矿废物排放地(圆疙瘩湖)土壤碱性磷酸酶在不同区域类型间差异显著,而脲酶、蔗糖酶、蛋白酶和脱氢酶活性则无显著差异(表6-4)。具体而言,排污区土壤碱性磷酸酶活性最低,过渡区活性最高。

表6-4 宁夏灵武羊场湾煤矿废物排放地(圆疙瘩湖)**不同区域类型土壤酶的活性**

区域类型	碱性磷酸酶 μg/(g·h)	脲酶 μg/(g·h)	蔗糖酶 mg/(g·h)	蛋白酶 mg/(g·h)	脱氢酶 μg/(g·h)
PW	0.29b	39.14a	0.64a	1.25a	0.1a
GD	0.45a	37.75a	2.62a	1.38a	0.08a
ZR	0.42ab	42.8a	0.91a	1.26a	0.09a
P 值	0.049	0.82	0.37	0.73	0.76

6.1.2.5 微生物生物量

分析结果表明,土壤微生物量 C 在宁夏灵武羊场湾煤矿废物排放地(圆疙瘩湖)不同区域类型间差异显著,而微生物量 N 则无显著差异。相比较而言,自然区土壤微生物量 C

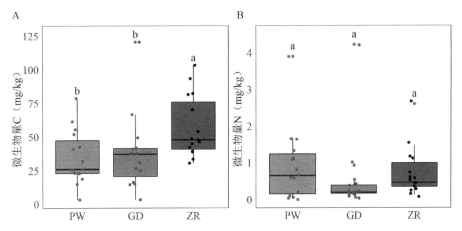

图6-14 宁夏灵武羊场湾煤矿废物排放地(圆疙瘩湖)
不同区域类型的土壤微生物量

显著高于排污区和过渡区，而排污区和过渡区则无显著差异(图6-14)。

6.1.2.6 球囊霉素的含量

分析结果表明，宁夏灵武羊场湾煤矿废物排放地(圆疙瘩湖)土壤总球囊霉素(P=0.29)和易提取球囊霉素(P=0.89)在不同区域类型间均无显著差异。

6.1.2.7 真菌的群落结构及其影响因子

研究发现，宁夏灵武羊场湾煤矿废物排放地(圆疙瘩湖)不同区域类型土壤真菌的优势科存在一定差异(图6-15，见链接)。具体而言，排污区的优势科为 Incertaesedis，过渡区为肉座菌科(Hypocreaceae)，自然区为虫草科(Cordycipitaceae)。就真菌的多样性(Chao1指数和 Shannon 指数)而言，分析结果也发现不同区域类型土壤真菌多样性存在显著差异(图6-16)。其中，自然区的真菌多样性最高，过渡区次之，排污区最低。

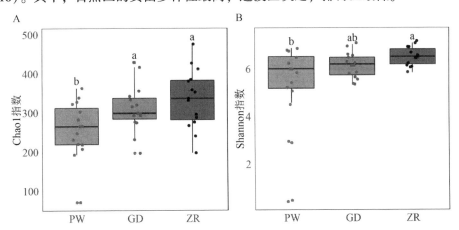

图6-16 宁夏灵武羊场湾煤矿废物排放地(圆疙瘩湖)**不同区域类型土壤真菌的多样性**

分析结果表明，宁夏灵武羊场湾煤矿废物排放地(圆疙瘩湖)土壤真菌的 unweighted unifrac(*P* = 0.001)和 weighted unifrac(*P* = 0.001)在不同区域类型间的差异均达极显著水平。利用基于距离的冗余度分析(db-RDA)进一步评估土壤理化性质对土壤真菌群落组成的影响时发现，宁夏灵武羊场湾煤矿废物排放地(圆疙瘩湖)土壤真菌群落组成主要与土壤湿度、全磷、全钾、水溶性全盐和铵态氮含量有关(图 6-17，见链接)。

6.1.2.8 AM 真菌的特性

宁夏灵武羊场湾煤矿废物排放地(圆疙瘩湖)菌根真菌序列的筛选方法同内蒙古乌海市露天煤矿采煤迹地土壤菌根真菌的筛选方法，具体为：首先利用 Illumina Miseq 高通量测序技术平台对真菌序列进行分析，然后再利用 FUNGuild 对真菌序列进行功能分析，确定并筛选菌根真菌序列，并以此序列为基础计算菌根真菌的多样性及相对丰度。

分析结果表明，菌根真菌的相对多度和多样性(OUT richness)在宁夏灵武羊场湾煤矿废物排放地(圆疙瘩湖)不同区域类型间差异显著。相比较而言，自然区菌根真菌的相对多度和多样性最高，过渡区次之，排污区最低(图 6-18)。相关分析表明，菌根真菌的相对多度和多样性与碱性磷酸酶活性和微生物量 C 呈显著正相关。

此外，研究还发现，菌根真菌的孢子密度(*P* = 0.32)和菌丝密度(*P* = 0.29)在宁夏灵武羊场湾煤矿废物排放地(圆疙瘩湖)不同区域类型间无显著差异(图 6-19，见链接)。

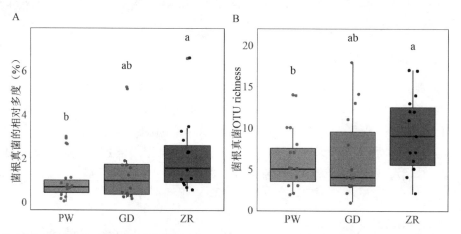

图 6-18 宁夏灵武羊场湾煤矿废物排放地(圆疙瘩湖)土壤中菌根真菌的相对多度和多样性

6.2 采煤迹地 AM 真菌种质资源库的建立及菌剂的研制

6.2.1 AM 真菌的群落功能

研究结果表明，不同矿区类型土壤中 AM 真菌对刺槐和侧柏的促生效应差异显著(图 6-19)。相比较而言，开采区和林木恢复区 AM 真菌对刺槐和侧柏的促生效应无显著差异，但却显著优于其它矿区类型土壤中的 AM 真菌；与不接种处理相比，接种开采区和林木恢复区 AM 真菌对侧柏和刺槐具有显著的促生效应，而接种其它矿区类型土壤中 AM 真菌的促生效应不显著。由此可知，林木恢复对土壤中 AM 真菌的生态功能恢复性较好。

就 AM 真菌的生长发育特性，研究发现，不同矿区类型土壤中 AM 真菌的菌丝生长和产孢能力存在显著差异（图 6-20）。具体而言，草本恢复区 AM 真菌的产孢能力较强；林木恢复区 AM 真菌的菌丝生长能力较强；未开采区 AM 真菌在宿主根内形成菌丝和泡囊的能力较强。

相关分析发现，刺槐和侧柏植株生长状况与 AM 真菌生长发育特性关系密切（图 6-21，见链接）。具体而言，刺槐植株生长状况与 AM 真菌的菌丝侵染率呈显著正相关，侧柏植株生长状况与 AM 真菌的菌丝侵染率、丛枝侵染率和菌丝密度呈显著或极显著正相关。这一结果表明，虽然刺槐和侧柏植株生长状况对 AM 真菌均有一定的依赖性，但侧柏的依赖性更为强烈。

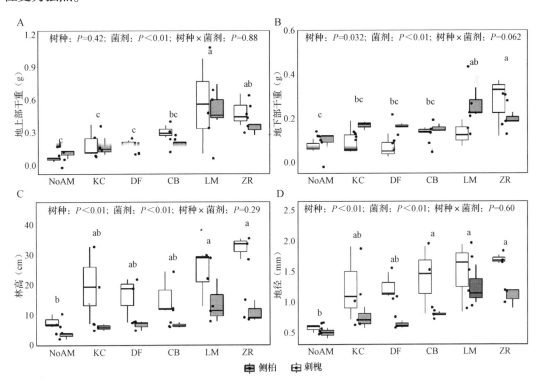

图 6-19　不同矿区类型土壤中 AM 真菌对刺槐和侧柏生长的影响

注：NoAM、KC、DF、CB、LM 和 ZR 分别表示不接种 AM 真菌的对照和接种开采区、煤矸石堆放区、草本恢复区、林木恢复区以及未开采区 AM 真菌的菌剂处理；不同字母表示不同区域类型土壤中 AM 真菌的功能差异显著（$P<0.05$）；下同。

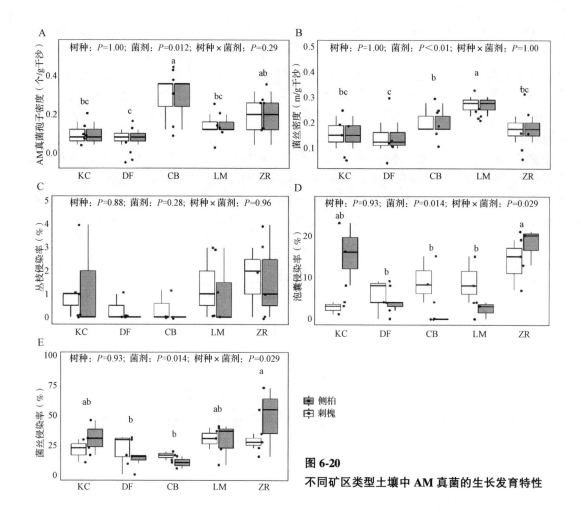

图 6-20

不同矿区类型土壤中 AM 真菌的生长发育特性

6.2.2 采煤迹地 AM 真菌的种质资源

利用单孢扩繁技术从培养盒中的纯沙培养基质中共分离获得了 60 株 AM 真菌，其中根内根孢囊霉（*Rhizophagus intraradices*）20 株、摩西斗管囊霉（*Funneliformis mosseae*）17 株、泡囊根孢囊霉（*Rhizophagus vesiculiferus*）1 株、缩隔球囊霉（*Septoglomus constrictum*）1 株、地斗管囊霉（*Funneliformis geosporum*）3 株、刺无梗囊霉（*Acaulospora spinosa*）1 株、聚丛球囊霉（*Glomus aggregatum*）3 株、地表多孢囊霉（*Diversispora versiforme*）6 株及其它 8 株（无法鉴定到种）。各菌株孢子形态简述如下。

根内根孢囊霉：孢子球形、近球形、椭圆形或不规则形，大小为 90~138 μm×110~150 μm，黄色，孢子表面光滑或有附着物。孢壁三层（W1、W2 和 W3），厚 4~10 μm，W1 淡黄色易逝壁，厚 0.5~2 μm，W2 淡黄色层状壁，厚 3~9 μm，W3 无色透明，0.5~2 μm。连丝单根，多沿孢子表面方向弯曲，黄色，近连点处连丝稍缢缩或呈圆筒状，宽 8~10 μm，丝壁厚 2~4 μm，连点宽 6~14 μm。

摩西斗管囊霉：孢子单生，球形至近球形，有时呈不规则形，大小为 130~200 μm，亮黄至黄褐棕色。孢子表面光滑或略有附着物，有的单个孢子外面包裹着由松散的菌丝织成的菌丝套，易脱落。孢子内含物甘油状。孢壁 2 层（W1 和 W2）；W1 薄而透明，≤ 1 μm，成熟后常脱落；W2 厚，黄褐色层状壁，厚 1~7 μm。连点漏斗状，宽 10~26 μm，漏斗顶部有凹隔。

泡囊根孢囊霉：孢子果不详。孢子单生，淡黄色。近球形，大小为 110~150 μm。孢子壁两层（W1 和 W2）；W1 为易逝壁，常缺失；W2 为层状壁，淡黄色，厚 4~8 μm。连孢菌丝单根，直形，连点处稍缢缩，宽 8~12 μm，淡黄色，连丝壁两层，系由孢壁延伸而成，连丝基部壁厚 2~5 μm，向下逐渐减薄。连点由 W2 部分层状壁阻塞。

缩隔球囊霉：孢子单生。深黄棕至深红棕或黑色，光滑发亮，球或近球形，直径 115~120 μm。孢子壁单层，4~8(~10) μm，外表光滑，壁结构密实，内表面似紧贴一层薄膜，连点处孢壁不增厚。孢子内含物为油滴。连孢菌丝直形或沿孢子壁弯曲，连丝在紧接于孢子下骤然缢缩 8~18 μm，在缢缩点之下又膨大至 15~30 μm，连丝在连点处菌丝壁颜色较深，呈深棕色，厚 3~5 μm，连点孔封闭或留一狭小孔道。

地斗管囊霉：孢子单生。孢子深黄棕至深红棕，大多球形至近球形，大小为 100~170 μm。孢壁厚 4~13 μm，可分为三层（W1、W2 和 W3）；W1 无色透明，厚<1 μm，成熟后常脱落；W2 黄棕色至红棕色层状壁，厚 4~12 μm；W3 淡黄色膜状壁，紧附 W2 不能辨认，W3 在连点处形成一个隔膜。孢子内含物为白色或透明的絮状物及细颗粒状油滴。连孢菌丝直或弯曲，连点宽 10~23 μm，连孢菌丝壁单层，透射光下黄色至深黄褐色。

刺无梗囊霉：孢子单生，暗黄褐色至深红褐色，球形、近球形至不规则形，150~260 μm×140~300 μm。孢壁三层（W1、W2 和 W3），3~9 μm；W1 为浅黄褐色至深红褐色的单一壁，2~6 μm，其上饰有针状刺突，刺突基部直径 0.2~0.6 μm，高 2~6 μm；W2 无色透明膜质壁，0.2~1 μm；W3 无色透明膜质壁，0.2~1 μm。

聚丛球囊霉：孢子成丛或单生，淡黄、淡黄棕至黄棕色，球形或近球形，直径 40~80 μm，孢壁一层，厚 2~4 μm，连点宽 5~8 μm，筒状，连丝壁厚 1~1.5 μm；连点无隔，有时有隔。

地表多孢囊霉：孢子单生。孢子球或近球形，黄色至黄棕色，反射光下沿孢壁有一圈深色，孢子大小为 90~160 μm，孢壁 3 层（W1、W2 和 W3），厚 4~10 μm。W1 无色透明易逝壁，约 1 μm，成熟时常脱落，有时只剩部分残屑；W2 淡黄至淡黄棕色，层状壁，3~4 μm，W3 和 W2 不能分，孢子破裂后可见，呈亮金黄色。连孢菌丝透明至淡黄色，宽 3~6 μm，孢子成熟后即萎缩脱落；连点直或小喇叭形，连点孔由内壁形成的隔封闭。

6.2.3　AM 真菌菌剂的制备及筛选

研究结果表明，60 株 AM 真菌中大部分菌株对植物都具有一定的促生效应，尤以其中 2 株（根内根孢囊霉和摩西斗管囊霉）的促生效应最大。

6.2.4　AM 真菌纯种或复合菌剂的促生效应

从总体上来看，PERMANOVA 分析结果表明接菌处理对苜蓿、大麦、刺槐和侧柏生长状况具有显著影响（$P=0.001$）。为进一步明确接菌处理对植物生长的影响，比较各菌剂处理对植物生长影响的强弱，筛选最优菌剂，本研究首先利用主成分分析对变量进行降维分析，再利用方差分析检测各处理对各主成分的影响。

主成分分析结果表明，第一主成分（PCA1）主要表征大麦、苜蓿和侧柏的生长状况，PCA1 值越高，表示大麦、苜蓿和侧柏的生长状况越佳；第二主成分（PCA2）主要表征刺槐的生长状况，PCA2 值越高，表示刺槐的生长状况越佳（图 6-22，见链接）。方差分析结果表明，不同接菌处理对 PCA1 具有显著影响。具体而言，与不接菌处理相比，根内根孢囊霉纯种菌剂、摩西斗管囊霉纯种菌剂及根内根孢囊霉和摩西斗管囊霉的复合菌剂均显著增加了 PCA1，即促进了大麦、苜蓿和侧柏的生长；复合菌剂与纯种菌剂相比，复合菌剂的促生效应显著优于纯种菌剂。

此外，从单个植物生长指标来看，数据也总体呈现为接菌处理优于不接菌处理；在 3 种接菌处理中，复合菌剂对植物生长的促生效应则更为突出。因此，在后续研究中将使用由根内根孢囊霉和摩西斗管囊霉制成的复合菌剂作为供试菌剂。

6.3 土体特征及施肥方式对菌剂培肥效应的影响

6.3.1 室内模拟土壤培肥试验

6.3.1.1 植物生长状况

从总体上来看，PERMANOVA 分析结果表明施肥处理对苜蓿、大麦、刺槐和侧柏生长状况均具有显著影响（表 6-5）。从单个植物生长指标来看，方差分析结果表明化肥、有机肥、秸秆、菌剂或其交互作用对苜蓿、大麦、刺槐和侧柏各生长指标也具有一定的影响（表 6-6）。

为进一步明确施肥处理对植物生长的影响，比较各施肥处理对植物生长影响的强弱，筛选最优施肥组合，本研究首先利用主成分分析对变量进行降维分析，再利用方差分析检测各施肥处理对各主成分的影响（图 6-23，见链接）。主成分分析结果表明，第一主成分（PCA1）主要表征大麦和苜蓿的生长状况，PCA1 值越高，表示大麦和苜蓿的生长状况越佳；第二主成分（PCA2）主要表征刺槐和侧柏的生长状况，PCA2 值越高，表示刺槐和侧柏的生长状况越佳。对第一和第二主成分进行方差分析结果表明，菌剂、化肥、秸秆、有机肥以及化肥和有机肥的交互作用对大麦和苜蓿的生长状况具有极显著的影响；菌剂、化肥、秸秆、菌剂与化肥的交互作用以及菌剂和有机肥的交互作用对刺槐和侧柏的生长状况具有极显著的影响（表 6-7）。

具体而言，①与不接菌剂处理相比，接菌剂对大麦、苜蓿、刺槐和侧柏均具有显著的促生效应；②覆秸秆无论是在接菌剂或是不接菌剂的处理中均对大麦和苜蓿的生长具有一定的抑制作用，而对刺槐和侧柏的生长则具有显著的促进作用；③在不接菌剂的情况下，与不施化肥处理相比，施氮磷肥或施氮磷钾肥可显著促进大麦和苜蓿的生长，而对刺槐和侧柏的促生效应不显著；在接菌剂的情况下，与不施化肥处理相比，施氮磷肥或施氮磷钾

表 6-5 菌剂处理对大麦、苜蓿、刺槐和侧柏生长状况的影响

处理	大麦			苜蓿			刺槐				侧柏			
	株高(cm)	地径(mm)	地上部鲜重(g)	株高(cm)	地上部鲜重(g)	地下部鲜重(g)	株高(cm)	地径(mm)	地上部鲜重(g)	地下部鲜重(g)	株高(cm)	地径(mm)	地上部鲜重(g)	地下部鲜重(g)
不接菌剂	20.69c	1.11c	1.35c	25.8b	12.25a	10.88a	7.52b	1.95a	0.72a	0.95a	2.87b	1.18a	0.21b	0.14c
根内根孢囊霉纯种菌剂	31.56ab	1.84b	3.17ab	34.3ab	23.7a	21.05a	10.5a	2.28a	0.79a	0.73a	4.15a	1.11a	0.26ab	0.15c
摩西斗管囊霉纯种菌剂	28.22b	1.77b	2.3bc	23.36b	10.86a	11.67a	7.22b	2.25a	0.52a	0.64a	3.89ab	1.29a	0.28ab	0.27a
复合菌剂	36.81a	2.57a	3.67a	44.58a	22.75a	21.02a	7.56b	2.79a	0.49a	0.67a	4.94a	1.22a	0.31a	0.21b
P值	<0.001	<0.001	<0.001	0.033	0.18	0.34	0.062	0.39	0.44	0.64	0.015	0.72	0.049	<0.001

表 6-6 大麦、苜蓿、刺槐和侧柏生长状况的 PERMANOVA 分析结果

处理	大麦			苜蓿			刺槐			侧柏		
	Df	F	P	Df	F	P	Df	F	P	Df	F	P
菌剂	1	5.17	0.027	1	1.13	0.31	1	1.94	0.14	1	30.29	0.0010
化肥	2	86.65	0.0010	2	8.08	0.0010	2	1.65	0.18	2	4.58	0.0070
有机肥	1	61.12	0.0010	1	13.52	0.0010	1	2.22	0.13	1	3.23	0.056
秸秆	1	6.58	0.013	1	35.99	0.0010	1	10.19	0.0010	1	8.49	0.0020
菌剂×化肥	2	1.42	0.24	2	1.30	0.26	2	1.87	0.12	2	3.01	0.031
菌剂×有机肥	1	0.71	0.40	1	0.85	0.43	1	5.15	0.016	1	5.40	0.0060
化肥×有机肥	2	33.08	0.0010	2	11.42	0.0010	2	0.31	0.89	2	1.11	0.33
菌剂×秸秆	1	0.97	0.31	1	0.43	0.68	1	4.08	0.029	1	1.61	0.21
化肥×秸秆	2	2.13	0.10	2	5.73	0.0020	2	2.09	0.088	2	1.35	0.27
秸秆×有机肥	1	1.24	0.27	1	2.84	0.069	1	0.42	0.64	1	4.48	0.025
菌剂×化肥×有机肥	2	0.70	0.51	2	1.17	0.29	2	1.26	0.27	2	2.38	0.070
菌剂×化肥×秸秆	2	3.18	0.044	2	0.80	0.51	2	0.14	0.98	2	0.93	0.44
菌剂×秸秆×有机肥	1	0.43	0.57	1	0.85	0.42	1	0.53	0.59	1	0.82	0.43
化肥×秸秆×有机肥	2	0.98	0.40	2	3.15	0.014	2	0.74	0.52	2	4.69	0.0060
菌剂×化肥×秸秆×有机肥	2	0.82	0.45	2	0.78	0.53	2	0.80	0.48	2	0.92	0.43

表 6-7　大麦、苜蓿、刺槐和侧柏生长状况主成分分析得分的方差分析结果

处理	大麦和苜蓿生长状况（PCA1）			刺槐和侧柏生长状况（PCA2）		
	Df	F	P	Df	F	P
菌剂	1	22.72	<0.001	1	22.98	<0.001
化肥	2	69.74	<0.001	2	8.02	<0.001
秸秆	1	91.25	<0.001	1	31.61	<0.001
有机肥	1	83.79	<0.001	1	1.05	0.31
菌剂×化肥	2	1.21	0.30	2	6.46	0.0026
菌剂×秸秆	1	0.091	0.76	1	0.095	0.76
化肥×秸秆	2	1.10	0.34	2	0.059	0.94
菌剂×有机肥	1	0.11	0.74	1	10.38	0.0019
化肥×有机肥	2	22.20	<0.001	2	0.28	0.75
秸秆×有机肥	1	0.80	0.37	1	0.73	0.40
菌剂×化肥×秸秆	2	1.06	0.35	2	0.16	0.85
菌剂×化肥×有机肥	2	1.16	0.32	2	1.83	0.17
菌剂×秸秆×有机肥	1	0.22	0.64	1	0.25	0.62
化肥×秸秆×有机肥	2	0.57	0.57	2	3.08	0.052
菌剂×化肥×秸秆×有机肥	2	0.18	0.84	2	0.49	0.61

表 6-8　菌丝密度和孢子密度的方差分析结果

处理	菌丝密度			孢子密度		
	Df	F	P	Df	F	P
菌剂	1	11.26	<0.001	1	88.32	<0.001
化肥	2	4.03	0.022	2	1.32	0.27
秸秆	1	3.08	0.084	1	2.17	0.14
有机肥	1	0.34	0.56	1	8.86	<0.001
菌剂×化肥	2	2	0.14	2	7.48	<0.001
菌剂×秸秆	1	0.05	0.83	1	0.21	0.64
化肥×秸秆	2	1.04	0.36	2	2.46	0.09
菌剂×有机肥	1	3.76	0.056	1	0.44	0.51
化肥×有机肥	2	0.2	0.82	2	16.58	<0.001
秸秆×有机肥	1	1.75	0.19	1	0.3	0.58
菌剂×化肥×秸秆	2	0.21	0.81	2	6.17	<0.001
菌剂×化肥×有机肥	2	0.36	0.7	2	1.17	0.32
菌剂×秸秆×有机肥	1	0.69	0.41	1	3.82	0.055
化肥×秸秆×有机肥	2	0.07	0.93	2	0.74	0.48
菌剂×化肥×秸秆×有机肥	2	0.42	0.66	2	1.59	0.21

肥对大麦、苜蓿、刺槐和侧柏均具有显著的促生效应；由此可知菌剂与化肥之间具有显著的互补效应，尤其与氮磷肥间的互补效应最为突出；④在不接菌剂的情况下，与不施有机肥处理相比，施有机肥可显著促进大麦和苜蓿的生长，而对刺槐和侧柏的生长无显著效应；在接菌剂的情况下，与不施有机肥处理相比，施有机肥对大麦、苜蓿、刺槐和侧柏均具有显著的促生效应；由此可知菌肥与有机肥之间也具有显著的互补效应，且该互补效应在对刺槐和侧柏生长的影响中表现最为突出(图 6-24，见链接)。

对各施肥处理下植物总体生长状况(PCA1 和 PCA2 的平均值)进行排序后发现，接菌剂处理的植物总体长势明显高于不接菌剂处理，将接菌剂处理按植物总体长势由大到小依次排序为菌剂+氮磷肥+有机肥、菌剂+氮磷肥+有机肥+覆秸秆、菌剂+氮磷钾肥+有机肥、菌剂+氮磷钾肥+有机肥+覆秸秆、菌剂+氮磷肥+覆秸秆、菌剂+氮磷肥、菌剂+氮磷钾肥、菌剂+氮磷钾肥+覆秸秆、菌剂+有机肥、菌剂+有机肥+覆秸秆、菌剂、菌剂+覆秸秆。根据这一排序结果，选择 4 种对植物具有较好促生效应的复合施肥处理(菌剂+氮磷肥、菌剂+氮磷肥+覆秸秆、菌剂+氮磷肥+有机肥、菌剂+氮磷肥+有机肥+覆秸秆)、单接菌剂处理和不施肥也不接菌剂的对照在小区试验中进一步确定其对植物的促生效应及其相关机制(图 6-25，见链接)。

6.3.1.2　菌根真菌的生长状况

分析结果表明，接菌剂和施化肥对培肥基质中的菌丝密度具有显著影响，菌剂、有机肥、菌剂和化肥的交互作用、化肥和有机肥的交互作用以及菌剂、化肥和覆秸秆的交互作用均对菌根真菌孢子密度具有显著影响(表 6-8)。对比分析发现，①接菌剂和施氮磷钾肥显著增加了培肥基质中的菌丝密度；②在不接菌剂的情况下，化肥处理对孢子密度无显著影响，而在接菌剂的情况下，施氮磷钾肥可显著增加菌根真菌的孢子密度，尤其是在覆秸秆的情况下，这一增加效应更为突出；③在不施化肥的情况下，施有机肥可显著增加菌根真菌的孢子密度，而在施氮磷肥或施氮磷钾肥的情况下，施有机肥对菌根真菌的孢子密度无显著影响(图 6-26，见链接)。

6.3.1.3　植物生长状况与菌根真菌生长状况间的关系

从单个植物生长指标来看，菌丝密度与侧柏地上部鲜重、大麦地径、侧柏株高、大麦株高、苜蓿地下部鲜重呈显著或极显著正相关，孢子密度与刺槐地径、侧柏地下和地上部鲜重、大麦地径、侧柏株高、侧柏地径、苜蓿株高呈显著或极显著正相关(图 6-27，见链接)。

从植物总体长势来看，大麦和苜蓿的总体长势(PCA1)随培肥基质中菌丝密度和孢子密度的增加而显著增加，刺槐和侧柏的总体长势(PCA2)随孢子密度的增加而显著增加(图 6-28，见链接)。

6.3.2 小区试验

6.3.2.1 土壤基本性状

（1）宁夏和内蒙古试验小区土壤基本性状

总体而言，内蒙古和宁夏试验小区土壤基本性状差异极为显著（Permanova，$P <$ 0.001）。其中，内蒙古试验小区土壤湿度、> 0.25mm 土壤团聚体质量分数以及有机质、全氮和速效磷含量均极显著大于宁夏试验小区，而宁夏试验小区的土壤 pH 值、碱性磷酸酶和脲酶活性、<0.25mm 土壤团聚体质量分数以及易提取球囊霉素含量极显著地高于内蒙古试验小区（图 6-29，见链接）。

如前所述，内蒙古和宁夏试验小区土壤基本性质差异极大，为便于比较内蒙古和宁夏试验小区各处理对土壤基本性质的影响，在后续分析中均以各处理对土壤基本性质的处理效应代替原始数据进行分析和比较（表 6-9）。处理效应的计算方法及含义简述如下：处理效应为各土壤参数在处理一定时间后的数值与处理前的数值之差；若处理效应等于 0，则该处理无效；若处理效应大于 0，则为正效应；若处理效应小于 0，则为负效应。

（2）内蒙古试验小区各处理对土壤基本性质的影响

Permanova 分析结果表明内蒙古试验小区土壤性质与处理（$P = 0.009$）及采样时间（$P = 0.001$）均显著相关。主成分分析结果进一步表明，与处理前相比，内蒙古试验小区在处理 1、10 和 13 个月后其土壤基本性质均发生了显著变化，尤其是在处理 13 个月后其土壤性质的变化尤为显著（图 6-30，见链接）。

对各土壤基本性质对比分析后发现，与对照相比，单施 AM 真菌菌剂增加了土壤中碱性磷酸酶的活性、易提取球囊霉素的含量以及粒径 <1mm 的土壤团粒质量分数，降低了土壤中速效磷的含量和粒径 > 1mm 的土壤团粒质量分数，而对土壤 pH 值、土壤湿度、脲酶活性、粒径 0.25~0.5mm 的土壤团粒质量分数以及有机质和全氮含量无显著影响（图 6-31，见链接）。

关于 AM 真菌菌剂与氮磷肥、有机肥及秸秆的复合效应，分析发现，与单施 AM 真菌菌剂处理相比，菌剂+氮磷+秸秆增加了土壤 pH 值，菌剂+氮磷+有机肥+秸秆增加了土壤有机质的含量，菌剂+氮磷、菌剂+氮磷+秸秆和菌剂+氮磷+有机肥+秸秆增加了土壤全氮的含量，菌剂+氮磷、菌剂+氮磷+秸秆和菌剂+氮磷+有机肥增加了土壤速效磷的含量，菌剂+氮磷降低了土壤碱性磷酸酶的活性，菌剂+氮磷+有机肥+秸秆增加了土壤碱性磷酸酶的活性和易提取球囊霉素的含量，AM 真菌菌剂与其它肥料配施对土壤结构的复合效应总体上与单施 AM 真菌菌剂呈现相反的趋势（图 6-32，见链接）。

相关分析结果表明，土壤 pH 值与土壤湿度、全氮、脲酶、0.25~0.5mm 土壤团粒质量分数及易提取球囊霉素呈显著负相关；土壤湿度与全氮、0.5~1mm 土壤团粒质量分数、0.25~0.5mm 土壤团粒质量分数和易提取球囊霉素呈显著正相关，与 > 5mm 土壤团粒质量分数呈显著负相关；有机质与全氮和易提取球囊霉素呈显著正相关，与脲酶呈显著负相关；全氮与速效磷、0.5~1mm 土壤团粒质量分数、易提取球囊霉素呈显著正相关；速效磷与碱性磷酸霉、脲酶、1~2mm 土壤团粒质量分数呈显著正相关，与 <0.25mm 土壤团粒

表 6-9　内蒙古和宁夏试验小区的土壤基本性状

地点	处理	土壤pH值	土壤湿度(%)	有机质(g/kg)	全氮(g/kg)	速效磷(mg/kg)	碱性磷酸酶(mg/g/24h)	脲酶(mg/g/24h)	各粒径土壤团聚体质量分数(%)						易提取球囊霉(mg/g)
									>5mm	2~5mm	1~2mm	0.5~1mm	0.25~0.5mm	<0.25mm	
内蒙古	CK	6.76a	0.84a	5.17a	0.18a	6.24a	0a	0.06a	8.59a	7.2a	8.47a	14.74a	9.2a	51.81a	0.36a
	M	6.73a	0.77a	4.14a	0.15a	44.3a	0a	0.07a	11.46a	9.13a	11.42a	11.37a	10.24a	46.38a	0.28a
	MNP	6.46b	0.65b	1.92a	0.15a	3.04a	0.03a	0.03a	7.57a	8.71a	9.05a	11.81a	10.38a	52.47a	0.23a
	MNPJ	6.46b	0.85b	3.03a	0.16b	4.59a	0.01a	0.05a	7.46a	7.68a	7.6a	12.6a	9.77a	54.89a	0.31a
	MNPO	6.55b	0.81b	3.31a	0.17a	18.45a	0.02a	0.09a	7.32a	7.93a	9.24a	13.6a	12.66a	49.25a	0.26a
	MNPJO	6.51b	0.81b	3.14a	0.18a	30.27a	0a	0.07a	10.68a	9.54a	8.53a	13.82a	10.05a	47.38a	0.24a
	P值	<0.01	0.88	0.39	0.76	0.39	0.14	0.60	0.32	0.36	0.15	0.20	0.089	0.50	0.69
宁夏	CK	8.34a	0.41a	2.34a	0.12a	4.64a	0.01a	0.1a	4.3a	2.19a	4.22a	8.41a	6.13a	74.75a	0.66a
	M	8.17a	0.45a	2.36a	0.14a	6.61a	0.03a	0.09a	1.32a	0.94a	3.18a	4.45a	6.98a	83.13a	0.88a
	MNP	8.37a	0.39a	1.81a	0.13a	2.22a	0.03a	0.09a	3.89a	2.52a	4.69a	4.98a	6.84a	77.07a	0.76a
	MNPJ	8.61a	0.38a	1.88a	0.13a	7.88a	0.03a	0.09a	3.24a	2.34a	3.64a	6.68a	5.01a	79.08a	0.69a
	MNPO	8.04a	0.38a	2.32a	0.13a	3.33a	0.05a	0.07a	1a	1.29a	2.61a	4.6a	6.9a	83.59a	0.75a
	MNPJO	8.38a	0.46a	2.18a	0.13a	1.75a	0.02a	0.08a	2.86a	1.91a	2.99a	7.14a	5.09a	80.01a	0.77a
	P值	0.70	0.93	0.92	0.88	0.10	0.085	0.25	0.84	0.59	0.91	0.58	0.81	0.92	0.61
内蒙古		6.58b	0.79a	3.45a	0.16a	17.81a	0.01b	0.06b	8.85a	8.36a	9.05a	12.99a	10.39a	50.36b	0.28b
宁夏		8.32a	0.41b	2.15b	0.13b	4.41b	0.03a	0.09a	2.77b	1.87b	3.55b	6.04b	6.16b	79.61a	0.75a
P值		<0.01	<0.01	<0.01	<0.01	0.048	<0.01	0.01	<0.01	<0.01	<0.01	<0.01	<0.01	<0.01	<0.01

质量分数呈显著负相关；碱性磷酸酶与脲酶呈显著正相关，与 <0.25mm 土壤团粒质量分数呈显著负相关；脲酶与 <0.25mm 土壤团粒质量分数呈显著负相关。

（3）宁夏试验小区各处理对土壤基本性质的影响

Permanova 分析结果表明宁夏试验小区土壤性质与处理（$P = 0.001$）及采样时间（$P = 0.001$）显著相关，而与种植植物类型无显著相关性（$P = 0.28$）。对主成分分析得分的方差分析结果也进一步表明，宁夏试验小区土壤基本性质主要受处理、时间及其交互作用的影响，而与植物类型无关（表 6-10）。

对各土壤基本性质对比分析后发现，与对照相比，单施 AM 真菌菌剂增加了脲酶活性和粒径 > 0.5mm 的土壤团粒质量分数，降低了全氮含量、碱性磷酸酶活性、易提取球囊霉素的含量和粒径 <0.25mm 的土壤团粒质量分数，而对土壤 pH 值、土壤湿度以及有机质和速效磷的含量无显著影响（图 6-33，见链接）。

关于 AM 真菌菌剂与氮磷肥、有机肥及秸秆的复合效应，分析发现，与单施 AM 真菌菌剂处理相比，AM 真菌菌剂与氮磷肥、有机肥及秸秆配施可增加土壤湿度、碱性磷酸酶和脲酶的活性、有机质、全氮、速效磷和易提取球囊霉素的含量、粒径>5mm 和粒径 0.25~0.5mm 的土壤团粒质量分数，降低土壤 pH 值、粒径 0.5~1mm 和粒径 2~5mm 的土壤团粒质量分数（图 6-34，见链接）。

相关分析结果表明，土壤湿度与全氮、速效磷、脲酶和 >0.5mm 的土壤团粒质量分数显著正相关，与 <0.25mm 的土壤团粒质量分数显著负相关；有机质与全氮、碱性磷酸酶和脲酶活性显著正相关；全氮与速效磷、碱性磷酸酶、脲酶、>1mm 的土壤团粒质量分数和易提取球囊霉素显著正相关，与<0.25mm 的土壤团粒质量分数显著负相关；速效磷与碱性磷酸酶、脲酶、>1mm 的土壤团粒质量分数和易提取球囊霉素显著正相关，与 <0.25mm 的土壤团粒质量分数显著负相关；碱性磷酸酶与脲酶和>2mm 的土壤团粒质量分数显著正相关，与 0.5~1mm 的土壤团粒质量分数显著负相关；脲酶与>2mm 的土壤团粒质量分数显著正相关，与 0.25~1mm 的土壤团粒质量分数和易提取球囊霉素显著负相关（图 6-35，见链接）。

表 6-10 宁夏试验小区土壤基本性状主成分分析得分的方差分析结果

处理	PCA1			PCA2		
	Df	F	P	Df	F	P
植物	2	0.26	0.77	2	2.00	0.14
时间	3	15.68	<0.01	3	20.68	<0.01
处理	5	4.89	<0.01	5	28.52	<0.01
植物×时间	6	0.081	1.00	6	1.11	0.36
植物×处理	10	0.59	0.82	10	1.45	0.16
时间×处理	15	0.37	0.99	15	4.72	<0.01
植物×时间×处理	30	0.41	1.00	30	0.53	0.98

（4）内蒙古和宁夏试验小区处理效应的差异

从总体上来看，PERMANOVA 分析结果表明各处理对土壤性质的处理效应在不同地点

（$P<0.001$）、不同时间（$P<0.001$）及处理间（$P<0.001$）存在显著差异。为进一步确定处理
效应在不同地点、不同时间及处理间的变化趋势，本研究首先利用主成分分析对变量进行
降维分析，再利用方差分析检测各处理对各主成分的影响。主成分分析结果表明，第一主
成分（PCA1）主要表征土壤结构，PCA1 值越高，表示处理越利于<0.25mm 土壤团粒的形
成；第二主成分（PCA2）主要表征土壤养分状况，PCA2 值越高，表示处理越利于提高土壤
养分状况（图 6-36，见链接）。对第一和第二主成分进行方差分析结果表明，地点、处理、
时间以及地点和处理的交互作用对土壤团粒的形成具有极显著的影响；处理、时间、地点
和处理以及地点和时间的交互作用对土壤养分状况具有极显著影响（表 6-11）。

　　具体而言，①土壤结构的处理效应在内蒙古和宁夏试验小区间差异显著，而土壤养分
状况的处理效应在内蒙古和宁夏试验小区间差异不显著；②相比较而言，内蒙古试验小区
土壤结构的处理效应显著高于宁夏试验小区；③在内蒙古试验小区，单接 AM 真菌菌剂对
土壤结构的处理效应显著高于对照，而菌剂与其他肥料配施后对土壤结构的处理效应有所
降低；单接 AM 真菌菌剂对土壤养分状况的处理效应与对照无显著差异，而菌剂与其他肥
料配施后对土壤养分状况的处理效应有所增加；④在宁夏试验小区，单接 AM 真菌菌剂对
土壤结构的处理效应与对照无显著差异，而菌剂与其他肥料配施后对土壤结构的处理效应
有所降低；单接 AM 真菌菌剂对土壤养分状况的处理效应与对照无显著差异，而菌剂与其
他肥料配施后对土壤养分状况的处理效应有所增加（图 6-37，见链接）。

表 6-11　内蒙古和宁夏试验小区处理效应主成分得分的方差分析结果

处理	PCA1			PCA2		
	Df	*F*	*P*	*Df*	*F*	*P*
地点	1	14.12	<0.001	1	0.11	0.74
处理	5	4.67	<0.001	5	35.62	<0.001
时间	2	10.00	<0.001	2	13.28	<0.001
地点×处理	5	3.48	<0.001	5	3.41	<0.001
地点×时间	2	1.51	0.22	2	10.91	<0.001
处理×时间	10	0.086	1.00	10	0.59	0.82
地点×处理×时间	10	0.18	1.00	10	1.23	0.27

6.3.2.2　宁夏试验小区的微生物多样性

（1）真菌
　　分析结果表明，宁夏试验小区土壤中真菌群落组成在不同植物（$P<0.001$）、不同处理
（$P<0.001$）间差异显著。具体而言，①刺槐根际真菌多样性显著高于侧柏根际；②与对照
相比，单接 AM 真菌菌剂可显著提高侧柏根际真菌多样性，而对刺槐根际真菌多样性无显
著影响；③与单接 AM 真菌菌剂相比，AM 真菌菌剂与氮磷配施可显著增加刺槐根际真菌
的多样性，而菌剂与氮磷、有机肥和秸秆配施对侧柏和刺槐根际真菌多样性均有一定的降
低作用（图 6-38 和图 6-39，见链接）。

（2）细菌
　　分析结果表明，宁夏试验小区土壤细菌群落组成在不同植物（$P<0.001$）、不同处理（P

<0.001)间均差异显著。具体而言，①刺槐根际细菌多样性显著高于侧柏根际；②与对照相比，单接 AM 真菌菌剂可显著降低侧柏根际细菌多样性，而对刺槐根际细菌多样性无显著影响；③与单接 AM 真菌菌剂相比，菌剂与氮磷配施可显著增加侧柏根际细菌的多样性，而菌剂与氮磷、有机肥和秸秆配施对侧柏和刺槐根际细菌多样性均有一定的降低作用（图 6-40 和图 6-41，见链接）。

（3）菌根真菌

分析结果表明，宁夏试验小区土壤菌根真菌群落组成在不同植物（$P<0.001$）、不同处理（$P<0.001$）间差异显著。具体而言，①刺槐根际的菌根真菌多样性显著高于侧柏根际；②与对照相比，单接 AM 真菌菌剂可显著降低侧柏根际菌根真菌多样性，而对刺槐根际菌根真菌多样性无显著影响；③与单接 AM 真菌菌剂相比，菌剂与氮磷、有机肥和秸秆配施未对侧柏和刺槐根际菌根真菌多样性产生显著影响（图 6-42、图 6-43，见链接）。

此外，研究还发现，与对照相比，单接种 AM 真菌菌剂显著增加了刺槐根际土中的菌丝密度，而菌剂与氮磷、有机肥和秸秆配施对刺槐根际土中的菌丝密度具有一定的降低作用（图 6-44，见链接）。

6.3.2.3　宁夏试验小区植物生长状况及其影响因素

对宁夏试验小区刺槐和侧柏生长状况的分析结果表明，单接 AM 真菌菌剂的刺槐和侧柏植株生长状况显著优于对照处理，而菌剂与其他肥料配施处理中的刺槐和侧柏植株生长状况与单接 AM 真菌菌剂处理间无显著差异（图 6-45，见链接）。

为确定侧柏和刺槐生长状况的影响因子，首先利用相关分析计算各因子与侧柏和刺槐生长指标间的 Spearman 相关系数，再利用随机森林计算各因子对侧柏和刺槐生长状况的重要值，最后在综合相关分析和随机森林分析结果的基础之上筛选出侧柏和刺槐生长状况的重要影响因子。

对侧柏而言，相关分析结果表明，侧柏株高和地径与脲酶活性、菌根真菌和细菌多样性呈显著正相关关系，而与粒径为 0.25～0.5mm 土壤团粒质量分数呈显著负相关关系；随机森林分析结果表明，在与侧柏生长状况呈显著相关性的因子之中，菌根真菌多样性与脲酶活性对侧柏生长状况的重要值最高，细菌多样性次之，粒径为 0.25～0.5mm 土壤团粒质量分数最低。由此可知，侧柏生长状况主要与菌根真菌、细菌和酶等土壤生物学特性有关（图 6-46，见链接）。

对刺槐而言，相关分析结果表明，刺槐株高和地径与脲酶活性、菌丝密度和粒径<0.25mm 土壤团粒质量分数呈显著正相关关系，而与粒径为 0.25～5mm 土壤团粒质量分数呈显著负相关关系；随机森林分析结果表明，在与刺槐生长状况呈显著相关性的因子之中，脲酶活性对刺槐生长状况的重要值最高，粒径<0.25mm 和粒径为 0.25～5mm 土壤团粒质量分数次之，菌丝密度最低。由此可知，刺槐植株生长状况主要与土壤酶和土壤结构有关（图 6-47，见链接）。

综上可知，脲酶活性、菌根真菌和细菌多样性、粒径<0.25mm 和粒径为 0.25～5mm 土壤团粒质量分数以及菌丝密度在采煤迹地植物生长中发挥极为重要作用。

6.4 小结

对 5 种区域类型(未开采区、开采区、煤矸石堆放区、草本恢复区及林木恢复区)露天煤矿采煤迹地植被覆盖状况、土壤理化性质、真菌群落组成及其分布规律进行研究后发现，①露天煤矿采煤迹地植被破坏极其严重，尤其是开采区和煤矸石堆放区几乎完全裸露，无任何植被覆盖，生态环境极为恶劣；②土壤养分状况、盐碱特性、土壤酶的活性、微生物量和球囊霉素的含量在不同区域类型采煤迹地间差异显著；其中，林木恢复区土壤湿度、pH 值、酶的活性、微生物量和球囊霉素含量较高，开采区有机质、全氮和铵态氮含量较高，煤矸石堆放区全钾含量较高，未开采区水溶性盐总量、速效磷和速效钾含量较高；③真菌群落组成在不同区域类型采煤迹地间差异显著；其中，林木恢复区真菌多样性最高，草本恢复区和未开采区次之，开采区和煤矸石堆放区较低；真菌群落组成主要与土壤湿度、pH 值、全钾、速效钾和有机质含量有关；④菌根真菌特性在不同区域类型采煤迹地间差异显著；其中，林木恢复区菌根真菌相对多度、多样性、菌丝密度和孢子密度均较高；菌根真菌特性与土壤养分状况和土壤酶的活性均关系密切。综上可知，煤矿的露天开采已对矿区植被、土壤理化性质以及土壤生物学特性产生了重要影响，这一影响可通过人工造林恢复矿区植被得以有效缓解。

与露天煤矿相比，井工煤矿地表创面小，植被损毁程度低，其所面临的生态威胁多来自排土、排矸、粉尘及矿井水排放等潜在因素。本项目以矿井水及其携带的污染物为切入点，研究了井工煤矿对矿区土壤理化及生物学特性的影响。研究结果表明，①从宁夏灵武羊场湾煤矿废物排放地的排污区经过渡区到周边自然区域，其植被类型从以冰草为主的植被类型逐渐演替为以沙蒿为主的植被类型，滨岸植被的这一演替状况表明矿区废物排放已对排放地及周边植被产生了持续而稳定的影响；②土壤养分状况、水溶性盐总量、碱性磷酸酶、微生物量 C 在排污区、过渡区和自然区间差异显著；与过渡区和自然区相比，排污区的土壤湿度、水溶性盐总量、全磷和全钾含量较高，而其铵态氮含量、碱性磷酸酶活性和微生物量 C 却相对较低；③真菌群落结构在排污区、过渡区和自然区间差异显著；其中，自然区真菌多样性最高，过渡区次之，排污区最低；真菌群落组成主要与土壤湿度、全磷、全钾、水溶性全盐和铵态氮含量有关；④菌根真菌特性在排污区、过渡区和自然区间差异显著；其中，自然区菌根真菌的相对多度和多样性最高，过渡区次之，排污区最低；菌根真菌特性主要与土壤碱性磷酸酶活性和微生物量 C 关系密切。综上可知，井工煤矿矿井水及其所携带的污染物对矿区植被、土壤理化及生物学特性产生了持续而稳定的影响，此影响与露天煤矿对周围环境的影响相比，井工煤矿的影响范围相对较小，强度也相对较弱。

以采自露天煤矿采煤迹地 5 种区域类型(未开采区、开采区、煤矸石堆放区、草本恢复区及林木恢复区)土壤中的 AM 真菌作为供试菌剂，分析了不同菌根真菌群落对植物的促生效应及其生长发育特性。分析结果表明，①开采区和林木恢复区 AM 真菌对刺槐和侧柏的促生效应显著优于其它矿区类型的 AM 真菌；②不同矿区类型土壤中 AM 真菌的菌丝生长、产孢及侵染能力差异显著；其中，草本恢复区 AM 真菌的产孢能力较强，林木恢复区 AM 真菌的菌丝生长能力较强，未开采区 AM 真菌在宿主根内形成菌丝和泡囊的能力较强；③AM 真菌生长发育特性与刺槐和侧柏植株生长状况关系密切。综上可知，煤矿的露天开采降低了土壤中 AM 真菌的促生功能，然后这一降低作用可通过人工造林得以恢复。

利用单孢扩繁技术对土壤中 AM 真菌进行分离纯化，获得了 60 株 AM 真菌的纯培养，其中根内根孢囊霉 20 株、摩西斗管囊霉 17 株、泡囊根孢囊霉 1 株、缩隔球囊霉 1 株、地斗管囊霉 3 株、刺无梗囊霉 1 株、聚丛球囊霉 3 株、地表多孢囊霉 6 株及其它种类 8 株。在盆栽条件下对获得的 60 株 AM 真菌的促生效应进行了测定，筛选出 2 株促生效应较好的菌株（根内根孢囊霉和摩西斗管囊霉）；通过对比由这 2 株 AM 真菌制成的纯种或复合菌剂的促生效应，发现复合菌剂对植物生长的促生效应更优。因此，在后续研究中所使用的菌剂均为复合菌剂。

在盆栽条件下分析了 24 种培肥方案对植物生长及菌根特性的影响，分析结果表明，①接菌剂和施化肥对培肥基质中的菌丝密度具有显著影响，菌剂、有机肥、菌剂和化肥的交互作用、化肥和有机肥的交互作用以及菌剂、化肥和覆秸秆的交互作用对菌根真菌孢子密度具有显著影响；②大麦和苜蓿的总体长势随培肥基质中菌丝密度和孢子密度的增加而增加，刺槐和侧柏的总体长势随孢子密度的增加而增加；③接菌剂处理植物总体长势优于不接菌剂处理；将接菌处理按植物总体长势由大到小进行排序并依据这一排序结果，筛选出了 4 种对植物具有较好促生效应的配施处理（菌剂+氮磷肥、菌剂+氮磷肥+覆秸秆、菌剂+氮磷肥+有机肥、菌剂+氮磷肥+有机肥+覆秸秆）。

为提高试验结果的适用范围，分别于内蒙古乌海市露天煤矿采煤迹地和宁夏灵武井工煤矿采煤迹地同时建立试验小区，检测由盆栽试验筛选出的 4 种菌剂配施方案、单接菌剂和不施肥也不接菌剂处理对植物生长、土壤理化性质及微生物群落结构的影响。分析结果表明，①各处理对土壤理化性质的处理效应在不同小区、不同时间及不同处理间差异显著；土壤结构的处理效应在内蒙古和宁夏试验小区间差异显著，而土壤养分状况的处理效应则无显著差异；②内蒙古试验小区，单接菌剂对土壤结构的处理效应显著高于对照，而菌剂与其他肥料配施后其处理效应有所降低；单接菌剂对土壤养分状况的处理效应与对照无显著差异，而菌剂与其他肥料配施后其处理效应有所增加；③宁夏试验小区，单接菌剂对土壤结构的处理效应与对照无显著差异，而菌剂与其他肥料配施后其处理效应有所降低；单接菌剂对土壤养分状况的处理效应与对照无显著差异，而菌剂与其他肥料配施后其处理效应有所增加；④宁夏试验小区土壤中真菌、细菌和菌根真菌群落组成在不同植物以及不同处理间差异显著，其中刺槐根际真菌、细菌和菌根真菌多样性显著高于侧柏根际；与对照相比，单接菌剂显著影响了侧柏根际真菌、细菌和菌根真菌的多样性，而对刺槐根际真菌、细菌和菌根真菌多样性无显著影响；与单接菌剂相比，菌剂与氮磷配施可显著增加刺槐根际真菌和细菌的多样性，而菌剂与氮磷、有机肥和秸秆配施对侧柏和刺槐根际真菌和细菌多样性均有一定的降低作用；⑤宁夏试验小区单接菌剂的刺槐和侧柏植株生长状况显著优于对照处理，而菌剂与其他肥料配施处理中刺槐和侧柏植株的生长状况与单接菌剂间无显著差异；刺槐和侧柏植株生长状况主要与脲酶活性、菌根真菌和细菌多样性、粒径<0.25mm 和粒径为 0.25~5mm 土壤团粒质量分数以及菌丝密度关系密切。

第 7 章

新土体集雨节水保墒技术研究

从改良土壤、地表覆盖以及坡面处理四个方面展开研究：①新土体水分含量的动态监测，探索在荒漠区矸石山土壤水分的变化规律，明确土壤水资源的有效性。②开展了添加生物炭和保水剂对煤矸石基质土壤水分特征影响的实验分析，探索合理利用煤矸石作为植被生长基质材料的方式，明确添加不同保水材料对水分入渗和蒸发的效果。③开展生物降解农用地膜以及煤矸石覆盖对保水性能影响的研究，明确了覆盖技术在矸石山植被恢复过程中的可行性，初步提出了新土体水分的高效保蓄技术。④综合分析前人的坡面技术，对实施坡面水土保持措施的水分进行测定，提出了矸石山坡面的集水技术实施方案。

7.1 新土体水分运移规律的研究

7.1.1 不同新土体水分物理特征及其空间变异

7.1.1.1 不同新土体水分物理特征

以灵武羊场湾排矸场的不同新土体为研究对象，采集原状土壤样本，研究新土体的水分物理性质。研究结果发现，虽然新土体中添加了不少的泥质岩类，但表层土壤砂砾化仍比较严重，土壤结构松散，土壤密度在 $1.45 \sim 1.57 \ g/cm$ 在之间。新土体的土壤饱和含水量以及田间持水量与自然土体并无显著差异（表 7-1）。

表 7-1 不同土体土壤水分的物理特征

区域	土壤密度（g/cm）	饱和含水量（%）	毛管含水量（%）	田间持水量（%）
新土体 1	1.51	29.53	25.89	24.54
新土体 2	1.45	30.97	27.96	25.47
新土体 3	1.49	29.90	26.68	25.27
自然土体	1.57	28.58	27.85	25.42

7.1.1.2 新土体不同坡向坡位的水分特征

在2019年春季，选择不同坡向的新土体，利用便携式AZS-100土壤水分测定仪对80个点进行测定。结果表明，阳坡新土体水分均值为2.83%，在半阴坡则为12.19%，这说明坡向对土体水分的影响显著。

表7-2 不同坡向新土体土壤水分状况

坡向	平均值(%)	标准差	变异系数	极小值(%)	极大值(%)
阳坡	2.83(0.27)b	2.26	79.90	0.00	12.10
阴坡	12.19(0.59)a	5.23	42.90	1.80	25.20

注：括号内数据为标准误。

选择矸石山西坡新土体的坡顶、坡肩和坡面测定土壤水分发现不同坡位也显著影响水分含量。其中坡面的土壤含水率最高，达到21.90%，显著高于坡肩的土壤水分含量；而坡顶的土壤含水率最低仅为15.78%。分析认为矸石山边坡新土体的构建，主要是位于坡顶处的矸石与生土通过自身重力的作用向下运移形成的。因此，在坡顶和坡肩土体相对疏松，可明显观察到煤矸石自燃产生的水汽向上运动的现象。

表7-3 不同坡位土壤水分状况的描述性统计   %

坡位	平均值	标准差	变异系数	极小值	极大值
坡面	21.90(0.51)a	2.86	13.07	17.20	29.70
坡肩	20.05(0.61)b	3.33	16.62	11.90	29.70
坡顶	15.78(0.54)c	2.45	15.54	11.50	21.20

注：括号内数据为标准误，同列不同字母表示差异达显著水平($P < 0.05$)。

7.1.1.3 新土体不同土层的水分特征

调查发现，矸石山新土体土层浅薄，但不同区域土层厚度差异明显。一些区域新土体的土层厚度在5~10cm，在已经恢复植被的新土体中，其厚度可达40~50cm。对新土体不同土层深度的水分测定表明，在冬春季新土体水分呈现从表层向底层显著提高的趋势（表7-4）。这与该区域经常性的风沙天气，加剧了土表水分的蒸发有关，土壤的结皮现象非常普遍。从植被恢复的角度来看，在冬春季节有利于土体水分含量的增加。

表7-4 新土体不同土层水分含量的差异

土层厚度(cm)	平均值(%)	标准差	变异系数	极小值(%)	极大值(%)
0~10	15.47(1.04)d	±.047	11.63	13.70	17.30
10~20	24.23(0.23)c	±.233	1.65	23.90	24.70
20~30	27.93(0.23)b	±.233	1.43	27.50	28.30
30~40	30.00(0.32)a	±.320	1.87	29.40	30.50

注：括号内数据为标准误，同列不同字母表示差异显著。

7.1.1.4　矸石粒径大小对新土体水分入渗特征的影响

采用 5 种不同粒径煤矸石处理的入渗时长有明显的差异。测定数据表明，煤矸石粒径为 2~5mm 的新土体土柱，湿润锋到达土柱底部所需要的时间最长，为 580min，而粒径为 5~10mm、10~20mm、20~40mm 新土体的入渗时长分别为 180、130、75min。随着煤矸石粒径的增大，矸石粒径>40mm 的新土体入渗时长仅为 55min。针对研究地区水分极度缺乏的现状，为提高土体的保水性能，选择粒径小的矸石，有利于水分在土体中的保持。

不同处理的累积入渗量如图 7-1 所示，各处理的水分累积入渗量随时间的延长逐渐趋于平缓，在 40，在 40~50min 后达到稳定入渗。在初始入渗阶段（5min 内），各处理的水分累积入渗量曲线出现重合。随着入渗时间的增加，不同处理下的水分累积入渗量出现明显差异。

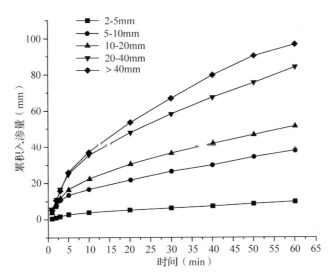

图 7-1　不同处理水分累积入渗量

不同处理的水分入渗指标大小均具有一定的差异（表 7-5）。各处理的水分入渗初始入渗速率均最大，其次是平均入渗速率，稳定入渗速率最小。其中煤矸石粒径范围在 2~5mm 时，水分入渗各项指标均最小。随着煤矸石粒径范围的不断增大，土柱的水分入渗速率、累积入渗量均呈现明显增大的趋势。

表 7-5　不同处理水分入渗特征指标

处理	初始入渗速率 （mm/min）	平均入渗速率 （mm/min）	稳定入渗速率 （mm/min）	累积入渗量 （mm）
2~5mm	0.45	0.26	0.12	9.57
5~10mm	2.99	1.13	0.39	37.95
10~20mm	3.45	1.38	0.51	51.18
20~40mm	5.21	2.18	0.86	84.17
>40mm	5.28	2.52	1.21	96.83

7.1.1.5 矸石层位置对新土体水分入渗特征的影响

矸石层位于土体不同的位置,可以反映矸石覆盖以及土层浅薄对土体水分运动的影响。利用马氏瓶供水研究水分的入渗。由图 7-2 数据可知,累积入渗量均与入渗历时成正比。当煤矸石位于上层时,土柱水分累积入渗量最大,为 141.93mm。当煤矸石位于中层时,土柱水分累积入渗量最小。这可能与矸石的斥水性能有关。

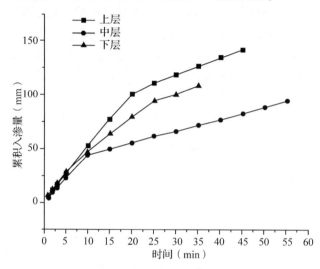

图 7-2 不同处理土壤水分的累积入渗量

7.1.2 新土体水分的动态变化规律

7.1.2.1 灵武羊场湾不同新土体水热的变化规律

在灵武的羊场湾排土场,选择自然土体、新土体平台砂壤土、新土体平台黏壤土、新土体阳坡以及新土体阴坡,在乌海的海南区选择自然土体、新土体的坡脊和坡谷,利用剖面土壤水分测量系统 TRIME 场湾排土场,选择自然土,对土体的水分动态进行测定(TRIME-PICO 土壤水分速测仪监测土壤含水率快速准确,且时效性强,该设备测量值为体积含水率)。水分测定中采用的 AZ-Trime 国产测量管(由特殊塑料制成,TECANAT 聚碳酸酯塑料通常缩写为 PC),依据土层的厚度通过四角支架的钢套管或挖坑埋入测管并结合土体自然状态进行压实。按照 0~20cm、20~30、30~40cm……的间距对水分进行动态监测。每个土体埋设 3 根测管作为重复。在测定水分变化的过程中,利用天津今明便携式高精度硅半导体温度计 JM222L,测定土体表层的温度。

将同一土体同一土层深度不同测管的数据进行平均,获取不同时间各土体不同土层的水分变化动态(图 7-3,图 7-4)。从图 7-3 可以看出,土体的水分含量的高峰主要在 9-1、9-19 和 10-16,这与自然降雨有关。从数据的绝对值来看,有矸石堆的水分含量最低,其次是自然土体。而新土体平台的黏壤土的水分含量相对较高。在新土体的阳坡,土体主要是在煤矸石分别覆盖风沙土和泥岩平台黏土并经多次的覆盖堆积而成。从测定的水分数据来看，阳坡的黏质土壤的水分含量，普遍高于阳坡砂质土壤的水分含量。这说明质地对水分含量的影响是非常显著的。阴坡土体的质地为黏土壤土，在水分变化的数据范围中，低于平台的黏质壤土，与阳坡的黏质壤土变化接近。在以往测得的数据中，阴坡的水分显著高于阳坡。但在动态变化的测定中，阴坡土体存在矸石的自然现象，在 70cm 的地方土温可以高达 140℃，且在未进行植被恢复的阴坡，自然现象比较普遍。高温的存在，虽然存在水汽的上升增加土壤水分含量，但高温又减弱了土体的水分。

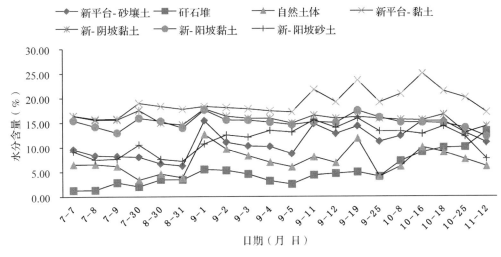

图 7-3 灵武不同土体 0~20cm 的水分动态

不同土层水分的变化有一定的差异。主要表现在表层 0~20cm 水分的变化幅度剧烈，而在 20~40cm 的变化相对平稳。从图 7-4 来看，9-1、9-19 和 10-16 的水分含量相对较高。不同土体的水分的数值顺序，基本与表层 0~20cm 的变化保持一致。除矸石堆外，自然土体的水分仍然低于新土体。

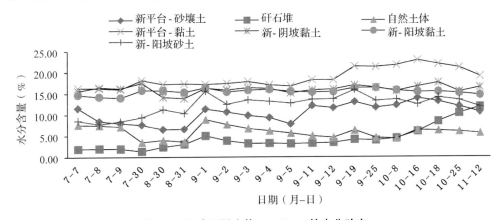

图 7-4 灵武不同土体 20~40cm 的水分动态

自然土体各土层的水分含量变化有所差异（图 7-5）。0~20cm 土层水分含量的变化最大，且在 2019 年 12 月水分含量达到最低。20~30cm 土层水分含量的波动程度仅次于 0~

20cm 土层，在 2019 年和 2020 年 8 月，这两个土层的水分含量接近。30~100cm 各土层的水分含量变化相对平稳，其中 80~100cm 土层的水分含量明显高于其它土层的水分含量。

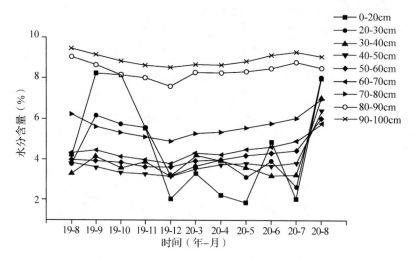

图 7-5　灵武—自然土体不同土层水分的月动态变化

阳坡（黏土）新土体不同土层的水分含量变化中（图 7-6），0~20cm 的水分含量呈下降趋势，在 12 月达到最低。20~90cm 土层的水分含量变化也呈降低趋势，但变化程度较其它两个土层相对平稳。90~100cm 的水分含量在各个月份都明显高于其它土层的水分含量，且在 10 月达到最高。

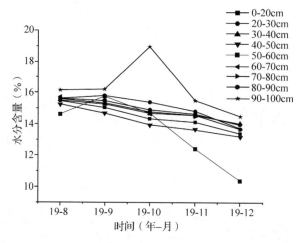

图 7-6　灵武—阳坡（黏土）新土体不同土层水分的月动态变化

阳坡（砂土）新土体不同土层的水分含量变化有一定差异（图 7-7）。0~20cm 土层水分含量的波动范围较大，在 9~10 月水分含量达到最大。从 8~12 月，20~30cm 土层的水分含量明显高于其它土层。就 30~60cm 土层而言，三个土层水分含量的变化趋势相似，其中 30~40cm 土层的水分含量在各个月份都明显高于其余两个土层的水分含量。

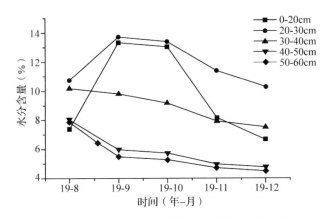

图 7-7　灵武—阳坡(砂土)新土体不同土层水分的月动态变化

　　阴坡新土体各土层的水分含量变化有所不同(图 7-8)。从 2019 年 8 月到 2020 年 4 月，0~20cm 土层的水分含量呈下降趋势，而 20~60cm 各土层的水分含量则呈升高趋势。0~20cm 土层水分含量的最低值出现在 2019 年 12 月，20~60cm 各土层水分含量的最高值均出现在 2019 年 11 月。

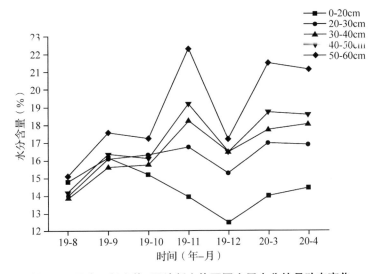

图 7-8　灵武—新土体-阴坡新土体不同土层水分的月动态变化

　　矸石堆新土体各土层的水分含量均呈增加趋势(图 7-9)。在 8 月，各土层的水分含量均低于 5%；而在 11 月，各土层的水分含量均高于 5%。随测量时间的推移，各土层水分含量的升高幅度不断增加。

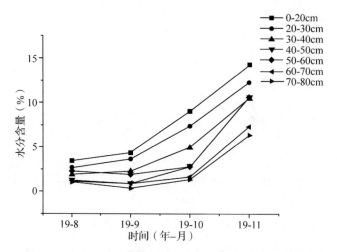

图7-9 灵武—矸石堆新土体不同土层水分的月动态变化

矸石平台新土体各土层水分含量的变化有明显的差异(图7-10)。0~20cm 土层的水分含量波动较大。2019 年 8~10 月、2020 年 5~6 月和 2020 年 7~8 月时间段内,0~20 土层的水分含量呈上升趋势;在 2019 年 10~12 月和 2020 年 6~7 月,呈下降趋势;而在 2019 年 12 月至 2020 年 5 月水分含量则相对稳定。20~40cm 土层的水分含量变化与 0~20cm 土层相似。40~50cm 土层整体呈先上升再下降趋势;而 50~60cm 土层呈先下降再上升趋势。

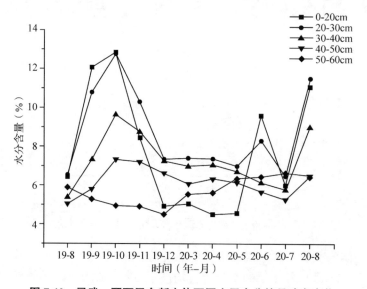

图7-10 灵武—矸石平台新土体不同土层水分的月动态变化

生土新土体不同土层的水分含量变化趋势相似(图7-11)。2019 年 8~10 月,各土层水分含量显著升高;2019 年 12 月,各土层水分含量均出现了不同程度的下降;2019 年 12 月以后,各土层水分含量有明显升高。

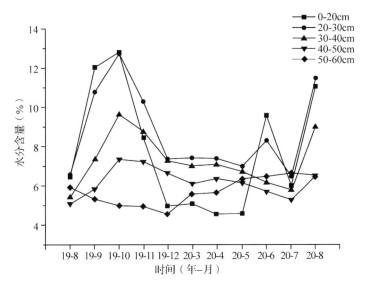

图 7-11　灵武—生土新土体不同土层水分的月动态变化

此外，矸石山新土体不同于一般的土壤。由于矸石的自燃导致土体温度的升高。由于仪器的测定时的温度条件限制(−15 ~ +50℃)，在自然严重的区域，难以进行水分的动态测定。在 7 月 31 日在灵武羊场湾排土场的阴坡测得土层 70cm 的土壤温度为 141℃。在灵武新土体的阴坡区域、煤矸石堆以及乌海海南区的平台，由于温度过高，水分测量管被烧坏。因此，在矸石山地区进行水分的研究，要注意结合温度进行测定。如果地表的温度在 40℃以上，就难以确保土体下层土壤的温度是否满足仪器测定的条件，建议对测量管周围的温度进行多点测量，以确保水分测定仪探头使用的安全。

在 2019 年 7 月 31 日，选择自然土体和平台的砂壤土土体，利用便携式 AZS-100 土壤水分测定仪，测定不同土体水分的日变化规律。从图 7-12 的水分数据来看，在同一平台砂壤土不同的位置，土体的水分变化差异明显，这与水分的存在的空间异性高有关。而新土体的水分含量也普遍高于自然土体。自然土从上午 8:00 至晚 18:00 的水分含量变化来看，自然土体 1 在 12:00 有降低的趋势，但整体变化平稳。

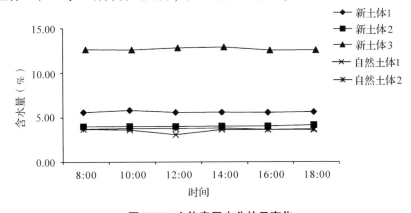

图 7-12　土体表层水分的日变化

在 7 月 31 日测定了不同土体表层的土壤温度。如图 7-13 所示看出,从中午 12:00 以后,土壤温度持续升高,14:00 后维持高温水平。新土体与自然土体相比,新土体的温度普遍高于自然土体,这可能与周围煤矸石自然引起的热量传导有关。

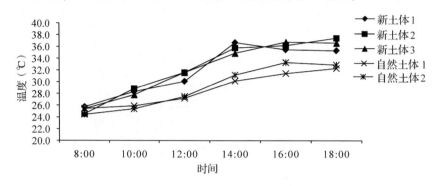

图 7-13　土体表层温度的日变化

在 2019 年的 7 月 7 日中午 14:00 测定不同土体的温度变化显示,阳坡土体平均温 47.1℃,阴坡均温为 36.8℃。在阴坡由于存在自燃使得地表温度极不均匀。而覆盖土层较厚的新土体的均温为 34.7℃。

7.1.2.2　乌海不同土体水热的变化规律

在乌海的海南区,选择生长有四合木的自然土体,该土体为多石砾的砂质土壤。新土体选择进行设计地形为瓦楞形的坡面,把坡脊和坡谷看作不同的土体类型。在每个土体埋设 3 根测管,取其平均值对其水分动态进行分析。

(1) 不同土体水分的动态变化

乌海海南区不同土体的水分动态变化(图 7-14,图 7-15)显示,自然土体的水分含量非常低,且变化剧烈。而新土体的坡谷的水分含量显著高于坡脊。这说明地形的调整对水分的影响是显著的。比较 0~20cm 和 20~40cm 的水分动态可以看出,表层的变化幅度明显,出现水分含量峰值明显。而在 20~40cm 土层的曲线变化平稳,尤其是坡脊基本呈现一条直线。

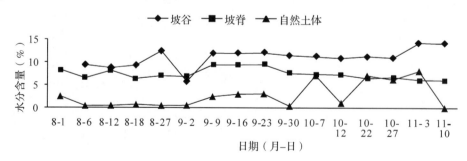

图 7-14　乌海海南区不同土体 0~20cm 的水分动态变化

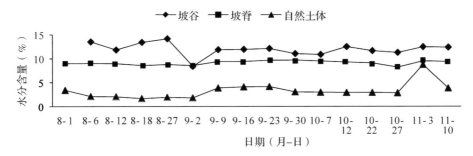

图 7-15　乌海海南区不同土体 20~40cm 的水分动态变化

坡谷新土体不同土层水分含量的变化有所差异(图 7-16)。整体而言，各土层的水分含量在 2019 年 8 月至 2020 年 3 月较为波动，而在 2020 年 3~8 月间则相对稳定。0~20cm 土层的水分含量在 2019 年 10~12 月的变化程度最大，11 月时其水分含量表现为所有土层水分含量的最大值；而在 12 月时其水分含量则表现为最小值。

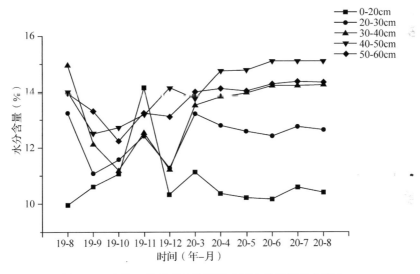

图 7-16　乌海—坡谷新土体不同土层水分的月动态变化

坡脊新土体不同土层水分含量的变化趋势有所不同(图 7-17)。较其它土层而言，0~20cm 土层的水分含量每个月都表现为最低值。2019 年 8 月，0~20cm 土层的水分含量为 7%左右，而在 2020 年 8 月，其水分含量降至 5%左右。20~30cm 土层的水分含量在 2019 年 8 月至 2020 年 4 月较为波动，在 2020 年 4~8 月则稳定在 7%左右。整体而言，30~40cm 土层的水分含量呈上升趋势，而其它土层的水分含量则呈下降趋势。

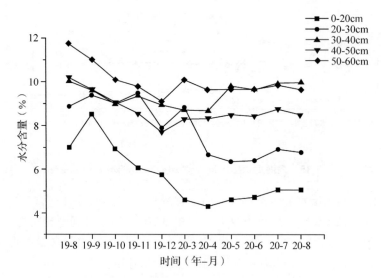

图7-17　乌海—坡脊新土体不同土层水分的月动态变化

自然土体不同土层的水分含量变化趋势相似(图7-18)。在2019年8~11月，各土层水分含量均出现一定程度的波动。2019年11~12月，各土层水分含量均出现明显的下降。2020年3~8月间，各土层的水分含量都相对平稳。整体而言，乌海新土体各土层的水分含量表现为土层越厚，水分含量越高。

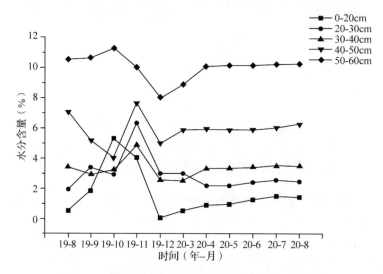

图7-18　乌海—自然土体不同土层水分的月动态变化

（2）不同土体土壤温度的动态变化

在对水分进行测定的同时，在测量管的周围选择3~5个点进行温度测定。从图7-19来看，自然土体的温度普遍低于新土体，而在新土体中，坡谷的温度与坡脊的温度接近，但稍高于坡脊。这与矸石山的自燃引起的热量传导有关。

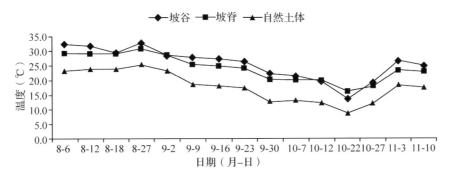

图 7-19　乌海海南区不同土体表层土壤的温度动态变化

（3）新土体不同土层的水分状况

调查发现，矸石山新土体的土层浅薄，不同区域土层厚度差异明显。在 2019 年 3 月通过测定土壤水分发现，新土体的土层厚度变化显著。一些区域的土层厚度在 5~10cm，而在植被种植区新土体的厚度可达 40~50cm，有些区域可达 60cm。对不同土层深度的水分测定结果表明，冬春季土体水分呈现从表层向底层显著提高的趋势。

7.2　添加保水材料对新土体水分特征影响的研究

首先研究了煤矸石保水剂对水分特征的影响，然后进一步研究了添加生物炭和保水剂对矸石基质水分特征的影响。

7.2.1　添加保水剂对新土体水分特征的影响

针对煤矸石风化过程中释放大量盐分的特征。称取 10、50、100 和 200g 煤矸石，置于 600mL 蒸馏水中 24h，以制备不同浓度的煤矸石浸出液。然后将一定量的保水剂置于不同浓度的矸石浸出液中 12h 使其充分吸胀。研究结果表明，煤矸石浸出液的浓度越大，保水剂的吸水率显著降低。矸石浸出液浓度增加 20 倍，吸水率可降低 30%（图 7-20）。

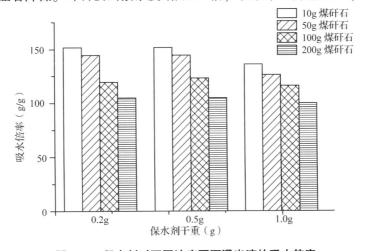

图 7-20　保水剂对不同浓度矸石浸出液的吸水倍率

7.2.1.1 添加保水剂后煤矸石基质吸水量的变化

按煤矸石与土壤质量比分别为 3∶1、1∶1 和 1∶3 设置不同的煤矸石基质类型，分别用 CGM1、CGM2 和 CGM3 表示。保水剂 CLP 为北京汉力森新技术有限公司提供的丙烯酰胺-丙烯酸钾交聚物型保水剂；沃特（WT）保水剂是胜利油田长安控股集团有限公司提供的凹凸棒复合丙烯酸-丙烯酰胺型保水剂，分别按照 0.1%、0.2% 和 0.5% 的比例添加到煤矸石基质中。研究表明：煤矸石基质中土壤比例越高，基质的吸水量也越高。不同的煤矸石基质，达到吸水饱和的时间不同，CGM1、CGM2 和 CGM3 分别在 12 h、8 h 和 4 h 时达到吸水饱和。CGM2 和 CGM3 的吸水量比 CGM1 的吸水量高。其中在 CGM3 中不添加保水剂的煤矸石基质饱和吸水量最高为 178.09 g，分别是 CGM1 和 CGM2 的 1.31 和 1.06 倍（图 7-21，见链接）。

7.2.1.2 添加保水剂后煤矸石基质持水量的变化

添加不同保水剂对不同煤矸石基质持水性能的影响不同（图 7-22，见链接）。在 CGM1 中，添加 0.2% 和 0.5%CLP 的煤矸石基质持水量最高，且显著高于其他处理。而添加 WT 的煤矸石基质的持水量随添加比例增加而显著增加。在 CGM2 中，添加 0.5%CLP 的煤矸石基质饱和含水量、毛管持水量和田间持水量较添加 0.1% 和 0.2%CLP 分别提高了 33.63%、33.45%、33.44% 和 23.61%、25.37%、25.19%，且均达到显著水平。随 2 种保水剂添加比例的增加，煤矸石基质的持水量均呈现出增加的趋势。在 CGM3 中，0.5%WT 的煤矸石基质持水量最高，其他处理之间均无显著差异。

7.2.1.3 添加保水剂后煤矸石基质累积入渗量的变化

所研究的 3 种煤矸石基质的累积入渗量表现为 CGM2>CGM3>CGM1。在 CGM1 和 CGM2 中，除了添加 0.2%CLP 和 0.5%CLP 的处理，其他处理均降低了煤矸石基质的累积入渗量；在 CGM3 中，添加保水剂的煤矸石基质的累积入渗量低于不添加保水剂的处理。在 CGM1 中，随着 WT 添加比例的增加，显著降低煤矸石基质水分入渗。而 CLP 的比例增加，煤矸石基质的累积入渗量增大。整体来看，CGM2 的累积入渗量最大，尤其是添加 0.5%CLP 在 60min 的累积入渗量最高，达到了 48.78mL（图 7-23，见链接）。

总的来看，煤矸石基质类型对煤矸石基质的饱和含水量、毛管持水量和田间持水量影响程度最大，其次是添加保水剂比例。就 3 个因素的交互作用而言，保水剂种类和保水剂添加比例的交互作用对煤矸石基质的饱和含水量、毛管持水量和田间持水量影响不显著。对于煤矸石基质的累积入渗量来说，保水剂种类的 F 值均大于煤矸石基质类型和保水剂添加比例，说明保水剂种类对煤矸石基质的累积入渗量影响最大。因此，在煤矸石基质土壤中适量增加保水剂用量，才能明显改善基质土壤的保水效果。

7.2.1.4 干湿交替对保水剂保水效果的影响

在灵武羊场湾自然土体的风沙土中，分别添加丙烯酰胺—丙烯酸盐共聚交联物类（CAA）和聚丙烯酸/凹凸棒复合保水剂（WT），利用模拟土柱的试验方法，研究 1 次、3、6

次和 10 次干湿交替对添加保水剂的风沙土持水性能的影响。结果表明：添加保水剂的风沙土，其饱和含水率以及孔隙度提高，累计蒸发量减少。其中用量为 0.6% 的 CAA 的持水性能最优。干湿交替会导致含保水剂风沙土的饱和含水率以及孔隙度减少、并削弱其持水性能。其中，在 1~3 次干湿交替过程中，风沙土的速效水含量增加；3~6 次干湿交替后，风沙土的速效水含量减少。数据表明，添加 0.6% 的 CAA 的风沙土，经历 10 次干湿交替与 1 次干湿交替相比，总孔隙度减少 16.04%，饱和含水率减少 24.41%，第六天累计蒸发量增加 23.36%。经过 10 次干湿交替后，持水性能降低，但仍优于未添加保水剂的风沙土。为提高保水效果，应适量增加保水剂比例，且要注意使用年限。

土壤水分特征曲线是土壤体积含水率与土壤水吸力之间的关系曲线，能反映土壤的释水过程。本试验采用 Gardner 模型对实测值进行拟合，各处理的决定系数 $R2$ 均大于 0.85，该模型能较好地反映本试验土壤水吸力与土壤体积含水量之间的关系。各试验组模型拟合参数见表 7-6。Gardner 模型参数 a 表征土壤持水能力，参数 b 表征土壤体积含水率变化的快慢。与对照组相比，添加 3 种保水剂均能提高砂土的土壤持水能力、减慢砂土的土壤含水率的变化速度，且用量与土壤持水能力正相关；对于分别在砂土中添加低中高用量的 SAP—A、SAP—B 和 SAP—C 等 3 类保水剂的实验组，增加干湿交替频率，均能减弱土壤持水能力并且加快土壤含水率变化；DW6 与 DW10 之间有部分参数交叉；添加保水剂的砂土经历 10 次干湿交替后持水性能均高于对照组。

表 7-6　各试验组模型拟合参数

保水剂	DW1			DW3			DW6			DW10		
	a	b	R^2	a	b	R^2	a	b	R^2	a	b	R^2
SAP—A1	34.597	0.028	0.921	31.017	0.089	0.962	24.699	0.133	0.942	12.361	0.366	0.928
SAP—A2	35.714	0.026	0.938	27.928	0.070	0.952	27.017	0.124	0.944	15.677	0.217	0.977
SAP—A3	47.346	0.039	0.907	41.615	0.064	0.915	37.975	0.055	0.960	23.742	0.156	0.874
SAP—B1	17.489	0.229	0.979	11.989	0.375	0.957	9.023	0.405	0.993	9.126	0.430	0.991
SAP—B2	25.174	0.237	0.922	20.223	0.225	0.979	13.386	0.346	0.978	13.232	0.394	0.990
SAP—B3	44.551	0.083	0.862	38.978	0.098	0.911	36.166	0.097	0.896	20.549	0.278	0.893
SAP—C1	23.961	0.133	0.955	19.214	0.196	0.913	9.813	0.375	0.962	10.253	0.475	0.955
SAP—C2	26.202	0.116	0.918	19.156	0.169	0.962	9.510	0.452	0.933	8.896	0.420	0.903
SAP—C3	33.014	0.037	0.959	26.331	0.088	0.919	12.88	0.355	0.918	7.729	0.455	0.904
CK	7.601	0.493	0.923									

土壤中可被植物吸收的水分称为有效水，又分速效水与迟效水，速效水介于田间含水量与暂时萎蔫系数之间，迟效水介于暂时萎蔫系数与永久萎蔫系数之间；重力水会短时间下渗无法被植物吸收，介于饱和含水量与田间含水量之间。各处理组水分有效性见图 7-24（见链接）。

施用 SAP—A、SAP—B 和 SAP—C 等 3 类保水剂的砂土的土壤速效水含率为 2.11%~32.43%，迟效水含率为 0.06%~1.62%，重力水含率为 0.47%~28.1%。各实验组重力水与有效水含率的差异明显，迟效水含水小且差异小。随干湿交替频率增加，各实验组重力水含率均增多，有效水含率基本呈现先增多后减少的趋势。对于分别施用低中高用量 SAP—A 的实验组，DW6 与 DW1 相比砂土的速效水含率增加 171.95 %、344.62 %、39.57 %；对于分别施用低中高用量 SAP—B 的实验组，DW3 与 DW1 相比砂土的速效水含率增加−68.21 %、−13.01 %、111.73 %；对于分别施用低中高用量 SAP—C 的实验组，DW3 与 DW1 相比砂土的速效水含率增加−3.40 %、168.13 %、152.09 %；分别在砂土中添加低中高用量的 3 类保水剂，DW10 与 DW1 相比砂土的速效水含率减少 2.56% ~ 85.97 %。

7.2.2 生物炭和保水剂对矸石基质水分特征的影响

供试材料采自宁夏灵武羊场湾煤矿，煤矸石基质由煤矸石和生土按照 1∶1 比列混合而成的。供试保水材料购买于北京汉力森新技术有限公司，主要成分是丙烯酰胺和丙烯酸钾的共聚物（Cross−linked polyacrylamide，简称 CLP）。采用双因素三水平完全试验设计，其中生物炭设 0%、2%、4% 三个水平，分别记为 B0、B2、B4；CLP 设 0%、0.02%、0.04% 三个水平，分别记为 C0、C2、C4；B0C0 为对照即 CK。采用盆钵培养法。用土柱法研究不同处理的土壤水分物理特征。

7.2.2.1 煤矸石基质的水分常数变化

B4C4 处理的饱和含水量、毛管持水量和田间持水量均最高，分别为 34.22%、32.25% 和 31.73%，相比 CK 分别提高 53.94%、49.88% 和 52.11%。混施生物炭和保水剂与单施生物炭或保水剂相比，煤矸石基质的水分常数显著提高。其中 B4C4 处理的饱和含水量、毛管持水量和田间持水量较 B4C0 处理分别提高 23.81%、13.20% 和 13.73%，较 B0C4 处理分别提高 22.08%、41.13% 和 48.41%（图 7-25，见链接）。

7.2.2.2 煤矸石基质的水分入渗变化

不同处理的煤矸石基质的入渗指标大小均具有一定的差异（表 7-7）。B4C0、B4C2 和 B4C4 的均显著高于其他处理。其中 B4C2 处理的初始入渗速率、稳定入渗速率、平均入渗速率、累积入渗量均最大，与 B4C0 相比分别高出 10.37%、5.06%、3.91% 及 3.74%。B2C2、B2C4 处理的入渗速率与 CK 相比没有显著性差异。B2C0、B0C2 和 B0C4 四个处理的累积入渗量和稳定入渗速率与 CK 相比分别显著降低 23.16%、26.15%、8.10% 和 19.42%、26.08%、8.89%。

表 7-7 不同处理的煤矸石基质入渗特征指标

处理	初始入渗速率 （mm/min）	稳定入渗速率 （mm/min）	平均入渗速率 （mm/min）	累积入渗量 （mm）
CK	21.93±0.42d	16.67±0.56c	18.07±0.12c	1022.57±5.15d
B2C0	25.18±1.00c	12.81±0.10e	16.11±0.64de	823.99±0.91h
B4C0	29.52±0.46b	21.33±0.85ab	23.52±0.20ab	1315.16±2.04b
B0C2	17.23±0.18e	14.47±0.25d	15.21±0.20e	880.43±3.43g
B0C4	16.34±1.84e	12.31±0.52e	13.39±0.64f	755.88±5.58i

(续)

处理	初始入渗速率 (mm/min)	稳定入渗速率 (mm/min)	平均入渗速率 (mm/min)	累积入渗量 (mm)
B2C2	22.52±0.28d	15.32±0.60cd	16.76±0.16cd	931.65±4.53f
B2C4	23.08±0.15cd	16.64±0.36c	17.93±0.62c	1010.70±4.72e
B4C2	32.58±0.39a	22.41±0.48a	24.44±0.34a	1364.40±3.34a
B4C4	30.69±0.69ab	20.52±0.35b	22.55±0.64b	1251.00±2.63c

7.2.2.3 煤矸石基质水分蒸发的变化

不同处理煤矸石基质的累积蒸发量的有一定的差异。9 个处理 15d 后的累积蒸发量分别为 47.26、49.56、63.69、51.57、48.21、64.67、63.00、67.38 和 72.83mm。其中 B4C4 处理的累积蒸发量最大为 72.83mm，B4C2 处理次之(图 7-26，见链接)。

双因素分析表明(表 7-8)，生物炭对煤矸石基质水分状况的影响比保水剂显著。在煤矸石基质中混施生物炭和保水剂，对煤矸石基质的田间持水量、累积入渗量和累积蒸发量的影响均显著。

表 7-8　生物炭和保水剂对煤矸石基质水分特征影响的双因素方差分析

因素	项目	饱和含水量	田间持水量	毛管持水量	累积入渗量	累积蒸发量
生物炭	F	34.08	70.04	70.04	27605.75	402.86
	P	0.00	0.00	0.00	0.00	0.00
保水剂	F	29.50	15.20	14.84	427.79	84.85
	P	0.00	0.00	0.00	0.00	0.00
生物炭×保水剂	F	1.01	3.75	2.48	2269.14	25.99
	P	0.43	0.02	0.08	0.00	0.00

7.2.3　生物炭和聚丙烯酰胺共施对矸石基质水分特征的影响

不同用量生物炭和 PAM 混施处理下煤矸石基质饱和含水量，毛管持水量以及田间持水量见表 7-8。施加生物炭和 PAM 处理的饱和含水量均显著高于空白处理。当生物炭施用量相同时，各处理的土壤饱和含水量随 PAM 施用量的增加而增加；而当 PAM 施用量相同时，生物炭施用量为 1%、2%、5% 处理的饱和含水量随施用比例的增加呈显著提高趋势，其中以 5% 生物炭和 0.05%PAM 混施的处理的饱和含水量涨幅最大，与空白相比显著提高 14.17%。

施加生物炭和 PAM 处理的毛管持水量均显著高于空白处理。当生物炭施用量相同时，随 PAM 施用量的增加，各处理间的毛管持水量差异不显著；而当 PAM 施用量相同时，随生物炭施用量的增加，各处理的土壤毛管持水量显著增加，与空白处理相比，分别增加 6.83%、6.78%、4.43% 和 11.45%、7.83%、11.33% 以及 23.01%、24.82%、23.07%。说明在煤矸石基质中混施一定量的生物炭和 PAM 有提高土壤毛管持水量的效果。

施加生物炭和 PAM 处理的田间持水量均显著高于空白处理，其中以 5% 生物炭和

0.02%PAM 混施处理的田间持水量涨幅最大,与空白相比显著提高 25.49%。生物炭施用量为 1% 和 5% 时,三种 PAM 施用量处理间无显著差异,但施用 0.02%PAM 处理的田间持水量高于施用 0.01% 和 0.05%PAM 的处理。当 PAM 施用量为 0.01% 和 0.05% 时,生物炭施用量为 1%、2%、5% 处理的饱和含水量随施用比例的增加呈显著提高趋势;而当 PAM 施用量为 0.02% 时,施加 5% 生物炭处理的煤矸石基质田间持水量显著高于施用量为 1% 和 2% 的处理。表中数据表明,煤矸石基质的饱和含水量,毛管持水量和田间持水量随着生物炭和 PAM 施用量的增加而提高,其中 B5P5 处理的煤矸石基质饱和含水量达到了 23.65%,B5P2 处理的毛管持水量和田间持水量分别达到了 21.37% 和 21.22%。说明在煤矸石基质中,混施一定量的生物炭和 PAM 对于提高土壤田间持水量有促进作用。

不同用量生物炭和 PAM 混施处理下煤矸石基质的水分累积入渗量随时间变化有一定的差异(图 7-27,见链接)。不同处理煤矸石基质水分累积入渗量随时间的延长而逐渐趋于平缓,在 40~50min 后达到稳定入渗。在初始入渗阶段(10min 内),各处理的水分累积入渗量曲线出现重合。随着入渗历时的增加,不同处理下的基质水分累积入渗量出现差异。各处理的水分累积入渗量均显著低于空白处理。生物炭施用量为 1% 和 2% 处理的水分累积入渗量随时间变化大,入渗曲线较陡,且基质水分累积入渗量随 PAM 施用量的增加而显著降低;而生物炭施用量为 5% 处理的水分累积入渗量随时间变化较小,入渗曲线较平缓,且随 PAM 施用量的增加,基质累积入渗量无显著变化。PAM 施用量为 0.01% 和 0.02% 时,随生物炭施用的增加,煤矸石基质的水分累积入渗量呈先增加后降低的趋势;而当 PAM 施用量为 0.05% 时,煤矸石基质水分累积入渗量随生物炭施用量的增加而增加。总体来看,1% 的生物炭与 0.05% 的 PAM 混施以及 2% 的生物炭与 0.05% 的 PAM 混施的处理可显著降低基质水分累积入渗量。

双因素方差分析结果显示,生物炭极显著影响煤矸石基质的密度、饱和含水量、毛管持水量、田间持水量和水分累积蒸发量,显著影响土壤的总孔隙度和毛管孔隙度,而 PAM 则对水分累积入渗量影响显著。

不同煤矸石基质的水分蒸发过程有一定差异(图 7-28,见链接),其中 A、B、C 为一定量生物炭混施不同用量 PAM 时的水分累积蒸发量随时间变化的曲线,D、E、F 为一定量 PAM 混施不同用量生物炭时的水分累积蒸发量随时间变化的曲线。最初的几天各处理的水分累积蒸发量差异较小,而随着时间的推移,各处理的土壤水分累积蒸发量均显著低于空白处理。其中,当生物炭施用量为 1% 时,随 PAM 施用量的增加,煤矸石基质的水分累积蒸发量显著降低;当生物炭施用量为 2% 时,PAM 施用量 0.05% 处理的水分累积蒸发量显著低于 PAM 施用量 0.01% 和 0.02% 的处理;而当生物炭施用量为 5% 时,煤矸石基质的水分累积蒸发量随 PAM 施用量的增加呈先降低后增加的趋势。当 PAM 施用量为 0.01% 和 0.05% 时,土壤水分累积蒸发量随生物炭施用量的增加呈先增加后降低的趋势;当 PAM 施用量为 0.02% 时,土壤水分累积蒸发量随生物炭施用量的增加而显著降低。所有处理中,2% 的生物炭与 0.05% 的 PAM 混施的处理抑制蒸发的效果最好。

为探讨不同用量生物炭和 PAM 混施处理的煤矸石基质物理性质的相似性和差异性,对 10 个处理的物理性质指标进行系统聚类分析的结果见图 7-29。为体现类间的特征差异,将距离阈值定为 10 时可将各处理分为 4 类:类别 I 包括处理 B5P1,B5P2 和 B5P5;类别

Ⅱ包括处理 B1P1、B1P2、B2P1、B2P2 和 B2P5；类别Ⅲ包括 B1P5 处理；类别Ⅳ包括 CK 处理。

　　类别Ⅰ的孔隙度指标和水分特征值均为最高，土壤密度和水分累积蒸发量最低且水分累积入渗量显著低于类别Ⅳ；类别Ⅱ的土壤密度、水分累积入渗量和水分累积蒸发量均显著低于类别Ⅳ，而总孔隙度、毛管孔隙度和水分特征值均显著高于类别Ⅳ；类别Ⅲ的水分累积入渗量最低，土壤密度和水分累积蒸发量显著低于类别Ⅳ，总孔隙度显著低于类别Ⅰ，毛管孔隙度和毛管持水量显著低于类别Ⅰ和类别Ⅱ；类别Ⅳ的土壤密度、水分累积入渗量和水分累积蒸发量最高，总孔隙度、毛管孔隙度、饱和含水量以及持水量显著低于其他类别。

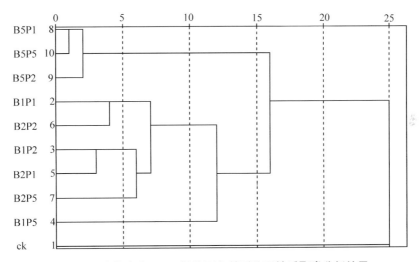

图 7-29　生物炭和 PAM 混施下各基质物理性质聚类分析结果

7.2.4　添加粉煤灰对矸石基质水分的影响

　　不同处理方式下复配新土体的水分特征曲线如图 7-30（见链接）所示。在新土体水分特征曲线测定过程中，各处理的含水量随着新土体吸力的增大呈降低趋势。在浇水、木醋液和种植植被三种不同处理方式中，随着粉煤灰添加量的增加，复配新土体的体积含水率也明显增加，新土体水分特征拟合曲线也逐渐趋于平缓。其中 WCK、GCK 和 VCK 处理的体积含水率一直保持最低趋势，而 WF5、GF5 和 VF5 的体积含水率在整个新土体水分特征测定过程中一直保持最高趋势。同一吸力下，粉煤灰添加量为 50% 的三种处理体积含水率均最大。同一含水率情况下，粉煤灰添加量为 50% 的三种处理新土体吸力值也最大。

　　Gardner 模型经验公式中，决定系数（R^2）表征模拟值与实测值的拟合效果，决定系数（R^2）越大拟合程度越好。幂函数经验公式对不同处理复配新土体水分特征曲线拟合度好，各处理的决定系数（R^2）均大于 0.95，能较好地反映本试验新土体吸力与体积含水率之间的关系。拟合参数 a 决定了拟合曲线的斜率，即新土体体积含水率随新土体吸力增加而减小的速度，a 值越大拟合曲线越平缓，表明新土体持水能力越强。与不添加粉煤灰的处理 WCK、GCK 和 VCK 相比，添加粉煤灰的各处理持水能力均提高。且各处理的持水能力随粉煤灰添加量的增加而增强，在粉煤灰添加量为50%时各处理的持水能力均最大。当粉煤灰添加量大于10%时，木醋液培养的处理 a 值均比其余两种处理方式的 a 值大，这表明复配新土体中添加适量的粉煤灰同时用木醋液浇培养可提高其持水能力。

不同处理新土体当量孔径分布比例的变化。本实验中新土体吸力值对应的当量孔径分别为0.045、0.011、0.005、0.003、0.001、0.0007、0.0005和0.0003mm。将新土体吸力值按照当量孔径大小分为低吸力段、中吸力段和高吸力段，对应的当量孔径范围为>0.045mm、0.005~0.045mm和0.0003~0.005mm。基于复配新土体水分特征曲线，对不同处理新土体的当量孔径分布比例进行分析。通过分析可知，在中吸力段和高吸力段，添加粉煤灰的各处理当量孔径分布比例均比CK高，处理WF5、GF5和WF5的中小孔隙比例较CK相比分别提高了18.44%和185.07%、42.24%和116.78%、71.54%和151.11%。且在高吸力段，随着粉煤灰的添加量的增多，当量孔径分布比例逐渐增加。在低吸力段，当粉煤灰添加比例为50%时，处理WF5、GF5和VF5的当量孔径分布比例均比不添加粉煤灰的处理低，处理VF5孔隙体积占孔隙总体积的比例最低，表明添加50%的粉煤灰同时浇木醋液可以降低新土体的大孔隙比例。

不同处理新土体水分有效性土壤中的水分可分为重力水、有效水和无效水。有效水又分为速效水和缓效水。有效水的上限为田间持水量，其中速效水介于田间持水量与暂时凋萎系数之间，缓效水介于暂时凋萎系数和永久凋萎系数之间。土壤中的重力水介于饱和含水量与田间持水量之间。由图7-31可知各处理新土体重力水和速效水含量存在显著性差

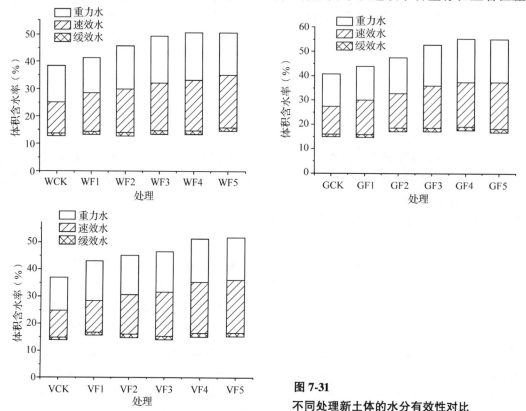

图 7-31
不同处理新土体的水分有效性对比

异，新土体缓效水含量很少且各处理间差异不显著。新土体重力水和速效水含量随粉煤灰添加比例的增加而提高。在粉煤灰添加量为50%时，三种处理方式下复配新土体的速效水含量均达到最大值。然而在粉煤灰添加比例为40%和50%时，三种处理方式下新土体的速效水含量差异小。

主成分得出各处理的综合得分。三种处理方式下，添加少量的粉煤灰也可改善复配新土体的孔隙度，提高其持水能力。就综合得分看，处理GF5的得分最高，其次是VF5。这说明通过种植植被对添加50%粉煤灰的复配新土体的物理特征改良效果最佳，其次是浇木醋液培养。

7.2.5 添加粉煤灰对矸石基质养分和盐分特征的影响

双因素分析结果表明，三种处理方式和粉煤灰添加比例对新土体的养分特征影响显著。比较F值大小可知，处理方式对新土体pH、总有机碳、水溶性有机碳、水溶性全氮和速效钾含量的影响大于粉煤灰添加比例，而对新土体全氮、全磷和有效磷含量的影响小于粉煤灰添加比例。三种处理方式中，浇木醋液较浇水和种植植被显著提高了新土体的总有机碳、易氧化碳、水溶性有机碳、水溶性全氮和有效磷含量。添加50%粉煤灰显著提高了新土体水溶性有机碳、水溶性全氮、全磷、有效磷和速效钾含量。三种处理方式和粉煤灰添加比例的交互作用对新土体养分特征的影响除易氧化碳含量外均显著。

双因素分析结果表明，处理方式和粉煤灰添加比例对新土体盐分特征的影响显著。比较F值大小可知，处理方式对新土体K^+、HCO_3^-和Cl^-含量大于粉煤灰添加比例，而对新土体EC值、Na^+、Ca^{2+}和SO_4^{2-}含量的影响小于粉煤灰添加比例。三种处理方式中，浇木醋液较浇水和种植植被显著提高了新土体EC值、Ca^{2+}、Mg^{2+}、HCO_3^-、Cl^-和SO_4^{2-}含量。粉煤灰添加比例为50%时较其他添加比例显著提高了新土体EC值、K^+、HCO_3^-、Cl^-和SO_4^{2-}含量，显著降低了新土体的Na^+含量。此外，处理方式和粉煤灰添加比例的交互作用对新土体盐分特征的影响除Mg^{2+}含量外均显著。在矸石与生土的混合基质中，添加10%，20%，30%，4%和50%的粉煤灰，种植高羊茅2个月后的变化。可以看出，随着粉煤灰比例的提高，高羊茅的高度以及分蘖状况产生了一定的变化。因此，就种植的植物而言，添加粉煤灰可促进植物的生长。

7.3 覆盖技术对矸石山基质保水性能影响的研究

7.3.1 煤矸石覆盖模式对土体水分性能的影响

将灵武羊场湾运来的煤矸石，借助人工手段，砸成不同粒径范围的煤矸石颗粒，利用土柱方式进行覆盖。覆盖厚度分别为4cm、8cm、12cm和16cm，粒径范围分别为0～0.5cm、0.5～1cm、1～2cm和2～4cm。当覆盖厚度为16cm时，除粒径为0～0.5cm的处理外，其余处理均表现为较大的累积入渗量和较小的累积蒸发量。研究结果表明，为提高矿区的土壤保水能力，粒径范围大于0.5cm且厚度大于8cm的煤矸石覆盖是合适的。

7.3.1.1 煤矸石覆盖对累积入渗量的影响

覆盖处理显著改变了四种粒径煤矸石覆盖处理的土壤入渗过程(图 7-32)。在最初的 0~5min 内，累积渗透迅速增加。5min 后，累积渗透逐渐增加并趋于稳定。所有覆盖处理的累积入渗量均显著高于对照。粒径相同的条件下，煤矸石覆盖越厚，累积入渗量越大。4、8、12 和 16cm 覆盖处理的累积入渗量分别比 CK 高 16.1%，22.9%，28.6%和 41.6%。

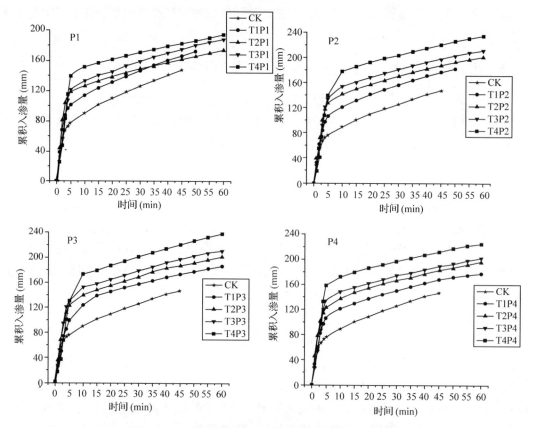

图 7-32 不同煤矸石覆盖处理的累积入渗量动态变化

7.3.1.2 煤矸石覆盖对累积蒸发量的影响

煤矸石粒径一定时，不同的覆盖厚度对土壤累积蒸发量随时间的变化如图 7-33 所示。在蒸发过程开始时，所有处理都遭受大量的水分流失。随着时间的流逝，蒸发量的增加量逐渐减少。在蒸发过程结束时，所有覆盖处理的累积蒸发量显著低于 CK。当粒径范围为 0~0.5cm 时，4cm 厚度的覆盖处理的累积蒸发最低。当粒径范围为 0.5~1、1~2 和 2~4cm 时，均表现为覆盖厚度越大，累积蒸发量越小。煤矸石粒径范围为 0~0.5、0.5~1、1~2 和 2~4cm 的处理的累积蒸发量分别比 CK 低 6.5%，28.6%，22.9%和 18.6%。

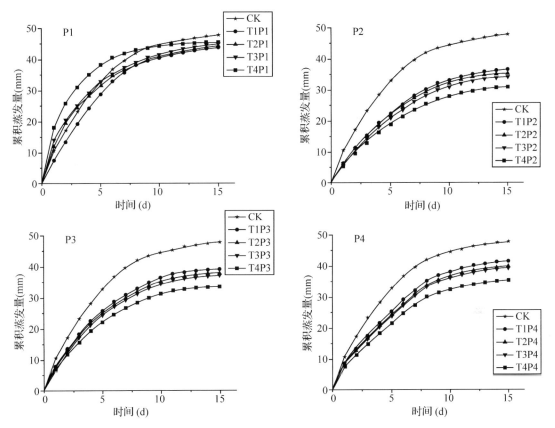

图 7-33　不同煤矸石覆盖处理的累积蒸发量的动态变化

7.3.1.3　覆盖对土壤养分及盐分的影响

取不同厚度(4cm 和 16cm)不及同粒径(0~0.5、0.5~1、1~2 和 2~4cm)的煤矸石覆盖后的表层土壤(0~5cm)，用于测定养分及盐分含量(表 7-9)。实验结果表明，覆盖厚度对水溶性碳、全氮、速效钾含量及 pH 和 EC 值的影响程度最大，而粒径对有机碳及有效磷含量的影响程度最大。就覆盖煤矸石的厚度而言，有机碳、全氮、速效钾含量及 EC 值均随厚度的增加显著增大，而有效磷含量则显著减小。随煤矸石粒径的增大，有机碳含量显著减小，而有效磷含量则显著增加。

表 7-9　双因素方差分析

因素	有机碳 (g/kg)	全氮 (g/kg)	有效磷 (mg/kg)	速效钾 (mg/kg)	pH	EC (μs/cm)
厚度	19.08**	240.05**	45.35**	2050.59**	1235.37**	351.42**
	c, b, a	c, b, a	a, b, c	c, b, a	b, c, a	c, b, a
粒径	1484.16**	8.18**	523.93**	19.31**	18.07**	113.98**
	a, b, c, d	a, a, b, b	d, c, b, a	a, a, b, b	b, b, b, a	a, b, b, b
厚度×粒径	717.14**	2.84**	161.71**	147.23**	18.09**	22.87**

与未覆盖处理(CK)比较,以分析不同厚度覆盖处理对土壤水溶性盐分离子占比的影响(图7-34,见链接)。所有处理地土壤水溶性盐分离子均以 Na^+ 和 SO_4^{2-} 为主,T1 较 CK减少了 Na^+ 的占比,T2 较 CK 增加了 Na^+ 的占比,且 T1 比 T2 更能增加 SO_4^{2-} 的占比。CK不含有 CO_3^{2-} ,覆盖处理含有 CO_3^{2-} ,且 T2 的 CO_3^{2-} 含量大于 T1。覆盖处理的 K^+ 、 Ca^{2+} 、 Mg^{2+} 、 HCO_3^- 和 Cl^- 的占比较 CK 均有所降低。

7.3.2　地膜覆盖模式对土体水分性能的影响

选择灵武羊场湾新土体进行地膜覆盖。该土体土层浅薄,厚度 $5 \sim 20cm$,且含有大量的煤矸石。覆盖过程中采用的垄沟方式,其中垄的高度为 $20 \sim 30cm$ 。

7.3.2.1　覆膜对土体水分的影响

利用便携式 AZS-100 土壤水分测定仪,在 2019 年 3 月测定不同覆盖类型条件下的土体的含水率(表7-10)。结果表明覆盖白膜和黑膜的土壤含水率分别为 14.29% 和 15.28% ,二者之间无显著区别。其未覆盖膜的土体的含水率为 7.45% ,显著低于覆盖地膜的土体。从外观来看,被膜覆盖的土体有大量水滴附着在膜上,这在一定程度上表明覆盖生物降解膜减少了土壤水分的蒸发,提高了土体的水分含量。

表 7-10　不同地膜覆盖新土体的土壤水分状况

覆盖物	平均值(%)	标准差	变异系数(%)	极小值(%)	极大值(%)
白膜	14.29(0.64)a	5.51	38.56	5.00	28.40
黑膜	15.28(0.76)a	6.20	40.58	5.10	26.30
裸地	7.45(0.23)b	2.29	30.74	2.70	12.40

注:括号内数据为标准误,同列不同字母表示差异达显著水平($P<0.05$)。

7.3.2.2　覆膜对土体温度的影响

地膜覆盖显著影响了新土体的温度。在 2019 年 7 月 6 日,针对地膜覆盖区域的土体温度进行测定(表7-11)。测定结果表明,覆膜显著提高了土体的温度。在覆膜内部生长有草本的区域土壤的温度低于无草本植被的区域。在覆膜中最高温为 45℃ ,出现在覆盖薄膜的区域。因此,在高温季节应注意地膜的管理。

表 7-11　不同地膜覆盖新土体的土壤温度状况　　　　　　　　℃

不同处理	N	均值	极小值	极大值
黑膜	42	35.0	31.6	39.4
白膜	44	40.1	32.3	45.0
白膜长草	30	36.2	33.8	41.7
植被覆盖	36	33.3	31.0	35.2
裸地	18	33.2	31.1	35.0

7.3.2.3　覆膜对垄沟植被生长的影响

在垄上有地膜存在的情况下，雨水可以通过地膜汇集到薄膜与土面的结合处。由于水分含量的提高，植被出现概率较高。有些耐高温的植被可以在薄膜下面生长，有部分植物可穿透薄膜而旺盛生长。在 7 月通过人工掀开地膜，也可以促进植被的迅速生长。对新土体覆盖地膜情况下的植被进行调查发现，在垄沟中，植被的覆盖率为 70%，植被的高度平均高度为 33.6cm。而在未覆膜的区域，植被覆盖率在 50%，但植被的高度仅为 6.8cm。

在 2020 年采用草帘覆盖土壤土体的方式，测定草帘覆盖对土壤的影响。与未覆盖草帘相比，测量期间 0~40cm 的土层内，土壤水分含量增加 35%。此外，草帘覆盖后，有机物的分解可以增加土壤的养分。

在 2020 年采用覆盖煤矸石和三维网对地表进行覆盖。不定期地测定土壤剖面不同土层的土壤水分含量。覆盖煤矸石较对照的水分含量提高 19.7%，覆盖三维网的较周围对照提高 23.6%。整体来看，覆盖对维持土体的水分十分重要。

7.4　工程集水技术的研究

7.4.1　新土体坡面的侵蚀和保水技术调查

调查野外观测乌海和灵武地区各种坡面类型的侵蚀状态，以及天宇集团坡面地表的覆被植物、坡面坍塌、水蚀、以及新土体的构建等情况。

7.4.2　新土体平台保水的工程措施

针对干旱区有限降水的情况，采用微地形改造的方式，主要的保水技术有 3 种：①垄沟集雨的方式。首先整地做垄，垄和沟宽均为 60cm，垄高 20cm。待垄沟做好后用 2 种方式处理垄面：一是在垄上覆膜，使膜作为集水面；二是将垄面拍光，使其形成结皮 (图 7-35)。②挖穴集雨。采用 2 种方式：一是直径为 80cm 的穴，土埂高度为 20cm，穴中的土面做成锅底型；二是用地膜覆盖土埂和部分穴中土面。在穴的中心埋设水分测管，定期测定水分含量的变化。③采用直径约为 4~6cm 的矸石，在地表覆盖厚度为 5~6cm 面积为 1m² 的煤矸石，在煤矸石的中心位置埋入测管，定期测土壤水分。

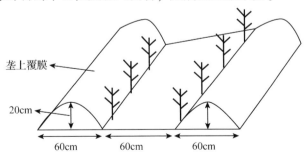

垄上覆膜

20cm

60cm　　60cm　　60cm

图 7-35　垄沟示意图

此外，针对降雨集中以及短时间暴雨可形成地表径流的天气，在矸石山地势低洼的位置，采用全垄覆盖地膜的方式，沿着垄沟的方向，每隔 10m 的间距，在垂直于垄沟的方向，就地将垄沟打通，形成一条集水沟。且集水沟的沟底低于垄沟，以达到雨水可沿着垄沟，流到集水沟内(图 7-36)。为了进一步的集水，在集水沟的一端挖一个蓄水池，作为小型水库。

图 7-36　微地形的集水沟

7.4.3　坡面集水工程

微地形的改变，如鱼鳞坑、水平阶、水平沟，以及单坡、双坡、V 字形的整地都有利于提高土壤水分的有效利用。

7.4.3.1　鱼鳞坑

鱼鳞坑的布设可以改变天然降水的分布，使有限的降水资源集中在指定的区域，是地形破碎条件下造林整地的重要方式。鱼鳞坑集水的效果，与鱼鳞坑规格呈正相关关系，即鱼鳞坑规格越大，集水效果越好。另外，坡面的粗糙程度通过影响入渗与产生的径流，影响集水效果。结合灵武羊场湾排土场坡面的矸石多土较缺乏以及该区植被多为灌木为主的特点，设计的鱼鳞坑的规格和分布。按照从边坡的坡顶到坡脚的方向，沿等高线成排地挖月牙形坑。鱼鳞坑的长是指沿着等高线方向的长度，宽为鱼鳞坑的内径，高是鱼鳞坑的深度。在灵武羊场湾排土场鱼鳞坑的规格长×宽×高应不低于 60cm×60cm×30cm。挖坑取出的大块矸石，可在坑的下方与土培成半圆形的小埂。外土埂宽为 20cm，且外高内低。

鱼鳞坑布设的株行距为 2m×3m，密度为 1667 个/hm²。在坡面方向的上下两坑相互搭接具有层次，呈"品"字形排列。在鱼鳞坑月牙角上端可以制成斜沟后用铁锹拍光以蓄积雨水。鱼鳞坑外埂为中间高，两端低，当鱼鳞坑的水满溢出后，积水就只能从两边分散流入下一个鱼鳞坑。这种排列以及鱼鳞坑的设计，可以使坡面径流形成了层层阻缓、步步减弱的情况，大大减弱对坡面的集中冲刷。需要说明的是，鱼鳞坑面积过大，不但没有足量的降水汇集，而且增加了整地费用，同时地表破坏面积增大，增大了水蚀和风蚀的风险，也使土壤蒸散量有所增加。在鱼鳞坑中可以用易风化的煤矸石覆盖。为避免土埂的冲刷，可以在土埂上铺设地膜。

7.4.3.2　水平沟剖面集雨

在 35°的坡面，挖取宽 50cm 深度 20~25cm 的水平沟，在水平沟的土埂与其下坡面之间用椰丝网(或地膜)覆盖，且地膜延伸至下一条水平沟的内沿。椰丝网或地膜形成集水面所获得的水流，一方面可通过土埂流向水平沟；另一方面也可通过地膜向下流入其下面的水平沟。

7.4.3.3　矸石台阶

基于煤矸石成分与土成分的一致性，为提高煤矸石的利用率，从坡面坡肩的位置开始，用煤矸石填充坡面。简要来说，煤矸石面与土面的斜面长度比为 1：1。考虑到施工的便利，矸石面与土面的长度分别按 50cm 对坡面进行分割，煤矸石层的厚度为 20~50cm。为避免煤矸石在坡面的滚落，将煤矸石装入到塑料网袋的袋子里并使其闭合。

为提高新土体的持水能力，改善困难立地条件植物的生长条件，对新土体进行适宜程度的机械压实，显著提高新土体含水量和持水能力。露天排土场在形成过程中，大型机械对排土台阶顶部的压实作用，对整个排土场边坡渗流影响十分显著，压实区的存在直接将大气降水对边坡的影响，从边坡表层导入边坡内部，影响了边坡的稳定。降雨对边坡稳定性的影响，往往超过了其他稳定性影响因素。除了压实外，对坡地和丘陵为主的排矸场进行边坡稳定的措施，还包括水平阶整地、稳定坡面，降低矸石山的相对高度。这些措施，在稳定边坡的同时，也保持了水土，改善了土壤水分状况。但坡面的工程措施，对矸石山的治理是不仅是一个技术问题，更是一个经济问题。这种治理措施，对提高剖面土体水分的保持无疑是非常有利的。

7.5　小结

对矸石山新土体的水分进行动态监测发现，与自然土体相比，土壤的水分含量有降低的趋势。

在生土与矸石基质中，通过添加外源物质如保水剂、粉煤灰、生物炭和聚丙烯酰胺(PAM)，可改善土体的持水性能，改善入渗和蒸发性能。其中 5%生物炭和 0.02%PAM 混施的煤矸石基质的密度显著降低，总孔隙度和毛管孔隙度与对照相比显著提高。基质的饱和含水量、毛管持水量以及田间持水量随生物炭和 PAM 施用量的增加而提高；与对照相比，1%生物炭和 0.05%PAM 混施时的煤矸石基质水分累积入渗量降低 55.10%，有利于水分保蓄；2%生物炭和 0.05% PAM 混施时的水分累积蒸发量显著低于对照 37.26%，有效抑制了水分的蒸发。

复配新土体中粉煤灰添加量为 50%时，种植植被和浇木醋液培养可显著提高新土体的速效水含量，提高新土体的供水和持水能力。主成分分析结果表明通过种植植被培养添加 50%粉煤灰的复配新土体，可显著改善新土体的物理特征，其次是浇木醋液。虽然浇木醋液较浇水和种植植被显著提高了新土体的总有机碳、易氧化碳、水溶性有机碳、水溶性全氮和有效磷含量，提高 Ca^{2+}、Mg^{2+}、HCO_3^-、Cl^- 和 SO_4^{2-} 含量，但也会降低新土体 Na^+ 含量。因此，添加用 1∶1 的生土∶矸石混合，添加 50% 的粉煤灰，用木醋液浇灌，有利于新土体的水分以及土壤熟化过程。

通过覆盖如生物降解地膜、煤矸石以及草帘等材料，可以提高土体保水性能，尤其是生物降解地膜可以提高自然植被的覆盖率。室内试验研究表明，覆盖煤矸石可以改变土壤水分入渗能力，减少水分蒸发。煤矸石覆盖厚度较大（本试验为 8cm、12cm、16cm）时，煤矸石粒径为 1~2cm 的累积入渗量均最大。当煤矸石覆盖厚度为 16cm，粒径为 1~2cm 时，土壤累积蒸发量最小，且显著低于未覆盖处理，降低了 35.63%。经系统聚类分析得出，煤矸石覆盖厚度为 16cm，粒径为 0.5~1cm、1~2cm、2~4cm 时的保水性能最佳。

矸石山的坡面通过修建水土保持措施如水平沟、竹节沟以及鱼鳞坑等，可以起到蓄水的作用。此外，通过覆盖椰丝毯和三维网等，可以达到保水的目的。

参考文献

艾南山，岳天祥. 1988. 再论流域系统的信息熵[J]. 水土保持学报，2(4)：1-9.

白中科，王文英. 1998. 黄土区大型露天煤矿剧烈扰动土地生态重建研究[J]. 应用生态学报，9(6)：621-626.

毕如田，白中科，李华等. 2007. 基于技术的大型露天矿区复垦地景观变化分析煤炭学报，32(11)：1157-1161.

陈航. 2019. 草原露天煤矿内排土场近自然地貌重塑模拟研究[D]. 中国矿业大学.

董红娟，卢悦，王荣国，等. 2019. 浅析煤矸石山自燃的形成条件及影响因素[J]. 内蒙古煤炭经济，(24)：17-18.

冯晶晶，张成梁，刘治辛，等. 2016. 自然降水条件下煤矸石坡土壤含水量及径流变化[J]. 中国水土保持科学，(4)：60-67.

巩潇，刘飞，赵方莹. 2012. 煤矸石山自燃机理及灭火技术研究[J]. 洁净煤技术，18(05)：83-87.

顾大钊，李庭，李井峰，等. 2021. 我国煤矿矿井水处理技术现状与展望[J]. 煤炭科学技术，49(1)：11-18.

何隆华，赵宏. 1996. 水系的分形维数及其含义[J]. 地理科学，16(02)：124-128.

胡晶晶，毕银丽，龚云丽，等. 2018. 接种 AM 真菌对采煤沉陷区文冠果生长及土壤特性的影响[J]. 水土保持学报，32(5)：341-351.

胡振琪. 2008. 土地复垦与生态重建[M]. 北京：中国矿业大学出版社.

胡振琪. 2009. 中国土地复垦与生态重建20年：回顾与展望[J]. 科技导报，27(17)：25-29.

贾俊超. 2019. 砒砂岩添加对风沙土水分运动和苜蓿生长的影响[D]. 中国科学院大学.

李荣，侯贤清，贾志宽. 2017. 沟垄二元覆盖对渭北旱塬区土壤肥力及玉米产量的影响[J]. 土壤学报，54(5)：1259-1268.

梁慧. 2019. 煤炭资源开发环境影响因素及污染因子探讨分析研究[J]. 环境科学与管理，44(7)：191-194.

刘宏远，刘亮，李秀军，等. 2019. 植物纤维毯道路边坡防护技术综合效益评价[J]. 水土保持学报，33(1)：345-352.

马文梅. 2016. 砒砂岩风化物改良土壤水分入渗过程及黑麦草效应研究[D]. 西北农林科技大学.

孟伟庆，李洪远，鞠美庭，等. 2008. 欧洲受损生态系统恢复与重建研究进展[J]. 水土保持通报，28(5)：201-208.

任志胜，齐瑞鹏，王彤彤，等. 2015. 风化煤对晋陕蒙矿区排土场新构土体土壤呼吸的影响[J]. 农业工程学报，31(23)：230-237.

荣颖，胡振琪，杜玉玺，等. 2018. 露天矿区土壤基质改良材料研究进展[J]. 金属矿山，(2)：164-171.

邵芳，胡振琪，王培俊，等. 2016. 基于黄河泥沙充填复垦采煤深陷地覆土材料的优选[J]. 农业工程学报，32(S2)：352-358.

盛敏，唐明，张峰峰，等. 2011. 土壤因子对甘肃、宁夏和内蒙古盐碱土中 AM 真菌的影响[J]. 生物多样性，19(1)：85-92.

宋日权，褚贵新，张瑞喜，等. 2012. 覆砂对土壤入渗、蒸发和盐分迁移的影响[J]. 土壤学报，49(2)：282-288.

宿婷婷，韩丙芳，马红彬，等. 2019. 水平沟整地措施对黄土丘陵区草原土壤水分动态平衡的影响[J]. 农业工程学报，35 (21)：133-142.

孙向东，刘拥军，陈雯雯，等. 2010. 箱线图法在动物卫生数据异常值检验中的运用[J]. 中国动物检疫，27(7)：66.

汤国安. 2014. 我国数字高程模型与数字地形分析研究进展[J]. 地理学报，69(09)：1305-1325.

田会，才庆祥，甄选. 2014. 中国露天采煤事业的发展展望[J]. 煤炭工程，46(10)：11-14.

王芳丽. 2017. 重庆市煤矿临时建设用地土壤理化重构技术研究[D]. 西南大学.

王洁，周跃. 2005. 矿区废弃地的恢复生态学研究[J]. 安全与环境工程，12(1)：5-8.

王军，李正，白中科，等. 2011. 土地整理对生态环境影响的研究进展与展望，农业工程学报，27 (增刊1)：340-345.

王乐，郭小平，韩祖光，等. 2020. 基于废弃物的潞安煤矿废弃地改良土壤新土体配比研究[J]. 土壤. 52(1)：145-152.

王丽丽，甄庆，王颖，等. 2018. 晋陕蒙矿区排土场不同改良模式下土壤养分效应研究[J]. 土壤学报，55(6)：1525-1532.

王莉，张和生. 2013. 国内外矿区土地复垦研究进展[J]. 水土保持研究，20(1)：294-300.

王兴文，侯贤清，李文芸，等. 2018. 旱作区环保型材料覆盖对马铃薯生长的影响及其降解特性[J]. 干旱地区农业研究，36(3)：86-92, 112.

王忠波，张金博，王斌，等. 2019. 煤矸石填充对沟道导排水性能和土壤肥力及重金属污染的影响[J]. 农业工程学报，35 (24)：289-297.

吴淑莹，周伟，袁涛，等. 2020. 宁东煤矿基地采煤深陷区植被动态变化研究[J]. 西北林学院学报，35(1)：218-225.

刑启鑫，饶良懿，王志臻，等. 2019. 内蒙古砒砂岩不同类型区土壤有机质与速效钾特征[J]. 水土保持学报，33(6)：257-272.

徐亮骥，朱小美，刘曙光，等. 2018. 不同粒径煤矸石温度场影响下重构土壤水分时空相应特征[J]. 煤炭学报，43(8)：2304-2310.

薛俊武，任稳江，严昌荣. 2014. 覆膜和垄作对黄土高原马铃薯产量及水分利用效率的影响[J]. 中国农业气象，35 (1)：74-79

杨翠霞，张成梁，刘禹伯，等. 2017. 矿区废弃地近自然生态修复规划设计[J]. 江苏农业科学，45 (17)：269.

杨翠霞，赵廷宁，刘育成，张成梁，等. 2013. 基于 DEM 的废弃矿山小流域地形特征分析[J]. 水土保持通报，33(3)：170-174.

杨翠霞，赵廷宁，谢宝元，张成梁，等. 2014. 基于小流域自然形态的废弃矿区地形重塑模拟[J]. 农业工程学报，30(1)：236-244.

杨翠霞. 2014. 露天开采矿区废弃地近自然地形重塑研究[D]. 北京：北京林业大学.

杨伦，范海英，刘茂华，等. 2015. 矿区废弃土地资源评价因子及其权重的确定[J] 矿山测量，2：1-3.

杨玉春，齐雁冰，付金霞，等. 2019. 基于 DEM 的地貌特征分析与类型划分-以砒砂岩区为例[J]. 中国水土保持科学，17(6)：1-10.

张成梁，Li B L. 2011. 美国煤矿废弃地的生态修复[J]. 生态学报，31(1)：276-285.

张琪. 2015. 煤矿废弃地景观再造规划研究[D]. 杭州：浙江大学.

赵方莹，刘飞，巩潇. 2013. 煤矸石山危害及其植被恢复研究综述[J]. 露天采矿技术，(02)：77-81.

赵明富，赵长胜，曹晓晨. 2008. 煤矿区景观重建与土地复垦研究现状分析[J]. 安徽农业科学，36(23)：10135-10137.

赵昕，吴子龙，吴运东. 2018. 丛枝菌根真菌-植物修复矿区重金属污染土壤的研究进展[J]. 化工环保，38(4)：369-372.

BI Y, ZHANG Y, HUI Z. 2018. Plant growth and their root development after inoculation of arbuscular my-corrhizal fungi in coal mine subsided areas[J]. International Journal of Coal Science & Technology, 5(1)：47-53.

BUGOSH N, EPP E. 2019. Evaluating sediment production from native and fluvial geomorphic-reclamation watersheds at La Plata Mine[J]. Catena, 174：383-398.

BUGOSH N. 2009. A summary of some land surface and water quality monitoring results for constructed Geo Fluv landforms[C]. Lexington, KY：ASMR, 153 175.

BUGOSH N. 2009. Can applalachian mine reclamation be called sustainable using current practices？[C]. Bristol：OSM, 51-68.

BUGOSH N. 2004. Computerizing the fluvial geomorphic approach to land reclamation[C]. Lexington, KY：ASMR, 240-258.

DE PRIEST N C, HOPKINSON L C, QUARANTA J D, et al. 2015. Geomorphic landform design alterna-tives for an existing valley fill in central Appalachia, USA：Quantifying the key issues[J]. Ecological Engi-neering, 81：19-29.

DENG J, Li B, XIAO Y, et al. 2017. Combustion properties of coal gangue using thermogravimetry - Fourier transform infrared spectroscopy[J]. Applied Thermal Engineering, 116：244-252.

EMMERTON B, BURGESS J, ESTERLE J, et al. 2018. The application of natural landform analogy and geo-logy-based spoil classification to improve surface stability of elevated spoil landforms in the Bowen Basin, Australia—A review[J]. Land Degradation & Development, 29(5)：1489-1508.

FANG T, LIU GJ, ZHOU CC, et al. 2014. Distribution and assessment of Pb in the supergene environment of the Huainan Coal Mining Area, Anhui, China[J]. Environmental Monitoring and Assessment, 186(8)：4753-4765.

HANCOCK G R, CRAWTER D, FITYUS S G, et al. 2008. The measurement and modelling of rill erosion at angle of repose slopes in mine spoil[J]. Earth Surface Processes and Landforms, 33(7)：1006-1020.

HANCOCK G R, GRABHAM M K, MARTIN P, et al. 2006. A methodology for the assessment of rehabilita-tion success of post mining landscapes—sediment and radionuclide transport at the former Nabarlek uranium mine, Northern Territory, Australia[J]. Science of The Total Environment, 354(2-3)：103-119.

HANCOCK G R, LOWRY J B C, COULTHARD T J. 2015. Catchment reconstruction—erosional stability at millennial time scales using landscape evolution models[J]. Geomorphology, 231: 15-27.

HANCOCK G R, LOWRY J B C, SAYNOR M J. 2016. Early landscape evolution—A field and modelling assessment for a post-mining landform[J]. Catena, 147: 699-708.

HOLL K D. 2002. Long-term vegetation recovery on reclaimed coal surface mines in the eastern USA[J]. Journal of Applied Ecology, 39(6): 960-970.

HOLLESEN J, ELBERLING B, HANSEN B U. 2009. Modelling subsurface temperatures in a heat producing coal waste rock pile, Svalbard (78°N)[J]. Cold Regions Science and Technology, 58 (1): 68-76.

HOSSNER L R. 1988. Reclamation of surface-mined lands: Vol I[M]. Boca Raton: CRC Press, Inc.

HUANG L, ZHANG P, HU YG, et al. 2016. Soil water deficit and vegetation restoration in the refuse dumps of the Heidaigou open-pit coal mine, Inner Mongolia, China[J]. Sciences in Cold and Arid Regions, 8 (1): 22-35.

HUANG Y H, KUANG X Y, CAO Y G, et al. 2018. The soil chemical properties of reclaimed land in an arid grassland dump in an opencast mining area in china. RSC Adv. 8(72), 41499-41508.

HUANG Z A, Le T, ZHANG Y H, et al. 2020. Development and performance study of a novel physicochemical composite inhibitor for the prevention of coal gangue spontaneous combustion[J]. Fire and Materials, 44 (1): 76-89.

LIANG Y C, LIANG H D, Zhu S Q. 2016. Mercury emission from spontaneously ignited coal gangue hill in Wuda coalfield, Inner Mongolia, China[J]. Fuel, 182: 525-530.

MERINO M L, MORENO L H, PéREZ D S, et al. 2012. Hydrological heterogeneity in Mediterranean reclaimed slopes: runoff and sediment yield at the patch and slope scales along a gradient of overland flow [J]. Hydrology and Earth System Sciences, 16(5): 1305-1320.

ROSGEN D L. 1996. Applied river morphology[M]. Wildland Hydrology, 50-89.

SAIKIA B K, HOWER J C, ISLAM N, et al. 2021. Geochemistry and petrology of coal and coal fly ash from a thermal power plant in India[J]. Fuel. 291(3): 120-122.

SCHOR H J, GRAY D H. 2007. Landforming: an environmental approach to hillside development, mine reclamation and watershed restoration[M]. Hoboken: John Wiley & Sons, Inc.

STRAHLER A N. 1952. HYPSOMETRIC (area-altitude) analysis of erosional topography[J]. Geological Society of America Bulletin, 63(11): 1117-1142.

STRAHLER A N. 1954. Satistical analysis in geomorphic research. The Journal of Geology, 62(1): 1-25.

SU H F, LIN J F, CHEN H, et al. 2021. Production of a novel slow-release coal fly ash microbial fertilizer for restoration of mine vegetation. Waste Management[J]. 124: 185-194.

TOY T J, CHUSE W R. 2005. Topographic reconstruction: a geomorphic approach[J]. Ecological Engineering, 24(1-2): 29-35.

TOY T J. 1989. An assessment of surface-mine reclamation based upon sheetwash erosion rates at the Glenrock coal company, Glenrock, Wyoming[J]. Earth Surface Processes and Landforms, 14(4): 289-302.

WILLIS A, RODRIGUES B F, HARRIS P J C. 2013. The ecology of arbuscular mycorrhizal fungi[J]. Critical Reviews in Plant Sciences, 32(1): 1-20.

ZHAI X W, WU S B, WANG K, et al. 2017. Environment influences and extinguish technology of spontaneous combustion of coal gangue heap of Baijigou coal mine in China[J]. Energy Procedia, 136: 66-72.

后 记

本书是国家重点研发计划"西北干旱荒漠区煤炭基地生态安全保障技术"的研发成果，所有研发费用均来自项目的国拨经费。本书的出版由北京市科学技术研究院资源环境研究所(原轻工业环境保护研究所)全额资助。

感谢课题实施过程各承担单位参与的科研、技术人员，以及基层矿区、协作单位的工程技术人员。在此特别鸣谢北京市科学技术研究院资源环境研究所的张建中、荣立明、郝润琴、孙涛、罗先凤、穆真、白冰、王妍、刘梦帆，北京林业大学的张远智、黄青青、张翘楚、张英、杜韬、母文秀、蔡懿轩、赵雪晴、陈艳鑫、乔之轩、冀俭俭、董颖、李娜、向兵、张超英、韩秀娜、范秋运、于朝夕、董浩林，西北农林科技大学的段文艳、严洁、于晓娟、李鑫、张文瑞、张新璐、陈雪冬，宁夏大学的刘秉儒、马文涛、张刚、余生兵、王建东、王奇、何玉琪等，宁煤集团的周光华、赵平，羊场湾煤矿的顾清敏、马振东，汝箕沟煤矿的仕炳华、孟兴国、吴文庆，北京碧水蓝天环保科技有限公司曹文博，河南恒睿机械制造有限公司董世远等。

还要特别感谢乌海市林业局韩宝龙、周峰冬、王志军，以及乌海市海南区城投集团的马君在试验区场地协调、资料提供等方面给予的大力支持和帮助。

著 者
2021 年 11 月